21世纪高等学校规划教材 | 计算机应用

计算机网络
实验与实训教程

魏勐颐 邹春华 陈强 编著

清华大学出版社
北京

内 容 简 介

本书是计算机网络实践教学的指导教材,全书共 30 章,分为网络协议篇(第 1~9 章)、网络管理篇(第 10~16 章)、网络工程篇(第 17~26 章)和网络编程篇(第 27~30 章)4 个单元。每个单元由浅入深地精心设计了若干实验或实训项目,每章介绍一个项目的目的、环境、原理、步骤、思考与讨论 5 个部分。读者学习时可根据需要,任选书中的实验或实训项目进行组合。

本书适合高等院校 IT 专业的本科生、专科生学习,可作为"计算机网络"课程的实验教材,也可作为"计算机网络实训"和"网络工程实训"等课程的实训指导书,同时可供从事计算机网络应用实践的广大科技工作者参考。

图书在版编目(CIP)数据

计算机网络实验与实训教程/魏勍颋,邹春华,陈强编著.—北京:清华大学出版社,2014　(2017.7 重印)
21 世纪高等学校规划教材·计算机应用
ISBN 978-7-302-38130-3

Ⅰ.①计…　Ⅱ.①魏…　②邹…　③陈…　Ⅲ.①计算机网络—实验—高等学校—教材
Ⅳ.①TP393-33

中国版本图书馆 CIP 数据核字(2014)第 224451 号

责任编辑:刘向威　王冰飞
封面设计:傅瑞学
责任校对:白　蕾
责任印制:王静怡

出版发行:清华大学出版社
　　网　　　址:http://www.tup.com.cn,http://www.wqbook.com
　　地　　　址:北京清华大学学研大厦 A 座　　　邮　　编:100084
　　社 总 机:010-62770175　　　　　　　　　邮　　购:010-62786544
　　投稿与读者服务:010-62776969,c-service@tup.tsinghua.edu.cn
　　质 量 反 馈:010-62772015,zhiliang@tup.tsinghua.edu.cn
　　课 件 下 载:http://www.tup.com.cn,010-62775954
印 装 者:北京密云胶印厂
经　　销:全国新华书店
开　　本:185mm×260mm　　印　张:20　　字　数:464 千字
版　　次:2014 年 12 月第 1 版　　印　次:2017 年 7 月第 3 次印刷
印　　数:2501~3500
定　　价:35.00 元

产品编号:060241-01

出 版 说 明

随着我国改革开放的进一步深化,高等教育也得到了快速发展,各地高校紧密结合地方经济建设发展需要,科学运用市场调节机制,加大了使用信息科学等现代科学技术提升、改造传统学科专业的投入力度,通过教育改革合理调整和配置了教育资源,优化了传统学科专业,积极为地方经济建设输送人才,为我国经济社会的快速、健康和可持续发展以及高等教育自身的改革发展做出了巨大贡献。但是,高等教育质量还需要进一步提高以适应经济社会发展的需要,不少高校的专业设置和结构不尽合理,教师队伍整体素质亟待提高,人才培养模式、教学内容和方法需要进一步转变,学生的实践能力和创新精神亟待加强。

教育部一直十分重视高等教育质量工作。2007 年 1 月,教育部下发了《关于实施高等学校本科教学质量与教学改革工程的意见》,计划实施"高等学校本科教学质量与教学改革工程(简称'质量工程')",通过专业结构调整、课程教材建设、实践教学改革、教学团队建设等多项内容,进一步深化高等学校教学改革,提高人才培养的能力和水平,更好地满足经济社会发展对高素质人才的需要。在贯彻和落实教育部"质量工程"的过程中,各地高校发挥师资力量强、办学经验丰富、教学资源充裕等优势,对其特色专业及特色课程(群)加以规划、整理和总结,更新教学内容、改革课程体系,建设了一大批内容新、体系新、方法新、手段新的特色课程。在此基础上,经教育部相关教学指导委员会专家的指导和建议,清华大学出版社在多个领域精选各高校的特色课程,分别规划出版系列教材,以配合"质量工程"的实施,满足各高校教学质量和教学改革的需要。

为了深入贯彻落实教育部《关于加强高等学校本科教学工作,提高教学质量的若干意见》精神,紧密配合教育部已经启动的"高等学校教学质量与教学改革工程精品课程建设工作",在有关专家、教授的倡议和有关部门的大力支持下,我们组织并成立了"清华大学出版社教材编审委员会"(以下简称"编委会"),旨在配合教育部制定精品课程教材的出版规划,讨论并实施精品课程教材的编写与出版工作。"编委会"成员皆来自全国各类高等学校教学与科研第一线的骨干教师,其中许多教师为各校相关院、系主管教学的院长或系主任。

按照教育部的要求,"编委会"一致认为,精品课程的建设工作从开始就要坚持高标准、严要求,处于一个比较高的起点上;精品课程教材应该能够反映各高校教学改革与课程建设的需要,要有特色风格、有创新性(新体系、新内容、新手段、新思路,教材的内容体系有较高的科学创新、技术创新和理念创新的含量)、先进性(对原有的学科体系有实质性的改革和发展,顺应并符合 21 世纪教学发展的规律,代表并引领课程发展的趋势和方向)、示范性(教材所体现的课程体系具有较广泛的辐射性和示范性)和一定的前瞻性。教材由个人申报或各校推荐(通过所在高校的"编委会"成员推荐),经"编委会"认真评审,最后由清华大学出版社审定出版。

目前,针对计算机类和电子信息类相关专业成立了两个"编委会",即"清华大学出版社计算机教材编审委员会"和"清华大学出版社电子信息教材编审委员会"。推出的特色精品教材包括:

(1) 21世纪高等学校规划教材·计算机应用——高等学校各类专业,特别是非计算机专业的计算机应用类教材。

(2) 21世纪高等学校规划教材·计算机科学与技术——高等学校计算机相关专业的教材。

(3) 21世纪高等学校规划教材·电子信息——高等学校电子信息相关专业的教材。

(4) 21世纪高等学校规划教材·软件工程——高等学校软件工程相关专业的教材。

(5) 21世纪高等学校规划教材·信息管理与信息系统。

(6) 21世纪高等学校规划教材·财经管理与应用。

(7) 21世纪高等学校规划教材·电子商务。

(8) 21世纪高等学校规划教材·物联网。

清华大学出版社经过三十多年的努力,在教材尤其是计算机和电子信息类专业教材出版方面树立了权威品牌,为我国的高等教育事业做出了重要贡献。清华版教材形成了技术准确、内容严谨的独特风格,这种风格将延续并反映在特色精品教材的建设中。

清华大学出版社教材编审委员会
联系人:魏江江
E-mail:weijj@tup.tsinghua.edu.cn

前言

　　计算机网络是计算机技术与通信技术结合而成的新兴技术领域。随着互联网的蓬勃发展,网络技术已成为学术界和产业界关注的热门技术之一。计算机网络课程是目前高等院校 IT 专业的本科生、专科生广泛开设的一门专业核心课程。该课程具有几个特点:首先,涉及的知识面广,要求学生具有较宽广和深入的知识结构和基础;其次,内容的更新速度快,要求教师不断吸纳新技术到课程教学里;此外,实践教学的比重大,各种晦涩难懂的技术要点只有通过大量的课内实验和项目实训才能理解透彻。

　　针对以上特点,作者在多年从事计算机网络实践教学的基础上,结合当前最新的计算机网络技术编写了此书。本书是综合性的计算机网络实验与实训教材,适合高等院校 IT 专业的本科生、专科生学习,可作为"计算机网络"课程的实验教材,也可作为"计算机网络实训"和"网络工程实训"等课程的实训指导书,同时可供从事计算机网络应用实践的广大科技工作者参考。

　　全书共 30 章,分为网络协议篇、网络管理篇、网络工程篇和网络编程篇 4 个单元。每个单元由浅入深地精心设计了若干实验或实训项目,每章介绍一个项目的目的、环境、原理、步骤、思考与讨论 5 个部分。

　　第一单元,网络协议篇,包括以太网数据帧、地址解析协议、网际协议、网际控制报文协议、用户数据报协议、传输控制协议、超文本传输协议、远程终端协议、文件传输协议 9 个实验项目。

　　第二单元,网络管理篇,包括 DHCP 服务器的安装与配置、DNS 服务器的安装与配置、邮件服务器的安装与配置、FTP 服务器的安装与配置、Web 服务器的安装与配置、RADIUS 认证服务器的安装与配置、防火墙 ISA Server 2006 的安装与配置 7 个实训项目。

　　第三单元,网络工程篇,包括双绞线的制作、综合布线与网络规划、三层交换机的入门配置、虚拟局域网配置、路由器的入门配置、静态路由与默认路由配置、RIP 路由协议配置、OSPF 路由协议配置、访问控制列表配置、网络地址转换配置 10 个实训项目。

　　第四单元,网络编程篇,包括 Winsock 套接字的使用、ping 程序的设计与实现、局域网聊天工具的设计与实现、文件传输工具的设计与实现 4 个实训项目。

　　读者可根据需要任选以上实验或实训项目进行组合作为学习内容。

　　本书的主要特色体现在 4 个方面。

　　(1) 覆盖面广:涵盖网络协议、网络管理、网络工程和网络编程 4 个方面。

　　(2) 针对性强:所有实验与实训项目都经过精心挑选,在实际教学中得到过检验。

　　(3) 实用性好:每个项目都包含详细步骤,可提供计算机网络实践的全面指导。

　　(4) 灵活性高:实验/实训项目之间独立,读者可根据需要任意组合。

　　本书由魏勍颋策划、组织和统稿,第 1~9 章以及第 20、22、25、26 章由魏勍颋编写,第

27～30 章由邹春华编写,第 10～19 章以及第 21、23、24 章由陈强编写。

在本书的编写过程中参考了大量电子书籍和因特网上的材料,刘伯成老师协助进行了项目内容的测试,华鑫老师提供了实训器材并协助进行了实训环境的搭建;此外,本书的出版获得了南昌大学教材出版的资助,在此一并表示感谢!

由于学识及时间有限,加之本书内容涉及的网络技术仍在不断发展之中,书中难免存在错误和不足,敬请读者批评指正,联系方式是 qtwei@ncu.edu.cn。

编著者

2014 年 10 月

目 录

第一单元　网络协议篇

第二单元　网络管理篇

第三单元　网络工程篇

第四单元　网络编程篇

第一单元

网络协议篇

第 1 章

以太网数据帧实验

实验目的

- 掌握以太网的帧格式。
- 掌握 MAC 地址的作用。
- 熟悉网络模拟器 Packet Tracer 的基本使用。

实验环境

- 运行 Windows XP/Windows Server 2003/Windows 7 操作系统的计算机一台。
- Packet Tracer 网络模拟器程序。

1.1 实验原理

以太网(Ethernet)是一种计算机局域网(Local Area Network,LAN)组网技术,由施乐公司于 1973 年正式提出,其核心设计思想是多个设备使用共享的公共传输信道。1985 年,IEEE 制定的 IEEE 802.3 标准给出了以太网的技术标准,规定了物理层的连线、电信号和介质访问层协议等内容。

自问世起,以太网技术不断发展,传输介质从早期的同轴电缆发展为现在的双绞线、光纤,连接设备从最初的中继器、集线器发展为后来的网桥、交换机,传输速率也由 10Mb/s 逐步提升到 100Gb/s。目前,以太网已成为应用最普遍的局域网技术,它在很大程度上取代了其他局域网标准,例如令牌环网(token ring)和光纤分布式数据接口(Fiber Distributed Data Interface,FDDI)。

1.1.1 以太网的帧格式

在以太网链路上的数据单元一般称作以太网帧(Frame)。常用的以太网帧格式有两种标准,一种是 DIX Ethernet v2 标准,另一种是 IEEE 的 802.3 标准。两种标准差别不大,目前大多数应用的以太网帧都是采取 DIX Ethernet v2 格式。DIX Ethernet v2 标准的以太网帧有 6 个字段,即前导码(Preamble)、目的地址(Destination Address)、源地址(Source Address)、类型(Type)、数据(Data)和帧校验序列(Frame Check Sequence,FCS),如图 1.1 所示。

(1) 前导码:由 7 个字节的交替出现的比特位 1 和 0 以及一个 10101011 字节组成。严格来说,前导码不属于帧的一部分。在前导码中,交替出现的 1 和 0 起时钟信号的作用,便

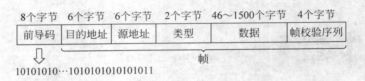

图 1.1　以太网的帧格式

于网络中所有接收设备与发送设备达到帧同步；末尾的 11 用于指示帧的开始。

（2）目的地址：6 个字节，用于指示帧将要被发往的下一个设备。在 OSI 模型的数据链路层，每一个接入网络的设备都有一个唯一标识，即通信设备的物理地址，又称为硬件地址或介质访问控制（Medium Access Control，MAC）地址。

（3）源地址：6 个字节，用于指示帧被转发的上一个设备。

（4）类型：占两个字节，用于指示帧数据字段的高层协议类型。该字段的值大于 1536（十六进制 0x0600）。例如，若该字段值为 0x0800，则帧数据部分为 IPv4 协议的报文（message）；若该字段值为 0x0806，则帧数据部分为 ARP 协议的报文。

（5）数据：包含高层协议报文，最小长度为 46 个字节，最大长度为 1500 个字节。

（6）帧校验序列：长度为 4 个字节，包含一个循环冗余校验（CRC）码。发送设备将计算出的 CRC 填入该字段，接收设备通过该字段检查帧在网络传输后是否出错。

1.1.2　MAC 地址

MAC 地址代表了局域网节点的物理位置，每个节点的 MAC 地址是唯一的。网卡的 MAC 地址通常是由网卡生产厂家烧入网卡的 EPROM，当传输数据时被作为目的地址或源地址填入帧。对于以太网卡，其地址是 48b（比特）的整数，例如 44-45-53-54-00-00。

如图 1.2 所示，MAC 地址的前 3 个字节（高 24 位）是 IEEE 的注册管理机构分配给不同厂家的代码，也称为组织唯一标识符（Organizationally Unique Identifier，OUI）；后 3 个字节（低 24 位）由各厂家自行指派给生产的网络接口控制器，称为扩展标识符。并且，MAC 地址的第 1 字节的最低位为 I/G 比特，表示 Individual/Group。当 I/G 比特为 0 时，MAC 地址代表单个节点的地址；当 I/G 比特为 1 时，MAC 地址代表组地址，用来进行多播。 MAC 地址的第 1 字节的倒数第 2 位为 G/L 比特，表示 Global/Local。当 G/L 比特为 1 时，MAC 地址采取全球管理（保证在全球范围没有相同的地址），厂商向 IEEE 购买的 OUI 都属于全球管理；当 G/L 比特为 0 时，MAC 地址是本地管理，这时用户可任意分配给网卡地址，但以太网的 G/L 比特一般置为 0。

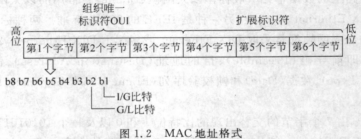

图 1.2　MAC 地址格式

以太网的 MAC 地址可分为三类,即单播(unicast)、广播(broadcast)、多播(multicast)。单播 MAC 地址即单个通信设备的 MAC 地址,若帧的目的地址为单播地址,帧将发送给局域网中的某一特定节点。广播 MAC 地址即 FF-FF-FF-FF-FF-FF(全 1 地址),若帧的目的地址为广播地址,帧将发送给局域网中的所有节点,又称为广播帧。多播 MAC 地址即 I/G 比特为 1 的 MAC 地址,目前预留的多播 MAC 地址范围从 01-00-5E-00-00-00 到 01-00-5E-7F-FF-FF,若帧的目的地址为多播地址,帧将发送给局域网中的一部分节点。因此,当网卡从以太网收到一个帧后首先检查其目的地址,如果本节点的 MAC 地址属于目的地址范围就收下,否则将此帧丢弃。

1.1.3 网络模拟器 Packet Tracer

Packet Tracer 是由 Cisco 公司针对其 CCNA 认证开发的一个网络模拟器软件,为学习思科网络课程的初学者去设计、配置、排除网络故障提供了网络模拟环境。用户可以在软件的图形用户界面上直接使用拖曳方法建立网络拓扑,并可观察协议数据单元(Protocol Data Unit,PDU)在网络中转发行进的详细处理过程,了解网络的实时运行情况。用户还可以通过该软件学习 Cisco 网际操作系统(Internetwork Operating System,IOS)的配置,提高故障排查能力。总之,该软件的功能强大、操作简单,非常适合网络设备初学者使用。

如图 1.3 所示,Packet Tracer 的界面包括菜单栏、工具栏、工作区、设备、编辑工具、场景对话框、模式切换按钮、PDU 列表窗口等几个部分。

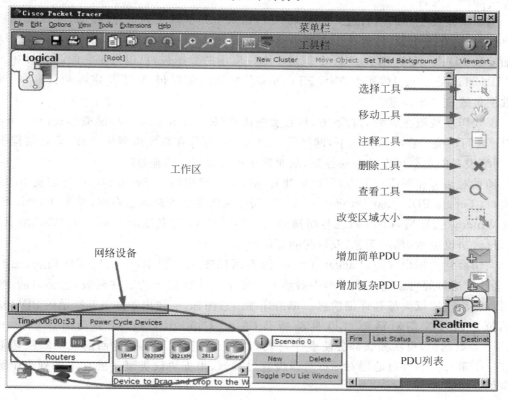

图 1.3 Packet Tracer 主界面

工作区在主界面的中央。当要用哪个设备的时候，只需先用鼠标单击一下设备，然后在中央的工作区单击一下，或者直接用鼠标把这个设备拖到工作区。双击设备，在弹出的窗口中对设备进行配置。连线时，先选中一种线，在要连接线的设备上单击一下，然后选择接口，再单击另一设备，选择接口。连接好线后，可以把鼠标指针移到该连线上，观察线两端的接口类型和名称。

设备在界面的左下角，包括许多种类的硬件设备，从左至右、从上到下依次为路由器、交换机、集线器、无线设备、设备之间的连线(Connections)、终端设备、仿真广域网、自定义设备(Custom Made Devices)。比如设备之间的连线，用鼠标单击一下之后，在右边会看到各种类型的线，依次为自动选线(Automatically Choose Connection Type，万能的，一般不建议使用，除非真的不知道设备之间该用什么线)、配置线、直通线、交叉线、光纤、电话线、同轴电缆、DCE线、DTE线。其中，配置线用于连接计算机的 COM 口和交换机、路由器等设备的console 配置口。直通线用于计算机与交换机(或集线器)的连接、交换机(或集线器)与路由器的连接、交换机与交换机通过其中一个的 UPLINKS 口连接。交叉线用于路由器和计算机的连接、计算机与计算机的连接、集线器与集线器(或交换机)的连接、路由器与路由器的连接、交换机与交换机通过两者的普通 UTP 口(或两者的 UPLINKS 口)连接。不过，现在的交换机大多支持线序自动翻转，用直通线或交叉线都可连接。DCE线和DTE线都可用于连接两个路由器的高速串口，若使用DCE线连接两个路由器，则和这根线先连上的路由器为 DCE 端；若使用 DTE 线，则和这根线后连上的路由器为 DTE 端。在配置 DCE 端路由器时需配置时钟。

编辑工具在主界面的右边。如图 1.3 所示，从上到下依次为选择、移动、注释、删除、查看(可使用它在路由器、计算机上查看 MAC 表、路由表等)、改变区域大小、增加简单 PDU、增加复杂 PDU。简单 PDU 实际上就是 PING 应用的数据包，可以指定它的源和目标。复杂 PDU 可以是 ping、HTTP、DNS、FTP 等多种应用的数据包，除了指定源和目标，还可以对数据包做进一步设置。

模式切换按钮在界面的右下方，可在实时模式(Realtime mode)和模拟模式(Simulation mode)之间切换。在实时模式下，网络设备的运行就好像在真实世界中一样，而在模拟模式下，网络设备的运行可以被手动控制，从而便于观察数据的传输过程。

场景对话框在界面正下方，可以创建和删除多个模拟场景(Scenaro)，以及切换 PDU 列表窗口(Toggle PDU List Window)。PDU 列表默认在场景对话框右侧，单击 Toggle PDU List Window 按钮后，PDU 列表会切换到大窗口。PDU 列表显示了每一个 PDU 的状态、源、目标、协议类型、显示颜色、发送时间等信息。

当切换到模拟模式时，Packet Tracer 的界面如图 1.4 所示，会出现事件列表、运行控制、事件过滤器等对话框。事件列表对话框会显示捕获数据包的事件列表，包括时间、源设备、目的设备、协议类型和详细信息。单击详细信息图标，会弹出如图 1.5 所示的 PDU 信息对话框。运行控制对话框可以自动捕获(Auto Capture/Play)或手动捕获(Capture/Forward)数据包，每次捕获都会使事件列表新增一条记录，可以通过回退(Back)按钮返回到前一个事件。事件过滤器对话框可以设置过滤器，根据协议类型过滤在事件列表中显示的事件。

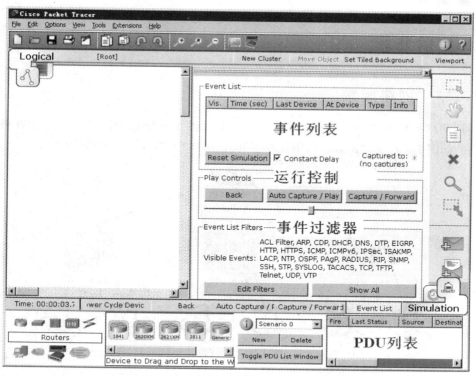

图 1.4 模拟模式下 Packet Tracer 的界面

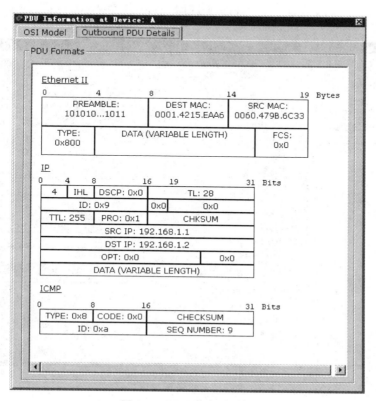

图 1.5 PDU 信息对话框

1.2 实验步骤

1.2.1 网络配置

使用网络模拟软件 Cisco Packet Tracer 模拟如图 1.6 所示的网络。双击计算机设备，在弹出的如图 1.7 所示的配置窗口中设置主机 A～F 的 IP 地址(子网掩码为 255.255.255.0)。

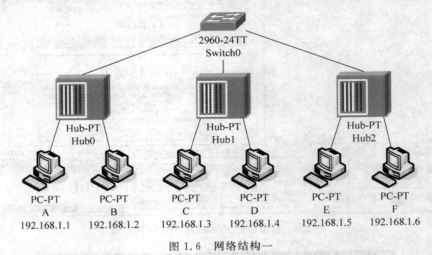

图 1.6   网络结构一

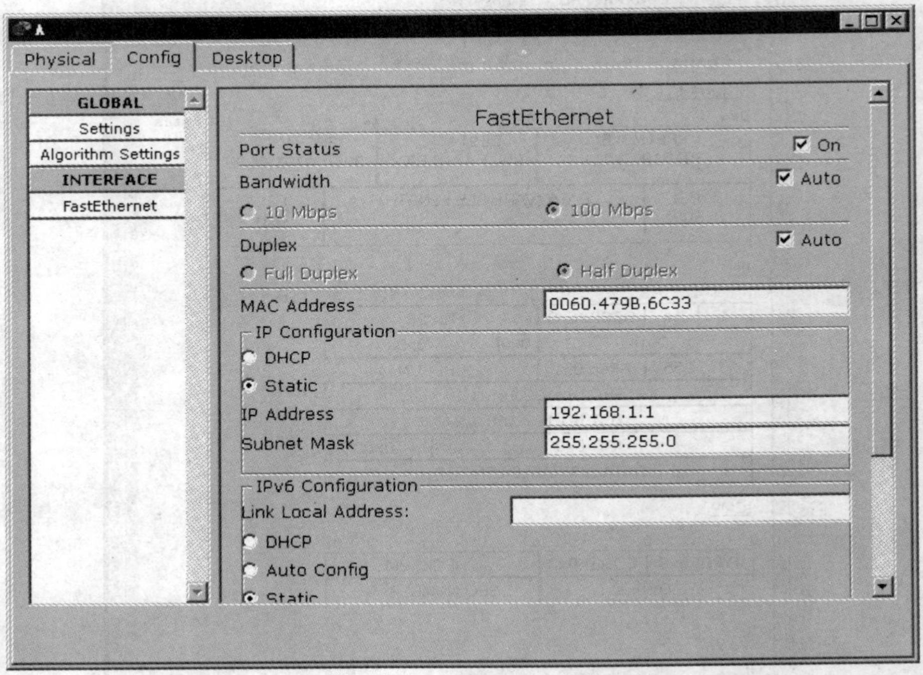

图 1.7   设备配置窗口

1.2.2　初探 MAC 帧

在模拟模式下设置事件过滤器为 ICMP,使用编辑工具"增加简单 PDU"从主机 A 发送一个简单 PDU 给主机 B,捕获主机 B 收到的帧,打开 PDU 信息对话框,分析帧首部目的 MAC(DES MAC)、源 MAC(SRC MAC)、类型(TYPE)字段的值及含义,填写表 1.1。

表 1.1　主机 B 收到帧的首部

字 段 名 称	字　段　值	值 的 含 义
DES MAC		
SRC MAC		
TYPE		

1.2.3　理解 MAC 地址

在模拟模式下设置事件过滤器为 ICMP,从主机 A 发送一个简单 PDU 给主机 C,分别观察主机 B、C、D、E、F 是否收到 A 发出的帧? 收到 A 发出的帧后是发回响应帧,还是丢弃该帧? 根据捕获的帧分析产生结果的原因。

1.2.4　观测广播帧

在模拟模式下设置事件过滤器为 ARP,打开主机 A 的配置窗口,在命令行提示符环境下运行 arp-d 命令,清空主机 A 的 ARP 高速缓存表。从主机 A 发送一个简单 PDU 给主机 C,分别观察主机 B、C、D、E、F 是否收到 A 发出的帧? 根据捕获的帧分析产生结果的原因。

1.3　思考与讨论

1. 为什么以太网帧的数据字段的最小长度为 46 个字节?
2. 在 Packet Tracer 中还有什么方法能让主机发出广播帧?

第2章

地址解析协议实验

实验目的
- 掌握 ARP 协议的报文格式。
- 掌握 ARP 协议的运行过程。
- 理解 ARP 高速缓存的作用。
- 理解 ARP 代理机制。

实验环境
- 运行 Windows XP/Windows Server 2003/Windows 7 操作系统的计算机一台。
- Packet Tracer 网络模拟器程序。

2.1 实验原理

各种类型的物理网络通过路由器互连在一起,形成主机资源共享的因特网(Internet)。当一台主机发送 IP 数据包到另一台主机时,中间可能要经过多个物理网络。在网络层,主机和路由器通过 IP 地址来识别数据包的源和目标。但在数据链路层,主机和路由器是通过 MAC 地址来识别数据包的源和目标,且有效 MAC 地址范围只限于本地网络。因此,IP 数据包的传递需要两级寻址,即 IP 和 MAC。在进行 MAC 寻址前,需要一种能将 IP 地址映射到相应 MAC 地址的机制。

2.1.1 ARP 协议的报文格式

ARP 是一种地址解析协议(Address Resolution Protocol)。所谓地址解析,就是主机在发送帧前将目标网络层地址转换成目标物理地址的过程,在使用 TCP/IP 协议的以太网中,即完成将 IP 地址映射到 MAC 地址的过程。主机和路由器使用 ARP 协议,根据目标设备的 IP 地址查询目标设备的 MAC 地址,从而封装帧并发送。ARP 报文的格式如图 2.1 所示。

(1) 硬件类型:为两个字节,表示运行 ARP 协议的网络类型(例如,1 表示以太网)。

(2) 协议类型:为两个字节,表示高层协议类型(例如,0x0800 表示 IPv4 协议)。

(3) 硬件地址长度:占一个字节,表示映射之后的物理地址长度,单位是字节(对于以太网的 MAC 地址,该字段的值为 6)。

(4) 协议地址长度:也占一个字节,表示被映射的高层协议地址长度(对于 IPv4 协议,

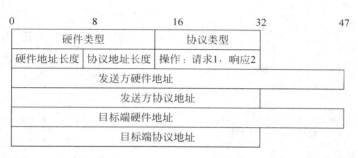

图 2.1　ARP 报文格式

该字段的值为 4）。

（5）操作：占两个字节，代表 ARP 报文的操作类型，1 表示 ARP 请求，2 表示 ARP 应答。

（6）发送方硬件地址：记录发送方的物理地址。

（7）目标端硬件地址：记录目标的物理地址（对于以太网，发送方硬件地址和目标端硬件地址都是 6 个字节的 MAC 地址）。在 ARP 请求报文中，目标硬件地址字段用 0 填充。

（8）发送方协议地址：记录发送方的高层协议地址。

（9）目标端协议地址：记录目标的高层协议地址（对于 IPv4 协议，发送方协议地址和目标端协议地址都是 4 个字节的 IPv4 地址）。

2.1.2　ARP 协议的运行过程

在以太网中，当数据发送方知道目标端的 IP 地址后，需要获取相应的 MAC 地址才能完成帧的封装。例如，主机 A 要发送 IP 数据包给在同一网络的主机 B，它们的 ARP 过程如图 2.2 所示。

主机 A 的 ARP 模块从高层协议的数据包中提取出目的 IP 地址，准备将其映射为 MAC 地址。首先查询本机的 ARP 高速缓存是否存在相应的项目，如果有，直接用该项目的 MAC 地址作为目的 MAC 地址，把发送给主机 B 的 IP 数据包封装成帧；否则，构造一个 ARP 请求报文，其中包含发送方的硬件地址、发送方的协议地址和目标端的协议地址，目标端的硬件地址用 0 填充。将 ARP 请求报文传递到数据链路层，并在该层中用本机 MAC 地址作为源地址，用广播 MAC 地址 FF-FF-FF-FF-FF-FF 作为目的地址封装成一个帧，向局域网广播发送。

局域网中的每个主机或路由器都会接收到包含 ARP 请求报文的帧。因为该帧的目的地址为广播 MAC 地址，所有站点都将其中的 ARP 请求报文传递到 ARP 模块。除了主机 B 以外的其他站点丢弃该报文，因为 ARP 请求报文的目标端协议地址和本机 IP 地址不同。只有主机 B 会做出响应，构造一个以本机 MAC 地址为发送方硬件地址的 ARP 响应报文，封装成帧，单播发送给主机 A。并且向本机的 ARP 高速缓存中插入一个项目，即主机 A 的 IP 地址到主机 A 的 MAC 地址的映射。

如果主机 A 收到了 ARP 响应报文，就知道了目标主机 B 的 MAC 地址，也就可以将发送给主机 B 的 IP 数据包封装成帧，单播发送给主机 B；否则，将无法封装帧并发送给 B。

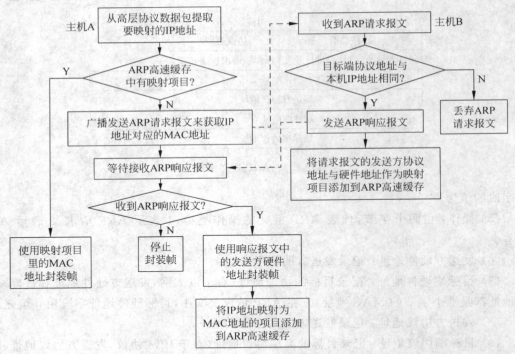

图 2.2　同一网络中 ARP 的运行过程

2.1.3　ARP 高速缓存

　　在 ARP 的运行过程中会使用到 ARP 高速缓存,这实际上是一个由最近 ARP 映射项目组成的临时表,表的项目记录了已经获取的 IP 地址和 MAC 地址的映射关系。每个主机或路由器的系统内存里都有自己的 ARP 高速缓存表。

　　如图 2.3 所示,ARP 高速缓存表的项目有网络地址(Internet Address)、物理地址(Physical Address)、类型(Type)3 个字段。网络地址和物理地址分别对应映射的 IP 地址和 MAC 地址。类型代表映射的类型,可以是动态(dynamic)或静态(static)。静态映射是手工添加的映射项目,会一直存在于内存中,需要手动更新,一般用于避免对常用本地 IP 地址的 ARP 请求。动态映射是通过 ARP 请求和响应学习到的映射项目,每条新增的动态映射项目在一定的时间后会被自动删除。

```
C:\Documents and Settings\Administrator>arp -a

Interface: 192.168.0.1 --- 0x10003
  Internet Address      Physical Address      Type
  192.168.0.8           00-0d-60-c3-05-34      static
  192.168.0.21          00-e0-3c-00-5b-00      dynamic
  192.168.0.29          00-22-55-82-86-87      dynamic
  192.168.0.35          00-60-94-5c-22-2a      dynamic
  192.168.0.36          00-05-5d-60-98-28      dynamic
  192.168.0.38          00-03-47-f5-16-f0      dynamic
  192.168.0.48          00-03-47-f5-22-c9      dynamic
  192.168.0.49          00-0d-60-c3-0a-9d      dynamic
  192.168.0.51          00-40-95-80-08-30      dynamic
  192.168.0.55          00-07-95-53-c6-46      dynamic
```

图 2.3　ARP 高速缓存

在发送 ARP 请求报文前,总是先对 ARP 高速缓存表进行查找,看目标主机的 IP 地址是否存在于缓存表中。如果存在,则不需要发送 ARP 请求报文,直接使用该 IP 地址对应的 MAC 地址进行帧的封装。如果不存在,则发送 ARP 请求报文,并将响应报文的映射结果存进 ARP 高速缓存表中供以后使用。由于 ARP 高速缓存表采用了老化机制,动态映射项目不会无限增加,查询 ARP 高速缓存表的速度可得到保证。

2.1.4 ARP 代理

ARP 请求报文只能在局域网内广播,主机默认不向外部网络发送 ARP 请求,路由器默认不转发跨网段的广播报文,主机默认不响应来自不同网络的 ARP 请求。那么,当主机要发送数据给外部网络(或不同子网)时,若设置了默认网关,通常会广播 ARP 请求报文询问网关(通往外部网络的关口,一般是路由器的一个 IP)的 MAC 地址,之后将数据包发往网关,由网关路由器进行转发。但有时子网的划分发生变动,而主机的子网掩码和默认网关配置没能及时更新。如果这样,数据包的传输就会出错。为了便于管理和维护,可以启用网关路由器的 ARP 代理功能。

ARP 代理一般在没有配置默认网关和路由策略的网络上使用,它的工作原理是,当 ARP 请求从一个网络的主机发往另一个网络的主机时,启用 ARP 代理的连接这两个网络的路由器将回答该请求,将自己的 MAC 地址发给 ARP 请求的发送者,让它误以为此路由器就是目标主机,而将所有帧发送到此路由器。路由器在收到帧后,再将其转发到真正的目标主机。

ARP 代理实际上使用了简单的欺骗手段,因为保证了帧的正常转发,而使网络内的主机错误地认为外网目标主机与自己处于同一网段,从而达到了透明化子网划分的目的。

2.2 实验步骤

2.2.1 网络配置

使用网络仿真软件 Cisco Packet Tracer 模拟如图 2.4 所示的网络,设置路由器 A 和主机 B~F 的 IP 地址(子网掩码为 255.255.255.0)。B、C、D 在一个子网,将它们的默认网关配置为 172.16.1.1;E、F 在另一个子网,将它们的默认网关配置为 172.16.0.1。

2.2.2 验证同一子网的 ARP

打开主机 B 的配置窗口,在命令行提示符环境下运行 arp -a 命令,查看主机 B 的 ARP 高速缓存表,分析 ARP 高速缓存表的映射项目由哪几个字段组成。在命令行提示符环境下运行 arp -d 命令,清空主机 B 的 ARP 高速缓存表。

在模拟模式下设置事件过滤器为 ARP,使用编辑工具"增加简单 PDU"从主机 B 发送一个简单 PDU 给主机 D,捕获主机 B 发出和收到的 ARP 报文,打开 PDU 信息对话框,分析这两个 ARP 报文的操作类型(OPCODE)、发送方硬件地址(SOURCE MAC)、发送方协议地址(SOURCE IP)、目标端硬件地址(TARGET MAC)、目标端协议地址(TARGET IP)字段的值及含义,填写表 2.1。

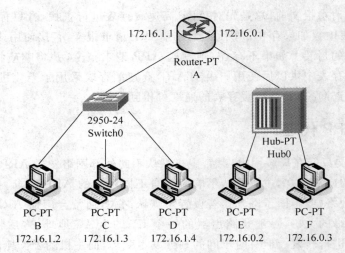

图 2.4　网络结构二

表 2.1　同一子网通信时主机 B 发出和收到的 ARP 报文

字段名称	发出的 ARP 报文		收到的 ARP 报文	
	字段值	值的含义	字段值	值的含义
OPCODE				
SOURCE MAC				
SOURCE IP				
TARGET MAC				
TARGET IP				

打开主机 B 的配置窗口,在命令行提示符环境下运行 arp -a 命令,再次查看主机 B 的 ARP 高速缓存表,观察表中的内容有无发生变化? 若有变化,分析原因。

2.2.3　验证跨路由器的 ARP

在模拟模式下设置事件过滤器为 ARP。清空主机 B 的 ARP 高速缓存表。从主机 B 发送一个简单 PDU 给主机 E,捕获主机 B 发出和收到的 ARP 报文,打开 PDU 信息对话框,分析这两个 ARP 报文的操作类型、发送方硬件地址、发送方协议地址、目标端硬件地址、目标端协议地址字段的值及含义,填写表 2.2。

表 2.2　跨路由器通信时主机 B 发出和收到的 ARP 报文

字段名称	发出的 ARP 报文		收到的 ARP 报文	
	字段值	值的含义	字段值	值的含义
OPCODE				
SOURCE MAC				
SOURCE IP				
TARGET MAC				
TARGET IP				

再次查看主机 B 的 ARP 高速缓存表,观察表中的内容有无发生变化? 若有变化,分析原因。

2.2.4 验证 ARP 代理

在模拟模式下设置事件过滤器为 ARP,将主机 B 的子网掩码修改为 255.255.0.0,使它误认为主机 E、F 在同一子网。

清空主机 B 的 ARP 高速缓存表,从主机 B 发送一个简单 PDU 给主机 E,捕获主机 B 发出和收到的 ARP 报文,打开 PDU 信息对话框,分析这两个 ARP 报文的操作类型、发送方硬件地址、发送方协议地址、目标端硬件地址、目标端协议地址字段的值及含义,填写表 2.3。

表 2.3 路由器启用 ARP 代理时主机 B 发出和收到的 ARP 报文

字段名称	发出的 ARP 报文		收到的 ARP 报文	
	字段值	值的含义	字段值	值的含义
OPCODE				
SOURCE MAC				
SOURCE IP				
TARGET MAC				
TARGET IP				

再次查看主机 B 的 ARP 高速缓存表,观察表中的内容有无发生变化? 若有变化,分析原因。

2.3 思考与讨论

1. 在什么情况下数据发送方的主机不会发出 ARP 请求报文? 请举出两个例子。
2. 在什么情况下收到 ARP 请求报文的主机不会发出 ARP 响应报文? 请举出两个例子。

第 3 章

网际协议实验

实验目的

- 掌握 IP 数据报的格式。
- 掌握子网掩码和路由转发机制。
- 理解特殊 IP 地址的含义。
- 理解 IP 分片过程。

实验环境

- 运行 Windows XP/Windows Server 2003/Windows 7 操作系统的计算机一台。
- Packet Tracer 网络模拟器程序。

3.1 实验原理

网际协议(Internet Protocol,IP)是 TCP/IP 协议族中网络层的核心协议,主要用于数据的按址传送,是各种类型物理网络之间互连互通的基础。在 TCP/IP 网络中,帧包含格式统一的 IP 协议数据,其中又包含了 TCP、UDP、ICMP 或 IGMP 等多种其他协议的报文。

IP 协议的数据单元称为 IP 数据报(IP Datagram),在网络中传输时被分装成包(Packet)或称为分组。IP 数据报的传送是无连接、不可靠的。在通信之前不需要与目的主机先建立好一条特定的通路,每个分组不一定都通过同一条路径传输。而且 IP 协议对数据进行"尽力传输",只负责将分组发送往目的主机,不管传输正确与否,不做验证、不发确认,也不保证分组的到达顺序,将纠错重传问题交由传输层来解决。

3.1.1 IP 数据报的格式

IP 数据报是由 IP 首部和数据部分组成的,IPv4 数据报的格式如图 3.1 所示。IP 首部包含传送 IP 数据报所需的关键信息,最大长度不超过 60 个字节。数据部分为其他协议的报文。

(1)版本:占 4 位,这个字段定义了 IP 的版本。IP 目前的主流版本是 4(IPv4),但它正逐渐地被版本 6(IPv6)所替代。

(2)首部长度:占 4 位,该字段用 4 个字节为一个单位来定义首部长度。将该值乘 4 可得到用字节表示的首部长度,IP 首部长度的范围为 20~60 个字节。

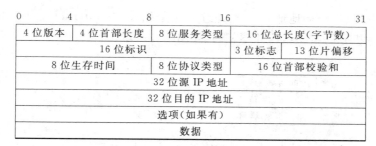

图 3.1　IP 数据报的格式

（3）服务类型：占一个字节，由 3 位的路由优先级、4 位的服务类型（4 位分别对应最小时延、最大吞吐量、最高可靠性和最小费用，在一个 IP 数据报中这 4 位只能有一位被置为1）和 1 个未用位（该位必须置为 0）组成。

（4）总长度：占两个字节，以字节为单位，定义 IP 数据报的总长度（首部加上数据）。

（5）标识：占两个字节，它是每个 IP 数据报特有的 ID 值，在分片时被复制到每个分片。

（6）标志：由 3 位组成。第 1 位保留；第 2 位为不分片标志，值为 1 时表示此数据报不可以被分片；第 3 位为更多分片标志，值为 1 时表示在当前分片包之后还有分片，即此包不是最后分片。

（7）片偏移：由 13 位组成，偏移量的单位为 8 个字节。如果当前 IP 包是一个分片包，该字段指明了当前分片包在与其他分片包被重新组装成一个 IP 数据报时应该位于数据报的什么位置。

（8）生存时间（Time To Live，TTL）：占一个字节，表明数据报的生存时间，单位一般是通过路由器的最大数量，或称最大跳数。通常，TTL 的起始值为 32、64、128。

（9）协议：一个字节，定义了使用 IP 层服务的较高层协议，例如 6 代表 TCP、17 代表UDP、1 代表 ICMP、2 代表 IGMP 等。

（10）检验和：占两个字节，由 16 位反码求和算法生成。它只对 IP 首部内容进行错误检测，校验范围不包括数据部分和计算的校验和字段本身。

（11）源 IP 地址：4 个字节，定义了源主机的 IP 地址。

（12）目的 IP 地址：4 个字节，定义了目的主机的 IP 地址。通常情况下，在 IP 数据报从源主机传送到目的主机期间，源 IP 地址和目的 IP 地址保持不变，除非使用网络地址转换。

（13）可选项：不是每个数据报所必需的，通常用于网络测试和调试。

3.1.2　IP 地址的分类

IP 地址是网络中主机的唯一标识，主机和路由器通过数据包的 IP 地址来识别数据的发送方和目的端。目前使用较为广泛的是 32 位的 IPv4 地址，一般以点分十进制形式表示，即用 3 个小数点隔开 4 个 0～255 的十进制整数，比如"192.168.1.1"。

IP 地址由网络号和主机号两部分组成。网络号用于识别主机所在的网络，主机号用于识别该网络中的主机。IP 地址分成 5 类，即 A 类、B 类、C 类、D 类和 E 类。其中，A、B 和 C类地址是基本的 Internet 地址，用于分配给不同规模网络的主机；D 类地址是用于多目标

广播的多播地址(也称组播地址);E 类地址为保留地址,在 Internet 上不可用。这 5 类 IP
地址网络号和主机号的组织结构并不相同,如图 3.2 所示。

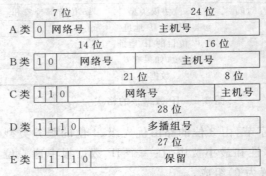

图 3.2 IP 地址的分类

A 类地址的第 1 位固定为 0,网络号为 7 位,主机号为 24 位,网内主机数目可以达 $2^{24}-$
2(约 1600 万)个,通常分配给由大量主机组成的巨型网络;B 类地址的前两位固定为 10,网
络号为 14 位,主机号为 16 位,网内主机最多 $2^{16}-2=65\,534$ 个,通常分配给中型网络;C 类
地址的前 3 位固定为 110,网络号为 21 位,主机号为 8 位,网内主机最多 $2^8-2=254$ 个,主
要用于主机数目少的小型网络;D 类地址的前 4 位固定为 1110,其余 28 位为多播的组号。

如果用十进制整数 w、x、y 和 z 分别代表这 4 个字节,则 5 类 IP 地址的范围如下。

- A 类:1.x.y.z~126.x.y.z
- B 类:128.x.y.z~191.x.y.z
- C 类:192.x.y.z~223.x.y.z
- D 类:224.0.0.0~239.255.255.255(其中 224.0.0.0 不用,224.0.0.1 分配给永久
  性 IP 主机组,包括网关)
- E 类:240.0.0.0~255.255.255.254

其中,有一些特殊地址被保留起来,不能分配给主机。

(1) 网络地址:主机号为全 0 的 IP 地址不分配给任何主机,而是作为网络本身的标识。
例如,主机 202.198.151.136 所在的网络地址为 202.198.151.0。

(2) 直接广播地址:主机号为全 1 的 IP 地址不分配给任何主机,用作广播地址,对应指
定网络的所有节点。例如,202.198.151.255 为 202.198.151.0 网络的广播地址。路由器
默认不转发目的地址为直接广播地址的 IP 包,除非开启此功能。

(3) 受限广播地址:32 位为全 1 的 IP 地址(255.255.255.255)称为受限广播地址,对
应当前网络的所有节点。在任何情况下,路由器都不转发目的地址为受限广播地址的
IP 包。

(4) 主机本身地址:32 位全 0 的 IP 地址(0.0.0.0)称为主机本身地址。

(5) 回送地址:127.0.0.1,常用于测试网络软件或本地进程之间的通信。无论什么程
序,当使用回送地址作为目的地址发送数据时,不会在网络中传输数据包。

此外,还有一些专用 IP 地址只在网络内部使用,在 Internet 上无效,例如 10.0.0.0~
10.255.255.255,172.16.0.0~172.31.255.255,192.168.0.0~192.168.255.255。

3.1.3 划分子网

为了便于管理网络、提高系统的可靠性,一般可以将网络进一步划分成独立的子网,子网划分的细节对外部路由器来说是隐藏的。具体做法是从 IP 地址中的主机号部分取出若干位作为子网号,再使用子网掩码来标识 IP 地址中的哪些位是网络号和子网号、哪些位是主机号。

子网掩码是一个 32 位的二进制序列,其中值为 1 的位对应 IP 地址的网络号和子网号部分,值为 0 的位对应 IP 地址的主机号部分。子网掩码的表示可以和 IP 地址一样使用点分十进制法,也可以使用在 IP 地址后加一个斜线(/)及子网掩码中值为 1 的位数的方法。例如,192.168.1.25/24 表示 IP 地址 192.168.1.25 的掩码为 255.255.255.0。

对于 A 类和 B 类网络,较多采用自然划分方法,即将子网号长度设为 8 位的整数倍,这样用点分十进制方法表示的 IP 地址就可以比较容易地确定子网号。例如,把一个 B 类 IP 地址的 16 位主机号分成 8 位子网号和 8 位主机号,这样就允许有 $2^8 = 256$ 个子网,每个子网可以容纳 $2^8 - 2 = 254$ 台主机,IP 地址的构成及子网掩码如图 3.3 所示。

```
              16 位             8 位        8 位
B 类地址       网络号           子网号      主机号
子网掩码   1111111111111111   11111111   00000000   ＝255.255.255.0 或/24
```

图 3.3 以字节为界限的子网划分

但是,并不要求子网划分都要以字节为界限。例如,从一个 B 类 IP 地址的 16 位主机号中取 10 位作为子网号,这样就允许有 $2^{10} = 1024$ 个子网,每个子网可以容纳 $2^6 - 2 = 62$ 台主机,IP 地址的构成及子网掩码如图 3.4 所示。

```
              16 位             10 位        6 位
B 类地址       网络号           子网号      主机号
子网掩码   1111111111111111   1111111111   000000   ＝255.255.255.192 或/26
```

图 3.4 不以字节为界限的子网划分

给定 IP 地址和子网掩码以后,主机或路由器通过将 IP 地址与本地子网掩码进行按位"与"操作,就可以得到对应 IP 地址的网络地址,从而确定收到的 IP 数据报是发往本子网的主机、本网络中其他子网的主机或其他网络中的主机。

3.1.4 IP分片

OSI 模型的链路层具有最大传输单元(MTU)这个特性,它限制了帧的最大长度。以太帧的 MTU 为 1500 个字节,如果要封装成帧的 IP 数据报长度超过了 MTU,那么网络层就要对此 IP 数据报进行分片操作,再逐一发送所有分片。

IP 分片即分割 IP 数据报的数据部分,为每一部分数据加上 IP 首部;在标识、标志和分片偏移等字段记录分片和重组所需的信息;将总长度字段修改成该分片长度,使每一分片长度都小于 MTU。网络中传输的 IP 包既可能是一个完整的 IP 数据报,也可能只是 IP 数据报的某一个分片。

3.1.5　路由转发

当网络层设备(如路由器)收到要转发的 IP 包时,根据其目的 IP 地址查找路由表来确定 IP 包传输的最佳路径(下一跳),然后重新封装此 IP 包并转发出去。路由表是大部分网络层设备存储的一张记录路由信息的表格,它由许多项目组成,每个项目代表一条到达目的网络的可选路径。

路由项目一般含有 6 个基本字段,即目的地址、子网掩码、下一跳、接口、优先级、度量。

(1) 目的地址:用来标识目的主机地址或目的网络地址。

(2) 子网掩码:与目的地址一起来标识目的主机或路由器所在网段的地址。将目的地址和子网掩码按位"与"后可得到目的主机或路由器所在网段的地址。

(3) 下一跳:接近目的网络的下一个路由器地址。如果配置了接口,那么下一跳地址就是该接口的地址,可以不用配置。

(4) 接口:指明 IP 包将从该路由器的哪个接口转发。

(5) 优先级:对于同一目的地,可能存在若干条不同下一跳的路由,这些不同的路由可能是由不同的路由协议发现的,也可能是手工配置的静态路由。优先级高(数值小)的路由将成为当前的最优路由。

(6) 度量:路由的度量值。当到达同一目的地的多条路由具有相同的优先级时,度量值最小的路由将成为当前的最优路由。

路由表中的路由项既可以由管理员手工设置,也可以由动态路由协议自动生成。根据路由目的地的不同,可以把路由项划分为网络路由、主机路由两种类型。网络路由的"目的地址"字段是另一个网络的地址,主机路由的"目的地址"字段是某台特定主机的 IP 地址。根据目的地与路由器是否直接相连,可把路由项分为直接路由、间接路由两种类型。直接路由的"目的地址"所在网络与路由器直接相连,间接路由的"目的地址"所在网络与路由器非直接相连。此外,路由表中还有一条默认路由,即默认情况下转发 IP 包使用的路由。

路由器的路由选择模块从 IP 处理模块接收到 IP 包后,使用该 IP 包的目的地址在路由表中按"直接路由→间接路由"、"主机路由→网络路由→默认路由"的顺序查找匹配项。匹配方法是将 IP 地址与路由项目的子网掩码进行按位"与"操作,然后判断运算结果是否等于该项目的目的地址,如果等于则匹配成功,否则匹配失败。当找到第一个匹配项后就不再继续寻找,路由选择过程结束。如果在路由表中查找不到匹配项,则默认路由得到匹配。路由选择过程结束后,路由器按匹配的路由项将 IP 包转发出去。

3.2　实验步骤

3.2.1　网络配置

使用网络仿真软件 Cisco Packet Tracer 模拟如图 3.5 所示的网络,设置路由器 A 和主机 B~F 的 IP 地址(子网掩码为 255.255.255.0)。B、C、D 在一个子网,将它们的默认网关配置为 172.16.1.1;E、F 在另一个子网,将它们的默认网关配置为 172.16.0.1。

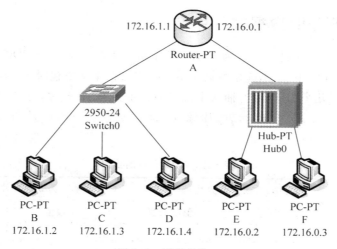

图 3.5 网络结构二

3.2.2 编辑并发送 IP 数据报

在模拟模式下设置事件过滤器为 ICMP,使用编辑工具"增加复杂 PDU"从主机 B 发送一个复杂 PDU(ping 应用,目的 IP 地址为 172.16.0.2,TTL=128,单次发包时间 One Shot Time=0)给主机 E。捕获主机 B 发出的数据包、主机 E 收到的数据包,打开 PDU 信息对话框,分析两个包的 IP 首部是否相同?若不同,分析差异的字段和产生结果的原因。

重新从主机 B 发送一个复杂 PDU 给主机 E(ping 应用,目的 IP 地址为 172.16.0.2,TTL=1,单次发包时间 One Shot Time=0),观察主机 E 是否能收到主机 B 所发出的数据包?分析产生结果的原因。

3.2.3 理解特殊的 IP 地址

在模拟模式下设置事件过滤器为 ICMP,从主机 B 发出一个复杂 PDU(ping 应用,目的 IP 地址为 172.16.1.255,单次发包时间 One Shot Time=0),分别观察主机 C、D、E、F 能不能收到 B 发出的这个数据包?分析产生结果的原因。

重新从主机 B 发出一个复杂 PDU(ping 应用,目的 IP 地址为 172.16.0.255,单次发包时间 One Shot Time=0),分别观察主机 C、D、E、F 能不能收到 B 发出的这个数据包?分析产生结果的原因。

重新从主机 B 发出一个复杂 PDU(ping 应用,目的 IP 地址为 255.255.255.255,单次发包时间 One Shot Time=0),分别观察主机 C、D、E、F 能不能收到 B 发出的这个数据包?分析产生结果的原因。

重新从主机 B 发出一个复杂 PDU(ping 应用,目的 IP 地址为 127.0.0.1,单次发包时间 One Shot Time=0),分别观察主机 C、D、E、F 能不能收到 B 发出的这个数据包?分析产生结果的原因。

3.2.4　观测 IP 数据报分片

在模拟模式下设置事件过滤器为 ICMP,从主机 B 发送一个复杂 PDU 给主机 E(ping 应用,目的 IP 地址为 172.16.0.2,应用数据大小 size＝2492,单次发包时间 One Shot Time＝0),观察主机 B 发出了几个 IP 分片?捕获主机 B 发出的所有 IP 分片,打开 PDU 信息对话框,分析每个分片首部的 ID、分片标志、片偏移、总长度等字段的值及所代表的含义,填写表 3.1。

表 3.1　各 IP 分片的首部

字段名称	第 1 个分片		第 2 个分片(如果有)	
	字段值	值的含义	字段值	值的含义
ID				
分片标志				
片偏移				
总长度				

3.2.5　验证子网掩码和路由转发

在模拟模式下设置事件过滤器为 ARP,清空主机 B、C、D 的默认网关设置,清空主机 B 的 ARP 高速缓存表。修改主机 C、D 的子网掩码为 255.255.255.224,修改主机 D 的 IP 为 172.16.1.100。从主机 B 发送一个简单 PDU 给主机 C,观察主机 C 是否会对主机 B 发出的 ARP 请求报文做出应答?再从主机 B 发送一个简单 PDU 给主机 D,观察主机 D 是否会对主机 B 发出的 ARP 请求报文做出应答?分析产生结果的原因。

使用编辑工具"查看(Inspect)"打开路由器 A 的路由表,观察其中有几条路由项?分析每条路由项的目的地址、子网掩码、接口字段的值及所代表的含义,填写表 3.2。

表 3.2　路由表的路由项

字段名称	第 1 条路由项		第 2 条路由项(如果有)	
	字段值	值的含义	字段值	值的含义
目的地址				
子网掩码				
接口				

在模拟模式下设置事件过滤器为 ICMP,恢复主机 B、C、D 的默认网关设置,修改主机 F 的 IP 为 172.16.0.100。从主机 B 发送一个简单 PDU 给主机 F,观察主机 B 发出的数据包到达路由器 A 后从路由器 A 的哪个接口转发出去?分析产生结果的原因。

将路由器 A 所有接口的子网掩码修改为 255.255.255.224。使用编辑工具"查看(Inspect)"打开路由器 A 的路由表,观察表 3.2 中的字段值有哪些发生了变化?重新从主机 B 发送一个简单 PDU 给主机 F,观察主机 B 发出的数据包到达路由器 A 后是否从某个接口转发出去?分析产生结果的原因。

3.3　思考与讨论

1. 数据接收方收到多个 IP 分片后,根据分片首部的哪几个字段将若干分片重组成一个 IP 数据报?

2. IP 数据报中的首部校验和字段并不校验数据报中的数据,这样做的好处是什么? 坏处是什么?

3. 在什么情况下主机的子网掩码设置错误会影响与其他主机的通信? 请举出例子。

第4章

网际控制报文协议实验

实验目的

- 掌握 ICMP 协议的报文格式。
- 理解不同类型 ICMP 报文的具体意义。
- 了解常见的网络故障。

实验环境

- 运行 Windows XP/Windows Server 2003/Windows 7 操作系统的计算机一台。
- Packet Tracer 网络模拟器程序。

4.1 实验原理

网际控制报文协议(Internet Control Message Protocol,ICMP)是 TCP/IP 协议族的一个子协议,属于网络层协议,主要用于在主机、路由器之间传递控制报文(如网络是否通畅、主机是否可达、路由是否可达等),提供可能发生在通信环境中的各种问题的反馈。

ICMP 报文有两种形式,即差错报告报文和查询报文,它们都是封装在 IP 数据报里传输,虽然不包含用户数据,但对用户数据的传递起着重要的作用。与 IP 数据报一样,ICMP 报文的传输也是不可靠的,可能会丢失。但是,为了防止 ICMP 报文无限制地连续发送,如果 ICMP 报文的传输出现问题,不再使用新的 ICMP 报文来传递问题的反馈信息。

4.1.1 ICMP 差错报告报文

由于 IP 数据报的传输不提供差错控制,发送方无法获知数据报是否正确到达了接收端,也无法获知是什么原因造成接收方没有收到数据报。ICMP 差错报告报文可以解决这些问题。当中间路由器或目标主机发现数据报在传输过程中出现错误不能到达接收端时,主机或者路由器的 ICMP 模块将被触发,并产生一个 ICMP 差错报告报文向数据报发送方(源主机)报告出错情况。但是,ICMP 只是报告差错,不纠正差错,差错纠正留给高层协议去做。

ICMP 差错报告报文包括 ICMP 首部和数据两个部分,结构如图 4.1 所示。数据由出错的 IP 数据报首部加上出错的 IP 数据报前 8 个字节数据组成,这样既提供了出错的 IP 数据报本身的信息,又提供了出错的 IP 数据报内端口、序号等高层协议信息。整个 ICMP 差错报告报文封装在一个新的 IP 数据报里发出。

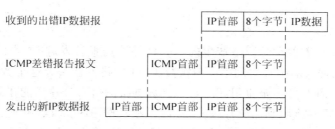

图 4.1 封装 ICMP 差错报文的 IP 数据报结构

根据差错的类型，又可将 ICMP 差错报告报文分为"目的端不可达"、"源端抑制"、"超时"、"参数问题"和"改变路由"5 种，如图 4.2～图 4.6 所示。每种 ICMP 差错报告报文的首部都包含一个字节的类型字段、一个字节的代码字段、两个字节的校验和字段和 4 个字节的填充位。类型字段指示了 ICMP 报文的类型，代码字段指示了差错情况的具体代码，校验和字段对整个 ICMP 报文进行差错校验。只有参数问题报文和改变路由报文的填充位不全为0，参数问题报文的填充位包含一个字节的指针，改变路由报文的填充位包含 4 个字节的目标路由器 IP 地址。

1. 目的端不可达报文

当路由器不能够给数据报找到路由或主机，不能交付数据报时，就丢弃这个数据报，然后向发出这个数据报的源主机发回目的端不可达报文。目的端不可达报文的类型字段值为3，代码字段值 0～15 分别代表网络不可达、主机不可达、协议不可达、端口不可达等 15 种情况。

图 4.2 目的端不可达报文

2. 源端抑制报文

IP 协议是无连接协议，因此通信缺乏流量控制。ICMP 源端抑制报文就是为了给 IP 增加一种流量控制而设计的。当路由器或主机因拥塞而丢弃数据报时，它就向 IP 数据报的发送站发送源端抑制报文。第一，它通知源端数据报已被丢弃。第二，它警告源端，在路径中的某处出现了拥塞，因而源端必须放慢发送过程。源端抑制报文的类型字段值为4，代码字段值为 0。

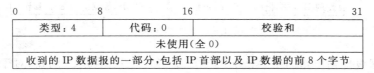

图 4.3 源端抑制报文

3．超时报文

超时报文是在以下两种情况下产生的。一种是数据报转发超时,当路由表中出现差错而产生回路,IP 数据报的生存时间字段值被减为 0 时,路由器丢弃这个数据报,并向源端发送超时报文。另一种是数据报重组超时,当 IP 数据报的所有分片未能在某一时限内到达目的主机时,目的主机将已收到的分片丢弃,并向源端发送超时报文。超时报文的类型字段值为 11,代码字段值 0 和 1 分别代表数据报转发超时和重组超时两种情况。

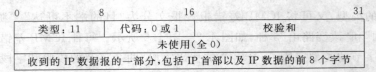

图 4.4   超时报文

4．参数问题报文

当 IP 数据报在 Internet 上传送时,在其首部中出现的任何二义性都可能会产生严重的问题。如果路由器或目的主机发现了这种二义性,或发现在数据报的某个字段中缺少某个值,它就丢弃这个数据报,并发送参数问题报文。参数问题报文的类型字段值为 12,代码字段值 0 和 1 分别代表数据报首部二义性和缺少字段值两种情况。指针字段指向错误的字节。

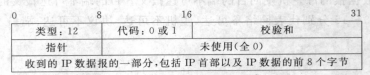

图 4.5   参数问题报文

5．改变路由报文

主机不参与路由器的路由选择更新过程,因此可能会把 IP 数据报发送给一个错误的路由器,而这个数据报本来是应发送给另一个网络的。在这种情况下,收到这个数据报的路由器会把数据报转发给正确的路由器,并向主机发送改变路由报文,提示主机更新路由表。改变路由报文的类型字段值为 5,代码字段值 0～3 分别代表改变网络路由、改变主机路由、改变当前服务类型的网络路由、改变当前服务类型的主机路由 4 种情况。目标路由器 IP 地址字段代表 IP 数据报重定向后的目标路由器。

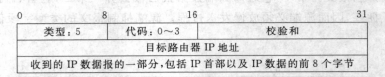

图 4.6   改变路由报文

在 IP 数据报传输出错的某些情况下不产生 ICMP 差错报文,例如,对于携带 ICMP 差错报文的数据报,不再产生 ICMP 差错报文;对于 IP 分片,如果不是第一个分片,则不产生

ICMP 差错报文；对于具有多播地址的数据报，不产生 ICMP 差错报文；对于有特殊地址
（如 127.0.0.0 或 0.0.0.0）的数据报，不产生 ICMP 差错报文。

4.1.2　ICMP 查询报文

除差错报告外，ICMP 还能通过查询报文对网络问题进行诊断。查询报文是成对出现
的，它帮助主机或网络管理员从一个路由器或另一个主机得到特定的信息。ICMP 查询报
文的首部也包含一个字节的类型字段、一个字节的代码字段、两个字节的校验和字段，此外
还包含两个字节的标识符字段和两个字节的序号字段。标识符用于标识发出 ICMP 查询报
文的进程，序号为同一进程发出 ICMP 查询报文的顺序号。

共有 4 种查询报文对，分别是"回送请求和回答"、"时间戳请求和回答"、"地址掩码请求
和回答"以及"路由器询问和通告"。它们的数据部分各不相同，如图 4.7～图 4.10 所示。

1．回送请求和回答报文

回送请求和回答报文是为网络诊断而设计的，运行操作系统自带的 ping 程序就会发出
回送请求报文。因为 ICMP 报文被封装成 IP 数据报，发送回送请求的机器在收到回送回答
报文时，就证明了在发送站和接收站之间能够使用 IP 数据报进行通信。此外，这还证明了
在中间的一些路由器能够接收、处理转发数据报。回送请求报文的类型字段值为 8，回送回
答报文的类型字段值为 0，代码字段值都为 0。其数据部分为填充位，不论回送请求报文填
充什么，回送回答报文里都重复。

0　　　　　　　8　　　　　　16　　　　　　　　　　31		
类型：8 或 0	代码：0	校验和
标识符		序号
由请求报文发送；由回答报文重复		

图 4.7　回送请求和回答报文

2．时间戳请求和回答报文

两个机器可使用时间戳请求和时间戳回答报文来确定 IP 数据报在这两个机器之间往
返所需的时间。时间戳请求报文的类型字段值为 13，时间戳回答报文的类型字段值为 14，
代码字段值都为 0。数据部分包含 4 个字节的原始时间戳、4 个字节的接收时间戳和 4 个字
节的发送时间戳。发送方填充原始时间戳后将请求报文发出，接收端收到请求报文后填写
接收时间戳，再复制这两个字段到回答报文，并填写发送时间戳，之后将回答报文发出。

0　　　　　　8　　　　　　　16　　　　　　　　　31		
类型：13 或 14	代码：0	校验和
标识符		序号
原始时间戳		
接收时间戳		
发送时间戳		

图 4.8　时间戳请求和回答报文

3. 地址掩码请求和回答报文

当主机不知道地址的掩码时,主机应向局域网上的路由器发送地址掩码请求报文。路由器收到地址掩码请求报文,就发回地址掩码回答报文,向主机提供所需的掩码。地址掩码请求报文的类型字段值为 17,地址掩码回答报文的类型字段值为 18,代码字段值都为 0。其数据部分包含 4 个字节的地址掩码。接收端发出回答报文时填写接收地址掩码。

0	8	16	31
类型:17 或 18	代码:0	校验和	
标识符		序号	
地址掩码			

图 4.9　地址掩码请求和回答报文

4. 路由器询问和通告报文

为了发现网络上的路由器,主机可广播(或多播)路由器询问报文。收到询问报文的一个或几个路由器使用路由器通告报文广播自己的地址。路由器询问报文的类型字段值为 10,路由器通告报文的类型字段值为 9,代码字段值都为 0。路由器通告报文的首部没有标识符和序号字段,取而代之的是一个字节的地址数、一个字节的地址项长度和两个字节的生存期字段。地址数指的是报文数据部分所含的路由器地址个数,地址项长度指的是每个路由器地址项目的 32 位字长度(值固定为 2),生存期指的是通告地址有效的时间(秒)。路由器通告报文数据部分包括多个路由器地址项目,对应路由器多个接口的地址,每个项目由一个 4 个字节的 IP 地址和一个 4 个字节的优先级组成。优先级是指 IP 地址作为路由器默认地址的优先等级。

0	8	16	31
类型:10	代码:0	校验和	
标识符		序号	

(a) 路由器询问报文

类型:9	代码:0	校验和	
地址数	地址项长度	生存期	
路由器地址 1			
优先级 1			
路由器地址 2			
优先级 2			
⋮			

(b) 路由器通告报文

图 4.10　路由器询问报文和路由器通告报文

4.2 实验步骤

4.2.1 网络配置

使用网络仿真软件 Cisco Packet Tracer 模拟如图 4.11 所示的网络,设置路由器 A 和主机 B～F 的 IP 地址(子网掩码为 255.255.255.0)。B、C、D 在一个子网,将它们的默认网关配置为 172.16.1.1;E、F 在另一个子网,将它们的默认网关配置为 172.16.0.1。

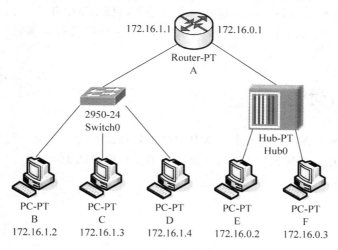

图 4.11 网络结构二

4.2.2 观测 ICMP 查询报文

在模拟模式下设置事件过滤器为 ICMP,从主机 B 发送一个简单 PDU 给主机 E,观察哪些主机收到了主机 B 发出的 ICMP 报文? 哪些主机发回了 ICMP 报文给主机 B? 捕获主机 B 发出和收到的 ICMP 报文,打开 PDU 信息对话框,分析这两个报文的类型(TYPE)、代码(CODE)、标识符(ID)、序号(SEQ NUMBER)字段的值和各自代表的含义,填写表 4.1。分析报文首部的哪些字段保证了在多个 ICMP 查询报文中每一组请求报文和回答报文的一一对应?

表 4.1 ICMP 查询报文的首部

字段名称	请 求 报 文		回 答 报 文	
	字段值	值的含义	字段值	值的含义
类型				
代码				
标识符				
序号				

4.2.3　观测 ICMP 差错报告报文

在模拟模式下设置事件过滤器为 ICMP，将路由器 A 连接 E、F 所在子网的接口（172.16.0.1）的子网掩码改为 255.255.255.224。从主机 B 发出一个复杂 PDU（ping 应用，目的 IP 地址为 172.16.0.100，单次发包时间 One Shot Time＝0），观察主机 B 是否收到 ICMP 报文？捕获这个报文，分析这个报文的类型（TYPE）、代码（CODE）字段的值和各自代表的含义，并分析产生结果的原因。

从主机 B 发送一个复杂 PDU 给主机 E（ping 应用，目的 IP 地址为 172.16.0.2，TTL＝1，单次发包时间 One Shot Time＝0），观察主机 B 是否收到 ICMP 报文？捕获这个报文，分析这个报文的类型（TYPE）、代码（CODE）字段的值和各自代表的含义，并分析产生结果的原因。

4.3　思考与讨论

1. 在什么情况下路由器会发出 ICMP 差错报告报文？请举出两个例子。
2. 如何让主机发出 ICMP 查询请求报文？请举出两个例子。

第5章

用户数据报协议实验

实验目的

- 掌握 UDP 协议的报文格式。
- 掌握 UDP 校验和的计算方法。
- 了解 UDP 报文的通信模式。
- 了解 DNS 的基本原理。

实验环境

- 运行 Windows XP/Windows Server 2003/Windows 7 操作系统的计算机一台。
- Packet Tracer 网络模拟器程序。

5.1 实验原理

用户数据报协议(User Datagram Protocol,UDP)是一个简单的面向数据报的传输层协议,主要用于支持那些需要在计算机之间传输数据的网络应用,比如域名系统(DNS)、简单网络管理协议(SNMP)、动态主机配置协议(DHCP)、路由信息协议(RIP)和一些视频声音流服务等。UDP 报文封装在 IP 数据报中传输,与 IP 协议一样,UDP 协议不提供端到端的确认和重传功能,不保证报文一定能到达目的地,因此也称为不可靠数据报协议。

5.1.1 UDP 报文格式

每个 UDP 报文称为一个用户数据报(User Datagram)。如图 5.1 所示,用户数据报分为两个部分,即首部和数据。UDP 首部包括源端口字段、目的端口字段、报文长度字段和校验和字段,各占两个字节。源端口和目的端口都是整数,分别用于标识发送和接收报文的应用进程。报文长度是 UDP 报文的总长度。校验和是一个 16 位的码,与 IP 协议类似,由 16 位反码求和算法生成。UDP 数据就是 DNS、SNMP 等应用层协议报文。

0	16	31
源端口	目的端口	
报文长度	校验和	
数据		
⋮		

图 5.1　UDP 报文格式

5.1.2　UDP 校验和

为了计算校验和,UDP 引入了一个伪首部(PSEUDO-HEADER)。如图 5.2 所示,伪首部包括 4 个字节的源 IP 地址字段、4 个字节的目的 IP 地址字段、一个字节的全 0 填充字段、一个字节的协议字段和两个字节的 UDP 长度字段。源 IP 地址字段和目的 IP 地址字段记录了发送 UDP 报文时使用的源 IP 地址和目的 IP 地址。全 0 填充字段用于保证报文长度为 16 位的整数倍。协议字段指明了所使用的协议类型代码(这里是 17),而 UDP 长度字段是 UDP 报文的总长度(伪首部的长度不计算在内)。

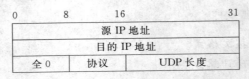

图 5.2　UDP 校验和计算的伪首部

UDP 校验和的计算方法和 IP 数据报首部校验和的计算方法相似。但与 IP 校验和只校验 IP 首部不同,UDP 的校验和是将伪首部、首部和数据部分一起都检验。在发送端,先将全 0 放入校验和字段,再将伪首部以及 UDP 报文看成是由许多 16 位字串接而成,若 UDP 数据部分不是偶数个字节,还要填入一个全 0 字节(只用于计算校验和,不发送),然后按二进制反码求和方法计算出这些 16 位字的和。每两个字求一次和,从低位到高位逐列进行,0 和 0 相加是 0,0 和 1 相加是 1,1 和 1 相加是 0 但要产生一个进位加到高一列,若最高位相加后产生进位,则最低列加 1,若有进位则继续加到高列,循环下去直到没有进位为止。当所有字都求和完成后,将的二进制反码写入校验和字段,发送 UDP 报文。在接收端,将构造的伪首部和收到的 UDP 报文一起按二进制反码求和法计算这些 16 位字的和,结果为 0 说明 UDP 报文无差错,否则说明有差错出现,接收端将此 UDP 报文丢弃。

图 5.3 给出了一个计算 UDP 校验和的例子。这里假定源 IP 为 172.16.1.3,目的 IP 是 172.16.1.100,源端口是 1025,目的端口是 13,UDP 报文长度是 15 个字节,数据为 7 个

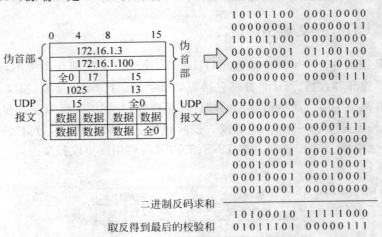

图 5.3　UDP 校验和计算的例子

"00010001"字节。为了使伪首部以及 UDP 报文连接之后的长度是 16 位的整数倍,在数据后面添加了一个全 0 的填充字节。

5.1.3 UDP 数据报的通信模式

UDP 报文封装在 IP 数据报中,所以与 IP 数据报的单播与广播类似,UDP 报文的通信也有单播与多播两种模式(广播看作是多播的一种特例)。

在 UDP 单播通信模式下,客户端和服务端之间建立一个单独的数据通道。通道的一端是发送方主机上使用某个接口(指定源 IP 地址)的某个进程(指定源端口),通道的另一端是接收方主机上使用某个接口(指定目的 IP 地址)的某个进程(指定目的端口)。从通道一端传送出的 UDP 单播报文只能由另一端接收。

在 UDP 广播通信模式下,一个单独的数据包复制发送给网络上的所有主机,这样为不能明确具体的服务器而又要求该服务的 UDP 通信提供了便捷方式。在多数情况下,UDP 广播仅仅作为本地网络通信形式,数据报的目的地址设为受限广播地址 255.255.255.255,此时发送方主机可能还不知道它所在网络的网络掩码,甚至连它的 IP 地址也不知道。在任何情况下,路由器都不转发目的地址为受限广播地址的数据包。如果要向某一个子网进行 UDP 广播,就需要知道子网中某一台主机的 IP 地址和子网掩码,计算直接广播地址=(主机 IP)"或"(子网掩码取反),再将数据报的目的地址设为直接广播地址,如果广播跨路由器还需开启路由器的相关功能。

5.1.4 DNS 的基本原理

域名系统(Domain Name System,DNS)是基于 UDP 的一种应用,是一种能够完成从域名到地址或从地址到域名的映射系统。域名是一串用点分隔的名字组成的名称,比如"www.sina.com",用于在数据传输时标识计算机的位置。Internet 上的主机域名一般是三级结构"主机名.机构名.顶级域名"或四级结构"主机名.机构名.二级域名.顶级域名"。使用 DNS,计算机用户可以间接地通过域名来完成通信,而不用去记 IP 地址。而且 Internet 中的 DNS 被设计成为一个联机分布式数据库系统,采用客户端/服务器方式工作,分布式的结构使 DNS 具有很强的容错性。

DNS 的域名解析过程一般是客户端向 DNS 服务器的 53 端口发送封装 DNS 查询的 UDP 报文,DNS 服务器收到查询后进行域名到 IP 地址的映射或反向映射,并把 DNS 响应封装在 UDP 报文中发回给客户端。如果 DNS 服务器不知道解析答案,则可以采取递归解析和迭代解析两种方式处理。

递归解析(recursive resolution)是指客户端向 DNS 服务器请求递归应答。这意味着客户端期望服务器提供最终答案。如果服务器是这一域名的授权者,它会检查它的数据库并做出响应。如果服务器不是授权者,它会把请求发送给其他服务器(通常是父服务器),并等待响应。如果父服务器是授权者,它就做出响应,否则它仍把查询发送给其他服务器。当查询最终得到解析后,响应就回溯直到最终到达发出请求的客户端。

迭代解析(iterative resolution)是指如果客户端没有请求递归查询,则映射以迭代的形式完成。如果服务器是名称的授权者,则它发送响应;反之,它会返回一个它认为能够解析该查询的服务器的 IP 地址给客户端,由客户端负责向第二台服务器重复发送请求。如果新的地址解析服务器能够解析这一问题,那么就用 IP 地址响应这一请求。否则,它再向客户端返回新的域名解析服务器的 IP 地址。这时,客户端必须向第三台服务器重复该请求。

在实际应用中,DNS 使用一种称为高速缓存(caching)的机制处理解析问题。当服务器向其他服务器请求映射并得到回应时,它首先将这一信息存储在高速缓存中,然后再发送给客户端。如果同一客户端或者其他客户请求同一映射,它会检查本地高速缓存解析这一请求。然而,要通知客户这一响应来自于高速缓存而不是来自于授权服务器,服务器会将这一响应标识为"非授权性的"(unauthoritative)。高速缓存能够提高解析速度,但也存在问题。如果一台服务器长时间缓存一种映射,可能会发送给客户端一个过期的映射。为了防止这种情况,使用了两种技术。第一种,授权服务器给映射增加生存时间 TTL 信息。TTL 以秒为单位定义接收服务器可以缓存这一信息的持续时间。若超过这一时间,映射变为无效,并且任何请求必须再次发送到授权服务器。第二种技术,需要每一台 DNS 服务器为它缓存的每一个映射保持一个 TTL 计数器。高速缓存会定期检查,清除掉 TTL 已经到期的映射。

5.2 实验步骤

5.2.1 网络配置

使用网络模拟软件 Cisco Packet Tracer 模拟如图 5.4 所示的网络。设置服务器 A 和主机 B~F 的 IP 地址(子网掩码为 255.255.255.0)。

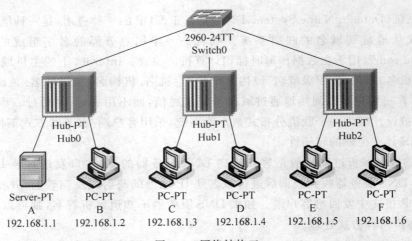

图 5.4 网络结构三

5.2.2 编辑并发送 UDP 数据报

在模拟模式下设置事件过滤器为 UDP,从主机 B 发送一个复杂 PDU 给主机 C(DNS 应用,目的 IP 地址为 192.168.1.3,源端口为 1025,报文数据大小为 0,单次发包时间 One Shot Time=0),捕获主机 B 发出的 UDP 报文,分析报文的源端口(SRC PORT)、目的端口

(DEST PORT)、报文长度(LENGTH)字段的值和各自代表的含义。手工计算报文的校验和字段的值应该是多少？观察主机 B 是否会收到其他主机发来的 IP 数据报？如果会,是哪台主机发来的？封装在 IP 数据报里的是 UDP 报文还是其他协议的报文？分析该报文所有字段的值以及产生结果的原因。

从主机 B 发送一个复杂 PDU 给服务器 A(DNS 应用,目的 IP 地址为 192.168.1.1,源端口为 1026,报文数据大小为 0,单次发包时间 One Shot Time＝0),观察主机 B 是否会收到其他主机发来的 IP 数据报？分析产生结果的原因。

5.2.3　验证 UDP 单播通信

在模拟模式下设置事件过滤器为 UDP,打开服务器 A 的配置对话框,在 DNS 服务缓存的域名解析表中添加一条域名解析记录,将域名"www. sina. com"解析为 IP 地址"192.168.1.1"。打开主机 B 的配置对话框,设置 DNS 服务器地址为 192.168.1.1,并使用桌面工具里的 Web 浏览器访问"www. sina. com"。捕获主机 B 发出和收到的 UDP 报文,分析源端口和目的端口字段的值和各自代表的含义,以及所在 IP 数据报的源 IP 地址、目的 IP 地址字段的值和各自代表的含义,填写表 5.1,分析产生结果的原因。

表 5.1　主机 B 发出和收到的 UDP 报文

字段名称	发出的 UDP 报文		收到的 UDP 报文	
	字段值	值的含义	字段值	值的含义
源端口				
目的端口				
源 IP 地址				
目的 IP 地址				

5.2.4　验证 UDP 广播通信

在模拟模式下设置事件过滤器为 UDP,设置主机 B 的 DNS 服务器地址为空,再次使用主机 B 的 Web 浏览器访问"www. sina. com"。捕获主机 B 发出和收到的 UDP 报文,分析表 5.1 中哪些字段的值发生了变化,分析产生结果的原因。

5.3　思考与讨论

1. UDP 协议和 IP 协议的不可靠程度是否相同？请说明原因。
2. UDP 协议本身能否保证报文的发送和接收顺序？

第6章

传输控制协议实验

实验目的
- 掌握 TCP 协议的报文格式。
- 掌握 TCP 连接的建立和释放过程。
- 掌握 TCP 数据传输中编号与确认的过程。
- 理解 TCP 重传与滑动窗口机制。

实验环境
- 运行 Windows XP/Windows Server 2003/Windows 7 操作系统的计算机一台。
- Packet Tracer 网络模拟器程序。

6.1 实验原理

传输控制协议(Transmission Control Protocol,TCP)是传输层的另一个重要协议,它使用了 IP 协议提供的服务,主要用于支持那些可靠性要求高的网络应用,例如超文本传输协议 HTTP、远程终端协议 Telnet、文件传输协议 FTP、简单邮件传输协议 SMTP 等。与UDP 不同的是,TCP 是面向连接的、可靠的、基于字节流的传输层协议。TCP 提供全双工服务,通信的每一方都有发送和接收两个缓冲区,数据能同时双向流动。发送者为发送的每一个字节数据都分配一个序号,并用一个递增的确认号来说明期望收到对方发来下一个字节数据的序号。如果在规定的时间内发送者没有收到关于这个包的确认响应,就重新发送此包。

6.1.1 TCP 报文格式

TCP 协议的报文又称为 TCP 报文段(TCP Segment),其格式比 UDP 更加复杂。如图 6.1 所示,TCP 报文分为两个部分,即首部和数据。TCP 数据为 HTTP、FTP 等应用层协议报文。TCP 首部除了源端口字段、目的端口字段以外,还有序号、确认号、首部长度、保留位、控制位、窗口大小、校验和、紧急指针和选项等字段。

(1)源端口和目的端口:各占两个字节,和 UDP 中一样,是传输层与应用层的服务接口。

(2)序号:占 4 个字节,用来标识从 TCP 发送端向接收端发送的数据字节流。该字段的值代表当前 TCP 报文所携带数据的第一个字节的顺序编号。序号是递增的无符号整数,最大为 $2^{32}-1$,之后又从 0 开始。

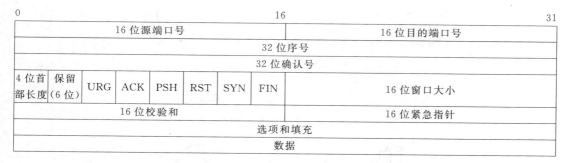

图 6.1　TCP 报文格式

（3）确认号：占 4 个字节，如果设置了 ACK 控制位，确认号字段代表期望收到对方下一个 TCP 报文所携带数据第一个字节的序号，值应当是上一次已成功收到数据的字节序号加 1。确认号 $N+1$ 表示对已收到的前 N 个字节数据的确认。

（4）首部长度：占 4 位。TCP 首部的长度，以 4 个字节为一个单位。

（5）保留位：占 6 位，全填充 0，保留给以后使用。

（6）控制位：占 6 位，包含 URG、ACK、PSH、RST、SYN、FIN 等控制位。URG 为紧急比特，当值为 1 时表明此报文中有紧急数据，接收方应直接将这部分数据交给应用层，而不按原来的顺序在接收缓冲区排队。ACK 为确认比特，当值为 1 时确认号字段才有意义。PSH 为推送比特，当值为 1 时表明发送方没有等发送缓冲区满就封装了此报文中的数据，且要求接收方收到此报文后立即将它和缓冲区中的其他报文一起推送。RST 为复位比特，当值为 1 时表明出现严重差错，必须重置连接。SYN 为同步比特，在请求建立连接时将 SYN 比特置为 1。FIN 为终止比特，在请求释放连接时将 FIN 比特置为 1。

（7）窗口：占两个字节，代表接收窗口，单位为字节。接收方提示发送方在未收到报文确认时能发送的数据字节数。

（8）校验和：占两个字节，其计算方法与 UDP 校验和相同。

（9）紧急指针：占两个字节，当 URG 比特位为 1 时有效。紧急数据从数据的第一个字节开始到紧急指针指向的字节结束。

（10）选项和填充：可选字段，最多可达 40 个字节，不是 4 个字节的整数倍时用 0 填充，用于 TCP 连接双方协商最大报文长度、窗口扩大选项、时间戳选项等。

6.1.2　TCP 连接的建立和释放

TCP 是面向连接的协议。在面向连接的环境中，开始传输数据之前，在两个终端之间必须先建立一个连接。对于一个要建立的连接，通信双方必须同步自己的初始序号 seq 以及成功接收对方报文的确认号 ack（指明希望收到的下一个字节的编号）。习惯上将同步信号写为 SYN（SYN 比特置为 1），将应答信号写为 ACK（ACK 比特置为 1）。整个同步的过程称为三次握手，如图 6.2 所示。

对于一个已经建立的连接，TCP 使用四次握手来结束通话，将释放连接的信号写为FIN（FIN 比特置为 1），如图 6.3 所示。

图 6.3 所示的连接释放属于正常关闭，即通过发送 FIN 信号关闭单向的 TCP 连接，不

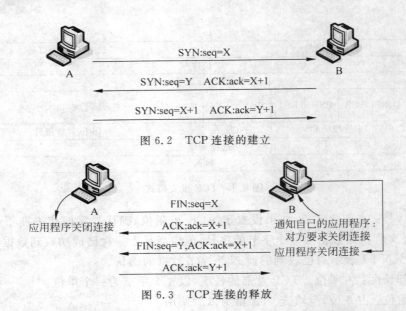

图 6.2 TCP 连接的建立

图 6.3 TCP 连接的释放

再向对方发送数据。双方分别发送 FIN 信号才能关闭双向的 TCP 连接。关闭单向 TCP 连接的一端在停止数据发送后还能接受来自另一端的数据,这种状态称为半关闭。有时,也可以发送一个复位信号(RST 比特置为 1)而不是 FIN 来结束 TCP 连接,这称为异常关闭。异常关闭发生在两种情况下,①发送方应用程序丢弃待发数据,并发送复位报文;②当连接请求到达接收方,目的端口没有监听进程,发送方发送复位报文。

6.1.3 TCP 报文的编号与确认

在已建立的一个 TCP 连接中,每个通信方为自己发送的字节数据编号,起始编号是一个随机数。每一个报文的序号表明了该报文携带数据的第一个字节编号,两个方向报文的序号是不相关的。每个通信方使用确认号来确认它已收到的字节。确认号是递增的,接收方将成功接收的报文中的序号字段的值加 1,作为确认号返回。当报文的 SYN 比特或 FIN 比特为 1 时,虽然数据部分长度为 0,但同方向下一个报文的序号也要增加 1。而当报文的 ACK 比特为 1,SYN 比特和 FIN 比特不为 1 时,同方向下一个报文的序号和当前报文序号相同。

6.1.4 TCP 的重传与滑动窗口机制

TCP 提供可靠的传输层,它使用的方法之一就是确认从另一端收到的数据。TCP 每发送一个报文,就对这个报文设置一个计时器。只要计时器设置的重传时间到了但还没有收到确认,就会重传这一报文。重传时间是动态计算的,有两种方法,即使用 TCP 报文首部时间戳选项的值和等于 RTT(往返时间)的两倍。

为了实现流量控制,TCP 使用了一种滑动窗口协议。双方主机为每个连接使用一个窗口,窗口区间是缓冲区的一部分,包含了一台主机在等待另一台主机的确认期间所能发送的字节数据大小。该窗口之所以称为滑动窗口,是因为它能随着数据和确认的发送和接收在整个缓冲区内滑动。接收端主机可以根据网络的拥塞情况改变窗口大小,并通过报文的窗口字段值通知发送端,从而达到控制数据流量的目的,使接收端不被数据所淹没。

6.2　实验步骤

6.2.1　网络配置

使用网络仿真软件 Cisco Packet Tracer 模拟如图 6.4 所示的网络,设置服务器 A 和主机 B 的 IP 地址(子网掩码为 255.255.255.0)。

Server-PT　　　　　　　PC-PT
A　　　　　　　　　　　B
192.168.1.1　　　　　192.168.1.2

图 6.4　网络结构四

6.2.2　观测 TCP 连接的建立和释放

在模拟模式下设置事件过滤器为 TCP,从主机 B 发送一个复杂 PDU 给服务器 A (HTTP 应用,目的 IP 地址为 192.168.1.1,源端口为 1025,报文数据大小为 0,单次发包时间 One Shot Time=0),捕获用于建立 A 和 B 之间 TCP 连接的三次握手 TCP 报文,分析报文的源端口(SRC PORT)、目的端口(DEST PORT)、序号(SEQUENCE NUM)、确认号(ACK NUM)、控制位(URG、ACK、PSH、RST、SYN、FIN 等比特)字段的值和各自代表的含义,以及所在 IP 数据报的源 IP 地址(SRC IP)、目的 IP 地址(DST IP)字段的值和各自代表的含义,填写表 6.1。

表 6.1　TCP 连接建立的三次握手报文

字段名称	第一次握手报文		第二次握手报文		第三次握手报文	
	字段值	值的含义	字段值	值的含义	字段值	值的含义
源端口						
目的端口						
序号						
确认号						
控制位						
源 IP 地址						
目的 IP 地址						

捕获用于断开 A 和 B 之间 TCP 连接的四次握手报文(在 Packet Tracer 模拟器里只有 3 个报文),填写表 6.2。

表 6.2　TCP 连接释放的四次握手报文

字段名称	第一次握手报文		第二次握手报文		第三次握手报文	
	字段值	值的含义	字段值	值的含义	字段值	值的含义
源端口						
目的端口						
序号						
确认号						
控制位						
源 IP 地址						
目的 IP 地址						

根据表 6.1 和表 6.2 的结果,分析 TCP 的三次握手建立连接和四次握手的释放连接过程。

6.2.3　理解 TCP 报文的编号与确认

在模拟模式下设置事件过滤器为 TCP,使用主机 B 的 Web 浏览器访问 http://192.168.1.1,捕获并观察主机 B 和服务器 A 之间总共传送了几个 TCP 报文? 按事件顺序依次列出每个报文的源 IP(SRC IP)、目的 IP(DST IP)、序号(SEQUENCE NUM)、确认号(ACK NUM)和控制位(URG、ACK、PSH、RST、SYN、FIN 等比特)字段的值及含义。

6.2.4　验证 TCP 的重传机制

在模拟模式下设置事件过滤器为 TCP,打开服务器 A 的配置对话框,停止 HTTP 服务。从主机 B 发送一个复杂 PDU 给服务器 A(HTTP 应用,目的 IP 地址为 192.168.1.1,源端口为 1026,报文数据大小为 0,单次发包时间 One Shot Time=0),捕获主机 B 发出的第一个报文,查看报文的控制位(URG、ACK、PSH、RST、SYN、FIN 等比特)哪些比特的值为 1?

观察主机 B 是否会收到服务器 A 发来的 TCP 确认报文? 如果没有收到确认报文,主机 B 大概每隔几秒会重传一次报文? 捕获主机 B 发出的最后一个报文,查看报文的控制位哪些比特的值为 1? 分析产生结果的原因。

6.3　思考与讨论

1. 为什么 TCP 建立连接使用三次握手,而 TCP 释放连接一般使用四次握手?
2. 如果使用 TCP 协议来传输实时语音数据,会出现什么情况? 如果使用 UDP 协议来传输数据文件,会出现什么情况?

第7章 超文本传输协议实验

实验目的

- 掌握 HTTP 的报文格式。
- 掌握 HTTP 的工作过程。
- 熟悉 Wireshark 网络数据包分析器的使用。

实验环境

- 运行 Windows XP/Windows Server 2003/Windows 7 操作系统的计算机两台。
- IIS 服务器组件。
- Wireshark 网络数据包分析器。

7.1 实验原理

超文本传输协议(Hypertext Transfer Protocol,HTTP)是一种应用层协议,主要用于在万维网(WWW)服务器和本地浏览器之间传送超文本数据。超文本包含普通文本、链接文本、图像、音频、视频等多种格式的内容。HTTP 协议使本地浏览器不仅可以正确、快速地访问服务器上的超文本,还可以决定传输超文本中的哪一部分以及哪部分内容先显示。HTTP 在传输层使用 TCP 的服务接口,默认服务端口为 80。

7.1.1 HTTP 报文格式

HTTP 报文一般有两种类型,即请求和响应,这两种报文类型的格式几乎是相同的。

1. 请求报文

请求报文从浏览器发往服务器,由请求行、请求头和请求数据组成。请求报文的格式如图 7.1 所示。

请求行包含 HTTP 请求的基本信息,由 3 个标记组成,即请求方法、URI 和 HTTP 版本,它们用空格分隔,以回车符和换行符结束。例如 GET /index. html HTTP/1.1。HTTP 规范定义了 8 种可能的请求方法,用途各不相同,如表 7.1 所示。URI 是统一资源标识符(Uniform Resource Identifier)的缩写,Web 上可用的每种资源都有一个 URI。HTTP 版本是客户端可理解的最高版本,常见是的 1.1 版本。

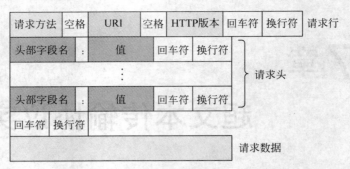

图 7.1　HTTP 请求报告

表 7.1　HTTP 的请求方法

方　　法	描　　述
GET	向 Web 服务器请求一个文件
POST	向 Web 服务器发送数据让 Web 服务器进行处理
PUT	向 Web 服务器发送数据并存储在 Web 服务器内部
HEAD	检查一个对象是否存在
DELETE	从 Web 服务器上删除一个文件
CONNECT	对通道提供支持
TRACE	跟踪到服务器的路径
OPTIONS	查询 Web 服务器的性能

请求头描述了 HTTP 请求的细节,由<头部字段名,值>对组成,用冒号(:)分隔。请求报文中有多个请求头,每个请求头占一行,以回车符和换行符结束。例如 Accept-language:zh-cn。请求头通知服务器有关于客户端的功能和标识,典型的请求头及描述如表 7.2 所示。

表 7.2　HTTP 的请求头

名　　称	描　　述
Accept	浏览器可接受的 MIME 类型
Accept-Encoding	浏览器能够进行解码的数据编码方式,比如 gzip
Accept-Language	浏览器所希望的语言种类,当服务器能够提供一种以上的语言版本时要用到
Connection	表示是否需要持久连接,"Keep-Alive"表示持久连接,"Close"表示非持久连接
Content-Length	表示请求消息正文的长度
Cookie	这是最重要的请求头信息之一,是某些网站为了辨别用户身份而储存在用户本地终端上的数据
Host	初始 URL 中的主机和端口
If-Modified-Since	只有当所请求的内容在指定的日期之后又经过修改才返回它,否则返回 304"Not Modified"应答
Referer	包含一个 URL,用户从该 URL 代表的页面出发访问当前请求的页面
User-Agent	浏览器类型

HTTP 请求报文的最后一个请求头之后是一个空行,发送回车符和换行符,通知服务器以下不再有头部字段。当 HTTP 请求报文的请求数据存在时,一般为 POST 方式下传送的表单数据,这时会使用 Content-Type 和 Content-Length 请求头。

2. 响应报文

响应报文从服务器发往浏览器,也由 3 个部分组成,即状态行、响应头、响应数据。

状态行由 3 个标记组成,即 HTTP 版本、响应码和响应描述。例如 HTTP/1.1 200 OK。HTTP 版本是服务器可理解的最高版本。响应码是 3 位的数字代码,指出请求的成功或失败,如果失败则指出原因。响应描述是响应代码的可读性解释。HTTP 响应码有 5 种可能的取值,如表 7.3 所示。

表 7.3 HTTP 的响应码

响 应 码	描 述
1xx	信息:请求收到,继续处理
2xx	成功:行为被成功地接受、理解和采纳
3xx	重定向:为了完成请求必须进一步执行的动作
4xx	客户端错误:请求有语法错误或请求无法实现
5xx	服务器端错误:服务器未能实现合法的请求

响应头与请求头类似,它们指出服务器的功能,标识出响应数据的细节。例如 Server: Microsoft-IIS/5.1。典型的响应头如表 7.4 所示。

表 7.4 HTTP 的响应头

名 称	描 述
Date	当前的时间
Server	支持当前请求页面的 Web 服务器的类型
X-Powered-By	当前请求页面的脚本类型
Set-Cookie	此 HTTP 连接的 Cookie 信息
Keep-Alive	此 HTTP 连接的 Keep-Alive 时间
Connection	此 HTTP 连接的类型
Transfer-Encoding	此 HTTP 连接的传输编码
Content-Type	此 HTTP 连接的内容类型
Line1-N	Web 服务器传送给客户端浏览器的 HTML 代码

HTTP 响应报文的最后一个响应头之后是一个空行,发送回车符和换行符,表明后面不再有响应头。HTTP 响应报文的响应数据可以是 HTML 文档和图像等,也就是 HTML 本身。

7.1.2 HTTP 的工作过程

HTTP 协议的运行采用了请求/响应模型。客户端向服务器发送一个请求报文,服务器发回响应报文,具体的工作过程如图 7.2 所示。

1. 客户端连接到 Web 服务器

一个 HTTP 客户端通常是浏览器,与 Web 服务器的 HTTP 端口(默认为 80)建立一个 TCP 连接。

图 7.2　HTTP 的工作过程

2．发送 HTTP 请求

通过 TCP 连接，客户端向 Web 服务器发送一个请求报文，一个请求报文由请求行、请求头和请求数据组成。

3．服务器接受请求并返回 HTTP 响应

Web 服务器解析请求，定位请求资源。服务器将资源复本写在响应报文里，通过 TCP 连接发给客户端。一个响应报文由状态行、响应头和响应数据组成。

4．释放 TCP 连接

Web 服务器主动关闭 TCP 连接，客户端被动关闭 TCP 连接。

5．客户端浏览器解析 HTML 内容

客户端浏览器首先解析状态行，查看表明请求是否成功的状态代码。然后解析每一个响应头，得知服务器的功能和响应数据的细节。客户端浏览器读取响应数据，在浏览器窗口中显示。

7.1.3　Wireshark 网络数据包分析器

Wireshark(以前称为 Ethereal)是一个网络数据包分析软件，功能是抓取网络数据包，并尽可能详细地显示出数据包的信息(使用的协议、IP 地址、物理地址、数据包的内容等)，而且可以根据不同的属性将抓取的数据包进行分类。

Wireshark 的主界面如图 7.3 所示，其中，Filter(过滤器)用于设置数据包的过滤条件；Packet List Pane(数据包列表)用于显示捕获到的数据包列表；Packet Details Pane(数据包详细信息)用于显示列表中某一个数据包的详细字段信息；Dissector Pane(十六进制数据)用于显示数据包原始的十六进制数据。

Wireshark 过滤器的语法为：

Protocol Direction Host(s) Value [Logical Operations][Other expression]

其中，Protocol 参数可以是 ether、fddi、ip、arp、rarp、decnet、lat、sca、moprc、mopdl、tcp、udp 等协议；Direction 参数可以是 src、dst、src and dst、src or dst；Host(s)参数可以是 net、port、host、portrange；Value 参数为响应的地址；Logical Operations 参数可以是 not、and 或 or；Other expression 代表其他的过滤器表达式。

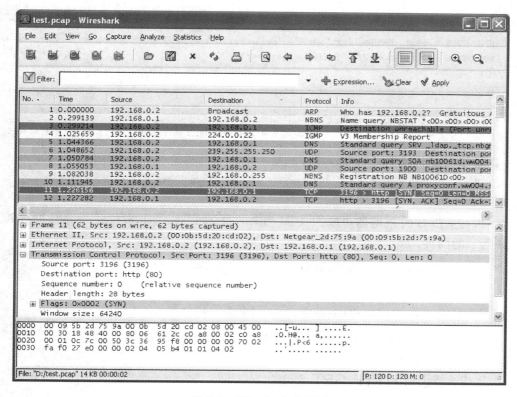

图 7.3　Wireshark 主界面

7.2　实验步骤

7.2.1　网络配置

任选局域网中的两台主机 A 和 B。在主机 A 上安装 IIS 组件,作为提供 HTTP 服务的服务器,将 IP 地址设置为 172.16.1.1(子网掩码为 255.255.255.0)。在主机 B 上装有 Wireshark 网络协议分析器,将 IP 地址设置为 172.16.1.2(子网掩码为 255.255.255.0)。

打开主机 A 的 Windows"控制面板"中的"管理工具"窗口,双击"服务"图标,启动服务列表中的 IIS 服务。在"管理工具"窗口中双击"Internet 信息服务(IIS)管理器"图标,进行 IIS 服务管理。右击"默认网站"节点,打开"属性"菜单,在"目录安全性"选项卡中编辑"匿名访问与身份验证控制",选中"匿名访问"复选框,关闭 Windows 防火墙。

在主机 A 的"C:\Inetpub\wwwroot"目录下建立一个 getpost.asp 文件,内容如下:

```
<! -- 两个 Form 只有 Method 属性不同 -->
< FORM ACTION = "getpost.asp" METHOD = "get">
< INPUT TYPE = "text", NAME = "Text", ALUE = "Hello World"></INPUT>
< INPUT TYPE = "submit", ALUE = "Method = Get"></INPUT>
</FORM>
```

```
< BR >
< FORM ACTION = "getpost.asp" METHOD = "post">
< INPUT TYPE = "text" NAME = "Text",ALUE = "Hello World"></INPUT >
< INPUT TYPE = "submit",ALUE = "Method = Post"></INPUT >
</FORM >
< BR >
< BR >
< % If Request.QueryString("Text") <> "" Then %>
通过 Get 方法传递来的字符串是:"<B><% = Request.QueryString("Text") %></B>"<BR>
< % End If %>
< % If Request.Form("Text") <> "" Then %>
通过 Post 方法传递来的字符串是:"<B><% = Request.Form("Text") %></B>"<BR>
< % End If %>
```

此时,在主机 B 的浏览器中输入 URL"http:// 172.16.1.1/getpost.asp",可打开如图 7.4 所示的网页。

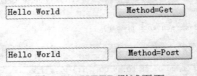

图 7.4　HTTP 测试页面

7.2.2　观测 HTTP GET 请求

在主机 B 上启动 IE 浏览器,在地址栏中输入"http://172.16.1.1/getpost.asp",连接,查看上述操作之后的浏览器窗口。

在主机 B 上启动协议分析器 Wireshark,设置过滤条件"host 172.16.1.2 and port 80"(提取本机的 HTTP 通信),选择网络接口,开始捕获数据。

在主机 B 浏览器已打开的 getpost.asp 页面中单击"Method=Get"按钮。停止捕获数据,打开捕获到的第一个 HTTP 请求报文,分析请求行和请求头的字段值及含义,填写表 7.5,观察报文是否包含请求数据?

表 7.5　HTTP 请求报文

字 段 名 称	字 段 值	值 的 含 义
URI		
HTTP 版本		
Accept		
Accept-Language		
Accept-Encoding		
User-Agent		
Host		
Connection		

打开捕获到的第一个 HTTP 响应报文,分析状态行和响应头的字段值及含义,填写表 7.6。

表 7.6　HTTP 响应报文

字 段 名 称	字 段 值	值 的 含 义
响应码		
Date		
Server		
Content-Length		
Content-Type		

7.2.3　观测 HTTP POST 请求

在主机 B 上启动 IE 浏览器,在地址栏中输入"http:// 172.16.1.1/getpost.asp",连接。启动协议分析器 Wireshark,设置过滤条件"host 172.16.1.2 and port 80"(提取本机的 HTTP 通信),选择网络接口,开始捕获数据。

在主机 B 浏览器已打开的 getpost.asp 页面中单击"Method=Post"按钮。停止捕获数据,打开捕获到的第一个 HTTP 请求报文,分析请求头的 Content-Type 字段、Content-Length 字段的值及含义。观察报文是否包含请求数据? 如果有,值是多少? 分析产生结果的原因。

7.3　思考与讨论

1. 在一台主机上同时打开多个浏览器窗口,访问一个 Web 站点的不同页面,会建立多个 TCP 连接。服务器发回多个 HTTP 响应报文后,主机系统根据什么将响应报文中的页面正确地显示在发起访问的浏览器窗口中?

2. 请求方法为 Get 和 Post 的两种 HTTP 请求报文主要有哪些不同?

第 8 章

远程终端协议实验

实验目的

- 掌握 Telnet 的工作过程。
- 理解 Telnet 选项协商。

实验环境

- 运行 Windows XP/Windows Server 2003/Windows 7 操作系统的计算机两台。
- Wireshark 网络数据包分析器。

8.1 实验原理

远程终端协议(Telnet)是一种用于 Internet 远程登录服务的应用层协议。用户在本地计算机上使用 Telnet 命令行程序连接到远程服务器。要开始一个 Telnet 会话,一般需要输入用户名和密码来登录服务器。用户输入的所有命令以 Telent 报文形式传送给服务器,在服务器上运行,就像用户直接在服务器的控制台上输入命令一样。

Telnet 报文的传输是基于 TCP 的面向字节的双向通信。服务器通常使用 23 端口,客户端使用动态端口。Telnet 协议可以工作在任何主机或任何终端之间,由于提供了一种通过网络操作远程主机的便捷方式,常常被认为是一种终端仿真技术。

8.1.1 Telnet 的工作过程

使用 Telnet 协议进行远程登录时需要满足以下条件:本地计算机上必须装有包含 Telnet 协议的客户程序(比如 Windows 操作系统自带的 Telnet 命令行程序);必须知道远程主机的 IP 地址或域名;必须知道登录用户名与密码。

如图 8.1 所示,Telnet 远程登录过程分为以下 4 个步骤:

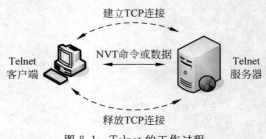

图 8.1　Telnet 的工作过程

1. 建立连接

用户调用本地计算机上的 Telnet 客户端程序,客户端程序与远程主机上的服务器程序建立连接。该连接实际上是一个 TCP 连接,用户必须知道远程主机的 IP 地址或域名。

2. 客户端向服务器发送命令

客户端程序将用户输入的用户名、密码以及之后输入的任何命令或字符以网络虚拟终端(Network Virtual Terminal,NVT)格式传送给远程主机上的服务器程序。NVT 是 Telnet 为了解决异构系统通信时字符集不一致的问题而定义的一个通用接口,它将所有字符都转换为 7 位标准 ASCII 码形式。

3. 服务器向客户端返回数据

客户端程序将服务器程序发回的 NVT 格式的数据转化为本地计算机所接受的格式,显示在屏幕上,显示内容包括输入命令的回显和命令执行结果。

4. 结束连接

最后,用户发出结束连接的命令,客户端程序撤销对远程服务器的连接。

8.1.2 Telnet 命令

几乎所有 Telnet 命令都至少由两个字节组成,格式为 IAC <命令代码>。第一个字节 0xFF(十进制的 255)称为 IAC(Interpret As Command,解释为命令)。IAC 是一个转义字符,该字符后面的字节才是真正的命令代码。如果数据中包含 0xFF 字节,为了避免将后面的字节误认为命令,必须在后面的字节前插入一个 0xFF 字节。第二个字节就是要执行命令的代码。常用的 Telnet 命令及代码如表 8.1 所示。

表 8.1 常用的 Telnet 命令及代码

命 令	代 码	描 述
DON'T	0xFE(254)	发送方想让接收端去禁止选项
DO	0xFD(253)	发送方想让接收端激活选项
WON'T	0xFC(252)	发送方本身想禁止选项
WILL	0xFB(251)	发送方本身将激活选项
SB	0xFA(250)	子选项的协商开始
SE	0xF0(240)	子选项的协商结束

8.1.3 Telnet 选项协商

由于 Telnet 两端的计算机和操作系统的异构性,Telnet 连接选项的配置无法遵循统一的规范,只能在每个连接中进行协商。选项协商可以在客户端与服务器 Telnet 通信的任何时候进行,而不仅仅是在会话开始时。任何一端都可以发出请求协商的命令,另一端做出应答,可以接受或拒绝协商请求。

选项协商需要 3 个字节：一个 IAC 字节，接着一个字节是 WILL、DO、WON'T 和 DON'T 这 4 种命令其中之一的代码，最后一个字节指明选项的标识。常用的 Telnet 选项及标识如表 8.2 所示。

Telnet 选项协商有 6 种可能的情况，每种情况下请求发送者发出的命令和请求接收者做出的应答如表 8.3 所示。

表 8.2　常用的 Telnet 选项及标识

标　　识	选　项　名　称	描　　　述
0	传输二进制	将传输改变为 8 位二进制
1	回送(echo)	允许一边回送收到的数据
3	禁止继续	禁止发送数据之后的 GA 信号
5	状态	请求远程端点的 Telnet 选项状态
6	时钟标识	请求在返回流中插入计时标记
24	终端类型	交换所使用的终端结构和型号信息
25	记录结尾	用 EOR 码终止数据发送
34	行模式	发送完整的行，而不是发送一个个字符

表 8.3　Telnet 选项协商的 6 种情况

命　　令	应　　答	说　　　明
WILL	DO	发送者想激活某选项，接收者接受该选项请求
WILL	DON'T	发送者想激活某选项，接收者拒绝该选项请求
DO	WILL	发送者希望接收者激活某选项，接收者接受该请求
DO	DON'T	发送者希望接收者激活某选项，接收者拒绝该请求
WON'T	DON'T	发送者希望使本地某选项无效，接收者必须接受该请求
DON'T	WON'T	发送者希望接收者使某选项无效，接收者必须接受该请求

8.2　实验步骤

8.2.1　网络配置

任选局域网中的两台主机 A 和 B。设置主机 A 的 IP 地址为 172.16.1.1(子网掩码为 255.255.255.0)，作为服务器，关闭 Windows 防火墙。设置主机 B 的 IP 地址为 172.16.1.2(子网掩码为 255.255.255.0)，作为客户机。

8.2.2　配置 Telnet 服务器

通过 Windows"控制面板"打开主机 A 的"管理工具"窗口，双击"服务"图标，启动服务列表中的 Telnet 服务。在"管理工具"窗口中双击"计算机管理"图标，在弹出的窗口的"本地用户和组"节点下创建 TelnetClients 组，创建新用户(例如 stu8000)，设置用户密码为 1，取消选中"用户下次登录时须更改密码"复选框，选中"用户不能更改密码"和"密码永不过期"复选框。在新创建用户的"属性"窗口的"隶属于"选项卡中单击"添加"按钮，在"输入对象名称来选择"文本框中输入"TelnetClients",单击"检查名称"按钮,让该用户隶属于 TelnetClients 组。

8.2.3 验证 Telnet 通信

在主机 B 上安装 Wireshark 网络协议分析器。启动协议分析器 Wireshark,设置过滤条件"host 172.16.1.2 and port 23"(提取主机 B 的 Telnet 通信),开始捕获数据。

在主机 B 的命令行提示符环境下运行"Telnet 172.16.1.1",远程登录服务器;在提示信息"(y/n):"后输入 y,在"login:"提示符后输入用户名(例如 stu8000),在"password:"提示符后输入密码 1。查看进行上述操作之后的命令行窗口,如图 8.2 所示。

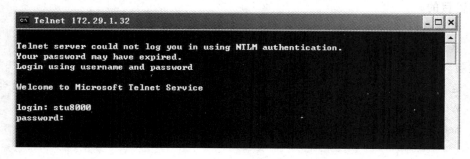

图 8.2 Telnet 登录窗口

登录成功之后,从虚拟终端输入命令 cd,显示当前目录。按 Ctrl+]组合键回到 Telnet 提示符下,然后输入"quit"退出 Telnet 远程登录。

停止捕获数据,查看主机 B 捕获的数据,分析 Telnet 服务器使用的固定端口是多少?以任意一种选项为例,分析针对这个选项进行协商的所有数据报文,并解释协商该选项的过程。在捕获的数据中,查找 Telnet 远程登录的用户名和密码,说明 Telnet 的安全性。

8.3 思考与讨论

1. 当 Telnet 工作在字符模式下时,如果用户在客户端输入 5 个数字后回车,这些输入会被放入几个 Telnet 报文传给服务器?

2. 如果客户端希望服务器激活 echo 选项,请求报文里的 Telnet 命令应该是怎样的?

第 9 章

文件传输协议实验

实验目的

- 掌握 FTP 的工作原理。
- 熟悉 FTP 的常用命令与状态码。

实验环境

- 运行 Windows XP/Windows Server 2003/Windows 7 操作系统的计算机两台。
- Wireshark 网络数据包分析器。
- ServU 文件传输服务器软件。

9.1 实验原理

文件传输协议(File Transfer Protocol,FTP)是一种用于 Internet 文件传送的应用层协议。所谓文件传送,实际上是将一个文件从一个系统复制到另一个系统中。FTP 报文的传输基于 TCP 协议,客户端和服务器之间会建立两个 TCP 连接,即控制连接和数据连接。控制连接一直持续到客户端和服务器进程间的通信完成为止,用于传输控制命令,服务器使用 21 端口;数据连接根据通信的需要随时建立和释放,用于数据的传输,服务器常使用 20 端口。

9.1.1 FTP 的工作原理

FTP 支持两种连接模式,一种是标准模式(也称为主动模式),另一种是被动模式。在两种模式下,客户端和服务器都是先建立控制连接,如图 9.1 所示。服务器打开用于 FTP 的端口 21,等待客户端的连接。FTP 客户端随机开启一个大于 1024 的端口 N 向服务器的 21 号端口发起连接。该连接建立后,将命令从客户端传给服务器,再传回服务器的应答。控制连接的生存期是整个 FTP 会话时间。

但在两种模式下数据连接的建立方法不同。每当一个文件要在客户与服务器之间传输时就会创建一个数据连接,用来传输文件和其他数据,例如目录列表等。这种连接在需要数据传输时建立,一旦数据传输完毕就关闭,每次使用的端口也不一定相同。

如图 9.1 所示,在主动模式下,FTP 客户端开放端口 $N+1$ 进行监听,并通过控制连接向服务器发出 PORT $N+1$ 命令。服务器接收到命令后,会用其本地的 FTP 数据端口(通常是 20)来连接客户端指定的端口 $N+1$ 进行数据传输。

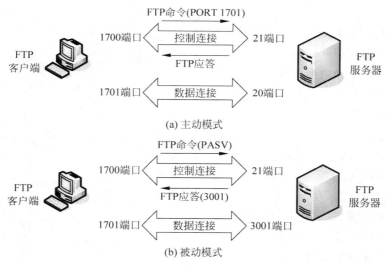

图 9.1　FTP 的两种工作模式

在被动模式下,FTP 客户端开启端口 $N+1$。然后向服务器发送 PASV 命令,通知服务器自己处于被动模式。服务器收到命令后,会开放一个大于 1024 的端口 P 进行监听,然后在对 PASV 命令的应答中通知客户端自己的数据端口是 P。客户端收到命令后,会通过 $N+1$ 号端口连接服务器的端口 P,然后在两个端口之间进行数据传输。

9.1.2　FTP 的常用命令与状态码

FTP 的命令和应答只在控制连接上传送,常用命令如表 9.1 所示。

表 9.1　FTP 常用命令

命　　令	描　　述
USER username	用户:标识文件系统的访问用户,通常是底层连接建立(TCP 成功握手结束)之后发送的第一个命令
PASS password	密码:发送用户密码(默认情况下信息不加密传送)
CWD pathname	改变当前工作目录
QUIT	退出:终止命令连接
PORT h1,h2,h3,h4,p1,p2	端口:设置数据连接端口号(h 指主机的 IP 地址字节;p 指端口号)
PASV	被动等待
TYPE code	类型:指出传输中使用的数据表示类型(例如,ASCII、EBCDIC 和二进制图像是 3 种不同的数据类型)
RETR pathname/filename	提取:从 FTP 服务器得到一个目录或文件
STOR pathname/filename	存储:向 FTP 服务器发送一个目录或文件
DELE pathname/filename	删除一个目录或文件
RMD pathname	在 FTP 服务器上删除一个目录
MKD pathname	在 FTP 服务器上新建一个目录
PWD	打印工作目录:显示客户机进入的当前目录路径
NLST〔pathname〕	名称列表:返回指定目录中的子目录及文件列表
HELP	帮助:显示服务器支持的命令列表

对于 FTP 连接请求的应答主要如下。

- 110：重新启动标记应答
- 120：在 n 分钟内准备好
- 125：连接打开准备传送
- 150：打开数据连接
- 200：命令成功
- 202：命令失败
- 211：系统状态
- 212：目录状态
- 213：文件状态
- 214：帮助信息
- 215：名字系统类型
- 220：新用户服务准备好了
- 221：服务关闭控制连接，可以退出登录
- 225：数据连接打开，无传输正在进行
- 226：关闭数据连接，请求的文件操作成功
- 227：进入被动模式
- 230：用户登录
- 250：请求的文件操作完成
- 257：创建 PATHNAME
- 331：用户名正确，需要口令
- 332：登录时需要账户信息
- 350：下一步命令
- 421：不能提供服务，关闭控制连接
- 425：不能打开数据连接
- 426：关闭连接，中止传输
- 450：请求的文件操作未执行
- 451：中止请求的操作，有本地错误
- 452：未执行请求的操作，系统存储空间不足
- 500：格式错误，命令不可识别
- 501：参数语法错误
- 502：命令未实现
- 503：命令顺序错误
- 504：此参数下的命令功能未实现
- 530：未登录
- 532：存储文件需要账户信息
- 550：未执行请求的操作
- 551：请求操作中止，页类型未知

- 552：请求的文件操作中止，存储分配溢出
- 553：未执行请求的操作，文件名不合法

9.2 实验步骤

9.2.1 网络配置

任选局域网中的两台主机 A 和 B。设置主机 A 的 IP 地址为 172.16.1.1（子网掩码为 255.255.255.0），作为服务器，关闭 Windows 防火墙。设置主机 B 的 IP 地址为 172.16.1.2（子网掩码为 255.255.255.0），作为客户机。

9.2.2 配置 FTP 服务器

在主机 A 上安装 FTP 服务器软件 ServU。启动 Serv-U.exe，在弹出的设置向导中新建 FTP 服务器的域名（例如，172.16.1.1），设置 FTP 服务器的 IP 地址（例如，172.16.1.1），创建用户（例如 stu8000），设置密码1，指定该用户的访问目录（例如 E:\），启动 FTP 服务。

9.2.3 验证 FTP 通信

在主机 B 上安装 Wireshark 网络协议分析器。启动协议分析器 Wireshark，设置过滤条件"host 172.16.1.2 and (port 21 or port 20)"（提取主机 B 的 FTP 通信），开始捕获数据。

在主机 B 的命令行提示符环境下运行"ftp 172.16.1.1"。在"User："提示符后输入用户名（例如 stu8000）；在"Password:"提示符后输入密码"1"。登录成功之后，在"ftp＞"提示符后输入命令 dir，显示当前目录下的文件列表。查看进行上述操作之后的命令行窗口，如图 9.2 所示。然后输入 quit 退出 FTP 登录。

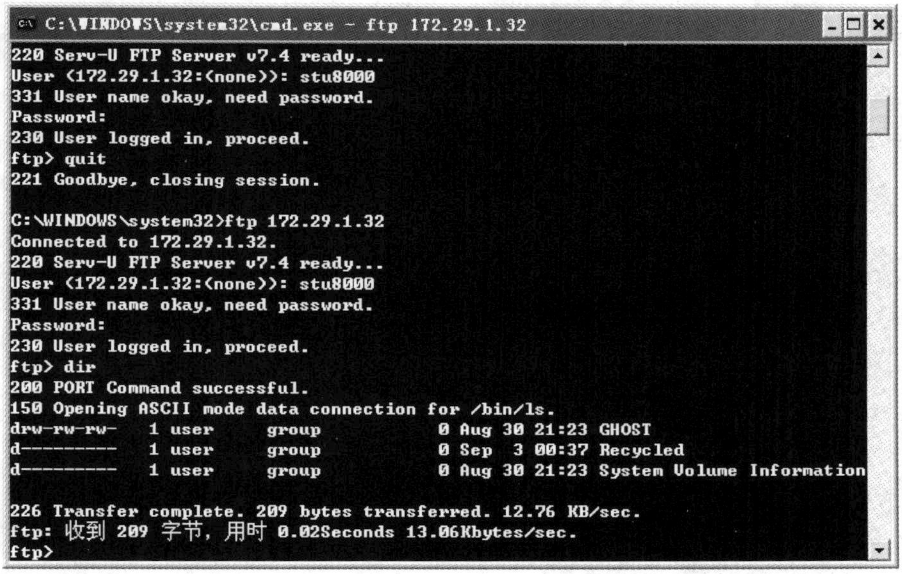

```
C:\WINDOWS\system32\cmd.exe - ftp 172.29.1.32
220 Serv-U FTP Server v7.4 ready...
User (172.29.1.32:(none)): stu8000
331 User name okay, need password.
Password:
230 User logged in, proceed.
ftp> quit
221 Goodbye, closing session.

C:\WINDOWS\system32>ftp 172.29.1.32
Connected to 172.29.1.32.
220 Serv-U FTP Server v7.4 ready...
User (172.29.1.32:(none)): stu8000
331 User name okay, need password.
Password:
230 User logged in, proceed.
ftp> dir
200 PORT Command successful.
150 Opening ASCII mode data connection for /bin/ls.
drw-rw-rw-  1 user     group           0 Aug 30 21:23 GHOST
d---------  1 user     group           0 Sep  3 00:37 Recycled
d---------  1 user     group           0 Aug 30 21:23 System Volume Information
226 Transfer complete. 209 bytes transferred. 12.76 KB/sec.
ftp: 收到 209 字节, 用时 0.02Seconds 13.06Kbytes/sec.
ftp>
```

图 9.2 FTP 登录窗口

停止捕获数据,查看主机 B 捕获的数据,分析 FTP 服务器使用的固定端口是多少? 在捕获的数据中,查找 FTP 登录的用户名和密码,说明 FTP 的安全性。查看建立 FTP 数据连接之前的端口命令和应答报文,并分析 FTP 的工作模式是主动模式还是被动模式? 说明原因。

9.3　思考与讨论

1. FTP 协议为什么要区分控制连接和数据连接? 如果只用一条连接传送命令和数据会有什么局限?

2. 很多防火墙在设置的时候都是不允许接受外部发起连接的,那么位于防火墙后或内网的 FTP 服务器能同时支持 PORT 和 PASV 模式吗?

第二单元

网络管理篇

第10章
DHCP服务器的安装与配置实训

实训目的

- 理解 DHCP 的基本概念和工作过程。
- 掌握 DHCP 服务器的配置。

实训环境

- Windows Server 2003 计算机一台。
- 运行 Windows XP/Windows Server 2003/Windows 7 操作系统的计算机一台。
- 交换机一台。

10.1 实训原理

10.1.1 DHCP 简介

DHCP(Dynamic Host Configuration Protocol,动态主机配置协议)是由 IETF(Internet 工作任务小组)开发设计的,于 1993 年 10 月成为标准协议,其前身是 BOOTP 协议。当前的 DHCP 定义可以在 RFC 2131 中找到,而基于 IPv6 的建议标准(DHCPv6)可以在 RFC 3315 中找到。

DHCP 指的是由服务器控制一段 IP 地址范围,客户机登录服务器时就可以自动获得服务器分配的 IP 地址和子网掩码。DHCP 服务器连接示意如图 10.1 所示。

连接到网络中的计算机需要分配一个 IP 才能通信,DHCP 服务器在网络中充当了分配 IP 的任务。

在 DHCP 的工作原理中,DHCP 服务器提供了 3 种 IP 分配方式,即自动分配(Automatic Allocation)、手动分配和动态分配(Dynamic Allocation)。

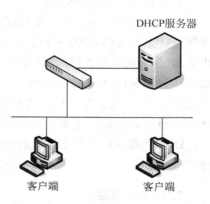

图 10.1 DHCP 服务器连接示意图

- 自动分配是当 DHCP 客户机第一次成功地从 DHCP 服务器获取一个 IP 地址后就永久地使用这个 IP 地址。
- 手动分配是由 DHCP 服务器管理员专门指定的 IP 地址。
- 动态分配是当客户机第一次从 DHCP 服务器获取到 IP 地址后并非永久地使用该地址,每次使用完后,DHCP 客户机就需要释放这个 IP,供其他客户机使用。

10.1.2　DHCP 的租约过程

客户机从 DHCP 服务器获得 IP 地址的过程称为 DHCP 的租约过程。租约过程分为 4 个步骤,分别为客户机请求 IP(客户机发 DHCP DISCOVER 广播包)、服务器响应(服务器发 DHCP OFFER 广播包)、客户机选择 IP(客户机发 DHCP REQUEST 广播包)、服务器确定租约(服务器发 DHCP ACK 广播包)。租约过程如图 10.2 所示。

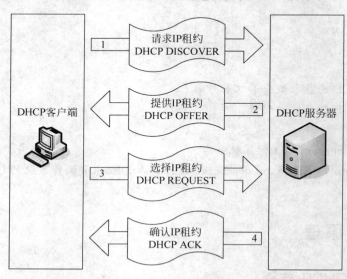

图 10.2　DHCP 租约过程示意图

下面详解租约过程的 4 个步骤。

1. 客户机请求 IP

客户机请求 IP 也称为 DHCP DISCOVER。

当一个 DHCP 客户机启动时,会自动将自己的 IP 地址配置成 0.0.0.0,由于使用 0.0.0.0 不能进行正常通信,所以客户机必须通过 DHCP 服务器来获取一个合法的地址。由于客户机不知道 DHCP 服务器的 IP 地址,所以它使用 0.0.0.0 的地址作为源地址,使用 UDP68 端口作为源端口,使用 255.255.255.255 作为目标地址,使用 UDP67 端口作为目的端口来广播请求 IP 地址信息。广播信息中包含了 DHCP 客户机的 MAC 地址和计算机名,以便使 DHCP 服务器能确定是哪个客户机发送的请求。

DHCP 客户机总是试图重新租用它接收过的最后一个 IP 地址,这给网络带来了一定的稳定性。

2. 服务器响应

服务器响应也称为 DHCP OFFER。

当 DHCP 服务器接收到客户机请求 IP 地址的信息时,它就在自己的 IP 地址池中查找是否有合法的 IP 地址提供给客户机。如果有,DHCP 服务器就将此 IP 地址做上标记,加入到 DHCP OFFER 的消息中，然后 DHCP 服务器就广播一则 DHCP OFFER 消息，包括如图 10.3 所示的信息。

因为 DHCP 客户机还没有 IP 地址，所以 DHCP 服务器使用自己的 IP 地址作为源地址，使用 UDP67 端口作为源端口，使用 255.255.255.255 作为目标地址，使用 UDP68 端口作为目的端口来广播 DHCP OFFER。

DHCP 客户机的 MAC 地址
DHCP 服务器提供的合法 IP 地址
子网掩码
默认网关(路由)
租约的期限
DHCP 服务器的 IP 地址

图 10.3　DHCP 响应报文的内容

3. 客户机选择 IP

客户机选择 IP 也称为 DHCP REQUEST。

DHCP 客户机从接收到的第一个 DHCP OFFER 消息中选择 IP 地址，发出 IP 地址的 DHCP 服务器将该地址保留，这样该地址就不能提供给另一个 DHCP 客户机。当客户机从第一个 DHCP 服务器接收 DHCP OFFER 并选择 IP 地址后，DHCP 租约的第三过程发生。客户机将 DHCP REQUEST 消息广播到所有的 DHCP 服务器，表明它接受提供的内容。DHCP REQUEST 消息包括为该客户机提供 IP 配置的服务器的服务标识符（IP 地址）。DHCP 服务器查看服务器标识符字段，以确定它自己是否被选择为指定的客户机提供 IP 地址，如果那些 DHCP OFFER 被拒绝，则 DHCP 服务器会取消提供并保留其 IP 地址以用于下一个 IP 租约请求。

在客户机选择 IP 的过程中，虽然客户机选择了 IP 地址，但是还没有配置 IP 地址，而在一个网络中可能有几个 DHCP 服务器，所以客户机仍然使用 0.0.0.0 的地址作为源地址，使用 UDP68 端口作为源端口，使用 255.255.255.255 作为目标地址，使用 UDP67 端口作为目的端口来广播 DHCP REQUEST 信息。

4. 服务器确认租约

服务器确认租约也称为 DHCP ACK/DHCP NAK。

DHCP 服务器接收到 DHCP REQUEST 消息后，以 DHCP ACK 消息的形式向客户机广播成功的确认，该消息包含有 IP 地址的有效租约和其他可能配置的信息。虽然服务器确认了客户机的租约请求，但是客户机还没有收到服务器的 DHCP ACK 消息，所以服务器仍然使用自己的 IP 地址作为源地址，使用 UDP67 端口作为源端口，使用 255.255.255.255 作为目标地址，使用 UDP68 端口作为目的端口来广播 DHCP ACK 信息。当客户机收到 DHCP ACK 消息时，它就配置了 IP 地址，完成了 TCP/IP 的初始化。

至于 IP 的租约期限却是非常考究的，并非如人们租房子那样简单，在此以 NT 为例子：IP 地址默认租约时间为 8 天。DHCP 客户端除了在每次开机的时候发出 DHCP REQUEST 请求以外，在租约期限一半的时候也会发出 DHCP REQUEST，如果此时得不到 DHCP 服务器的确认，工作站还可以继续使用该 IP；当租约期过了 87.5% 时，如果客户机仍然无法与当初的 DHCP 服务器联系上，它将会尝试与其他 DHCP 服务器通信。如果网络上再没有任何 DHCP 协议服务器在运行，该客户机必须停止使用该 IP 地址，并从发送一个 DHCP DISCOVER 数据包开始静默 DHCP 服务器响应。如有服务器响应，再一次重复整个过程。

10.2　实训步骤

在教学环境下,实训室考虑到安全问题,计算机装有还原功能。为了方便学生动手练习,建议本实训在虚拟机中安装和配置,在云桌面环境下效果更好,分配给学生的桌面由学生自我支配。

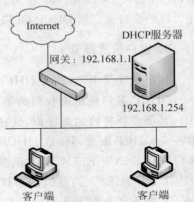

首先根据网络情况布置 DHCP 服务器的位置,规划好网络中相关设备的 IP。本次实训的网络拓扑如图 10.4 所示。

网络中的默认网关 IP 为 192.168.1.1,DHCP 服务器 IP 为 192.168.1.254。

图 10.4　DHCP 服务器架设拓扑图

10.2.1　安装 DHCP 服务器

在 Windows Server 2003 系统中安装 DHCP 服务组件的方法如下:

(1) 在"控制面板"窗口中双击"添加或删除程序"图标,打开"添加或删除程序"窗口,然后单击"添加/删除 Windows 组件"按钮,弹出"Windows 组件向导"对话框,如图 10.5 所示。

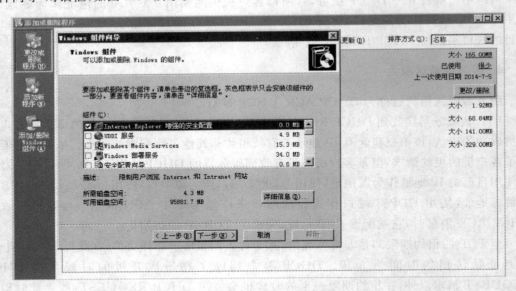

图 10.5　添加/删除 Windows 组件

(2) 在"组件"列表框中选中"网络服务"复选框,如图 10.6 所示。

(3) 单击"详细信息"按钮,弹出"网络服务"对话框,在"网络服务的子组件"列表框中选中"动态主机配置协议(DHCP)"复选框,如图 10.7 所示。

(4) 依次单击"确定"按钮和"下一步"按钮,系统开始安装和配置 DHCP 服务组件,完成安装后单击"完成"按钮。

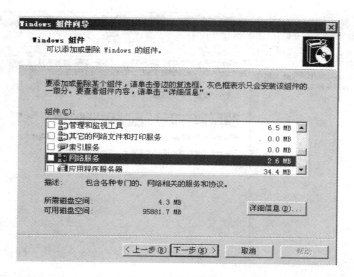

图 10.6 网络服务

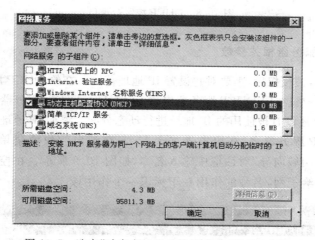

图 10.7 选中"动态主机配置协议(DHCP)"复选框

10.2.2 DHCP 服务器的配置

1. 启动 DHCP 服务器授权

单击"开始"按钮,选择"程序"→"管理工具"→DHCP 命令,打开 DHCP 控制台窗口。在控制台窗口中用鼠标左键单击选中服务器名,然后右击,在快捷菜单中选择"授权"命令,此时需要等待几分钟的时间。注意,如果系统长时间没有反应,可以按 F5 键或选择"操作"→"刷新"命令进行屏幕刷新,或先关闭 DHCP 控制台,在服务器名上右击。如果快捷菜单中的"授权"命令已经变为"撤销授权"命令,则表示对 DHCP 服务器授权成功。此时,最明显的标记是服务器名前面红色向上的箭头变成了绿色向下的箭头。这样,这台被授权的 DHCP 服务器就有分配 IP 的权利了。这里演示的 DHCP 服务器网卡的 IP 地址为 192.168.1.254。DHCP 控制台窗口如图 10.8 所示。

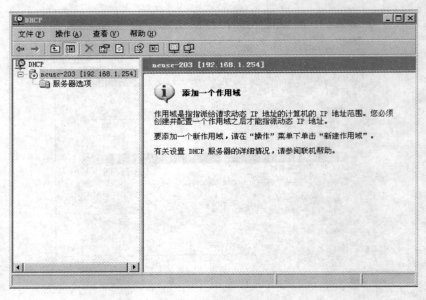

图 10.8　DHCP 控制台窗口

2. 配置 DHCP 服务器相关参数

当 DHCP 服务器被授权后，需要对它设置 IP 地址范围。在给 DHCP 服务器设置 IP 地址范围后，当 DHCP 客户机在向 DHCP 服务器申请 IP 地址时，DHCP 服务器就会从所设置的 IP 地址范围中选择一个还没有被使用的 IP 地址进行动态分配。添加 IP 地址范围的操作如下：

（1）选中 DHCP 服务器名，在服务器名上右击，在弹出的快捷菜单中选择"新建作用域"命令，在"新建作用域向导"对话框中输入名称，如图 10.9 所示。在控制台中可能新建多个作用域来分配 IP 给子网，名称的作用在于标识一个作用域。

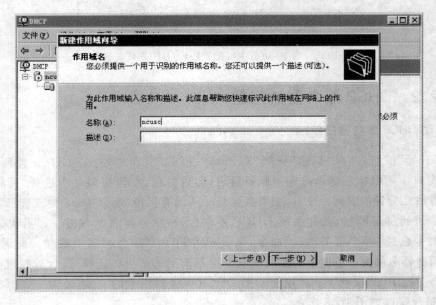

图 10.9　输入新作用域名称

（2）单击"下一步"按钮，在出现的对话框中根据自己网络的实际情况输入相关信息，如图10.10所示。然后单击"下一步"按钮进入下一个对话框。

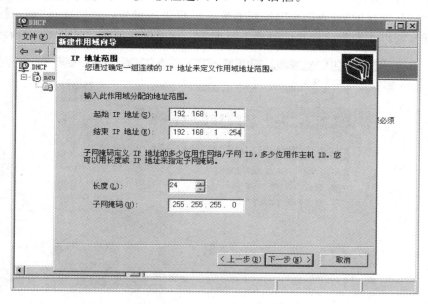

图10.10 添加新作用域名称

（3）由于网络中有很多网络设备需要指定静态IP地址（即固定的IP地址），例如服务器、交换机、路由器等，此时必须把这些已经分配的IP地址从DHCP服务器的IP地址范围中排除，否则会引起IP地址的冲突，导致网络故障。这里输入需要排除的IP地址范围，如图10.11所示。

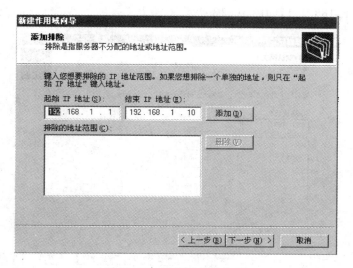

图10.11 排除不分配的IP

（4）单击"下一步"按钮，在出现的"租约期限"对话框中可以设置IP地址租期的时间值。一般情况下，如果网络中的IP地址比较紧张，可以把租期设置得短一些，而IP地址比较宽松时，可以把租期设置得长一些，默认的租约时间为8天。设置完后单击"下一步"按钮,进入"配置 DHCP 选项"对话框。

（5）在"配置 DHCP 选项"对话框中如果选择"是,我想现在配置这些选项",此时可以对 DNS 服务器、默认网关、WINS 服务器地址等内容进行设置;如果选择"否,我想稍后配置这些选项",可以在需要这些功能时再进行配置。此处选择前者,如图 10.12 所示。

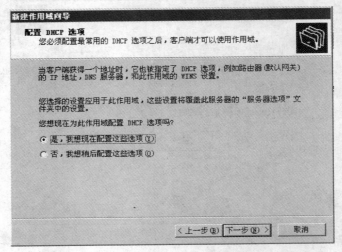

图 10.12　配置 DHCP 选项

（6）单击"下一步"按钮。在网络中经常需要使用一些 IP 作为特殊用途,例如作为路由器的 IP 地址(默认网关的 IP 地址)或是 NAT 服务器(网络地址转换服务器)的 IP 地址,如 WinRoute、SyGate、ISA 等。这样,如果网关已经接入到 Internet,则客户机从 DHCP 服务器那里得到的 IP 信息中就包含了默认网关的设定,从而可以接入 Internet,这里假设网络的网关地址为 192.168.1.1,如图 10.13 所示。

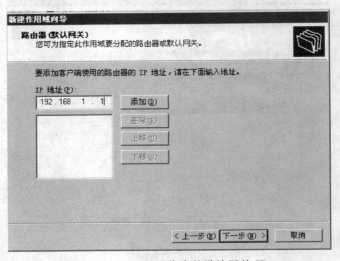

图 10.13　配置网络中的默认网关 IP

（7）单击"下一步"按钮,在此对话框中设置有关客户机 DNS 域的名称,同时输入 DNS 服务器的名称和 IP 地址。这里的 DNS 使用江西省电信域名服务器为例进行演示,其域名

IP 为 202.101.224.68。关于域名将在第 11 章详细介绍。如果没有 DNS 服务器可以暂时不填。在“IP 地址(P)：”栏中输入 DNS 服务器的 IP，如图 10.14 所示，然后单击“添加”按钮进行确认。

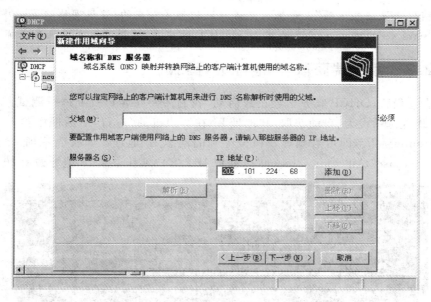

图 10.14　添加网络中的域名服务器 IP

（8）单击“下一步”按钮，在如图 10.15 所示的对话框中进行 WINS 服务器的相关设置，这里以 DHCP 服务器 IP 作为 WINS 服务器地址，也可以不填，设置完后单击“下一步”按钮。

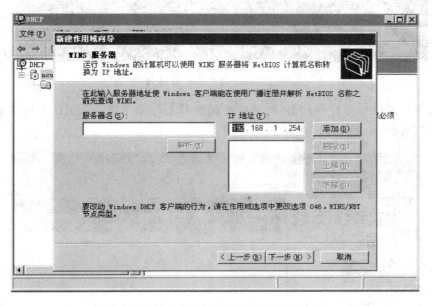

图 10.15　添加网络中的 WINS 服务器 IP

（9）在出现的对话框中选择"是，激活此作用域"，然后单击"下一步"和"完成"按钮，设置结束。此时，可以在 DHCP 管理器中看到我们刚刚建好的作用域。

注意：如果网络是以工作组的形式存在的，可以在"配置 DHCP 选项"对话框中选择"否，我想稍后配置这些选项"。如果网络是以域的形式存在的，建议网络配置顺序为活动目录的建立→WINS 的建立→DNS 的建立→DHCP 的建立，这样可以减少很多麻烦。

10.2.3　客户端获取 IP 地址进行测试

经过上述设置，DHCP 服务已经正式启动，我们需要在客户机上进行测试。只需把客户机的 IP 地址选项设为"自动获取 IP 地址"。在客户机的"运行"对话框中输入"cmd"，然后输入"ipconfig /all"，即可看到客户机分配到的动态 IP 地址。如获取不到，多进行几次"ipconfig /relesase"、"ipconfig /renew"来获取 IP。客户端获取到 IP 地址如图 10.16 所示。

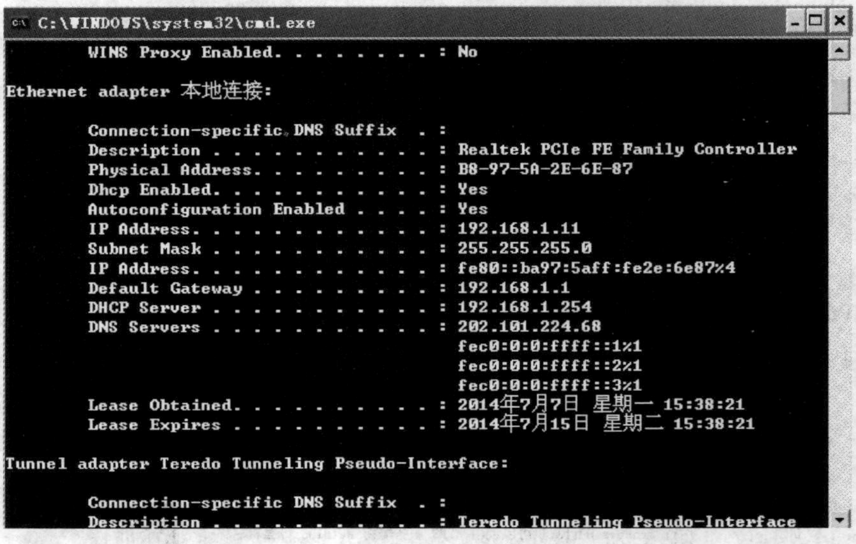

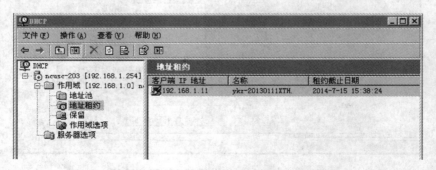

图 10.16　客户端获取到 IP

此时，客户端已经分配到的 IP 地址会在服务器上记录下来，在 DHCP 控制端的"地址租约"中可以看到，如图 10.17 所示。

图 10.17　DHCP 服务端记录分配的 IP

另外,客户端上也可以手工指定一个 IP 地址池中的地址。

10.3 思考与讨论

1. 网关有什么作用? 在一个网络中可以有多个网关吗?
2. 在进行 DHCP 服务器配置时,默认网关可以配置成不是同一网段内的 IP 吗?

第11章

DNS服务器的安装与配置实训

实训目的
- 理解 DNS 服务器的基本概念和工作过程。
- 掌握 DNS 服务器的安装和配置。

实训环境
- Windows Server 2003 计算机一台。
- 运行 Windows XP/Windows Server 2003/Windows 7 操作系统的计算机一台。
- 交换机一台。

11.1 实训原理

11.1.1 DNS 简介

DNS 是计算机域名系统(Domain Name System 或 Domain Name Service)的缩写,它是由解析器和域名服务器组成的。域名服务器是指保存有该网络中所有主机的域名和对应 IP 地址,并具有将域名转换为 IP 地址功能的服务器。每个 IP 地址都可以有一个主机名,主机名由一个或多个字符串组成,字符串之间用小数点隔开。有了主机名,用户就不必死记硬背每台 IP 设备的 IP 地址,只要记住相对直观、有意义的主机名就行了,这就是 DNS 协议所要完成的功能。DNS 协议运行在 UDP 协议之上,使用端口号 53。将域名映射为 IP 地址的过程称为"域名解析"。

域名必须对应一个 IP 地址,而 IP 地址不一定有域名。域名系统采用类似目录树的等级结构。如果没有 DNS,人们上网打开一个网站时只能输入 IP 地址,要记住 IP 地址很难。而记住一个常用字的域名(即一个网址)比较容易,可见 DNS 在网络中的重要性。

域名服务器为客户机/服务器模式,其中的服务器方主要有两种形式,即主服务器和转发服务器。在 Internet 上域名与 IP 地址之间是一对一(或者多对一)的,也可采用 DNS 轮循实现一对多,即将一个域名动态分配给一个 IP 的过程。

11.1.2 DNS 的工作查询过程

在网络中可能存在多台 DNS 服务器,DNS 的 Client 扮演发问的角色,也就是向 Server 询问一个域名,而 Server 必须要回答此域名的真正 IP 地址。当地的 DNS 先会查自己的资料库。如果自己的资料库没有,则会往该 DNS 上一级 DNS 服务器询问,依此得到答案之后,将收到的答案存起来,并回答客户。DNS 服务器会根据不同的授权区(Zone)记录所属网络区域下的全部名称资料,这个资料包括网络区域下的次网络区域名称及主机名称。

在每一个名称服务器中都有一个快取缓存区(Cache),这个快取缓存区的主要目的是将该名称服务器所查询出来的名称及相对的 IP 地址记录下来,这样当下一次还有另外一个客户端到此服务器上查询相同的名称时,服务器就不用再到其他主机上去寻找,而直接可以从缓存区中找到该名称记录资料传回给客户端,加速客户端对名称查询的速度。

DNS 服务器在域名解析过程中的查询顺序为本地缓存记录、区域记录、转发域名服务器、根域名服务器。

(1) 客户机提出域名解析请求,并将该请求发送给本地的域名服务器。

(2) 当本地的域名服务器收到请求后先查询本地的缓存,如果有该记录项,则本地的域名服务器直接把查询的结果返回。

(3) 如果本地的缓存中没有该记录,则本地域名服务器直接把请求发给根域名服务器,然后根域名服务器再返回给本地域名服务器一个所查询域(根的子域)的主域名服务器的地址。

(4) 本地服务器再向上一步返回的域名服务器发送请求,然后接受请求的服务器查询自己的缓存,如果没有该记录,则返回相关的下级域名服务器的地址。

(5) 重复第(4)步,直到找到正确的记录。

(6) 本地域名服务器把返回的结果保存到缓存,以备下一次使用,同时还将结果返回给客户机。

11.1.3　域名结构

DNS 域名是由圆点分开一串单词或缩写组成的,每一个域名都对应一个唯一的 IP 地址,这一命名方法或这样管理域名的系统称为域名管理系统。

通常,Internet 主机域名的一般结构为"主机名. 三级域名. 二级域名. 顶级域名"。Internet 的顶级域名由 Internet 网络协会域名注册查询负责网络地址分配的委员会进行登记和管理,它还为 Internet 的每一台主机分配唯一的 IP 地址。全世界现有 3 个大的网络信息中心,其中,位于美国的 Inter-NIC 负责美国及其他地区;位于荷兰的 RIPE-NIC 负责欧洲地区;位于日本的 APNIC 负责亚太地区。

根据互联网信息,全球共有 13 台根域名服务器。这 13 台根域名服务器中的名字分别为"A"至"M",其中 10 台设置在美国,另外各有一台设置于英国、瑞典和日本。根服务器主要用来管理互联网的主目录,一个为主根服务器,放置在美国。其余 12 个均为辅根服务器,其中 9 个放置在美国;欧洲两个,位于英国和瑞典;亚洲一个,位于日本。

目前,互联网上的域名体系中共有三类顶级域名:

一是地理顶级域名,共有 243 个国家和地区的代码。例如. CN 代表中国,. JP 代表日本,. UK 代表英国等。

另一类是类别顶级域名,共有 7 个,即. COM(公司)、. NET(网络机构)、. ORG(组织机构)、. EDU(美国教育)、. GOV(美国政府部门)、. ARPA(美国军方)、. INT(国际组织)。由于互联网最初是在美国发展起来的,所以最初的域名体系主要供美国使用,因此. GOV、

.EDU、.ARPA 虽然都是顶级域名,但却是美国使用的,只有.COM、.NET、.ORG 成了供全球使用的顶级域名。相对于地理顶级域名来说,这些顶级域名都是根据不同的类别来区分的,所以称之为类别顶级域名。随着互联网的不断发展,新的顶级域名也根据实际需要不断地被扩充到现有的域名体系中来。

新增加的顶级域名是.BIZ(商业)、.COOP(合作公司)、.INFO(信息行业)、.AERO(航空业)、.PRO(专业人士)、.MUSEUM(博物馆行业)、.NAME(个人)。

在这些顶级域名下,还可以再根据需要定义次一级的域名,例如在我国的顶级域名.CN下又设立了.COM、.NET、.ORG、.GOV、.EDU,以及我国各个行政区划的字母代表,如.BJ 代表北京,.SH 代表上海等。国际互联网域名体系如图 11.1 所示。

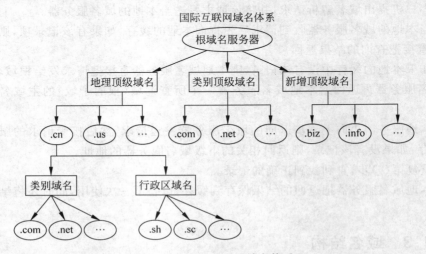

图 11.1　国际互联网域名体系

国内一些公共的 DNS 服务器可以免费提供域名解析服务,如表 11.1 所示。

表 11.1　国内公共 DNS 服务器 IP 地址

名　　称	DNS 服务器 IP 地址	
阿里 AliDNS	223.5.5.5	223.6.6.6
CNNIC SDNS	1.2.4.8	210.2.4.8
114 DNS	114.114.114.114	114.114.115.115
Google DNS	8.8.8.8	8.8.4.4
OpenDNS	208.67.222.222	208.67.220.220

11.2　实训步骤

在教学环境下,实训室因考虑到安全问题,计算机装有还原功能。为了方便学生动手练习,建议本实训在虚拟机中安装和配置,在云桌面环境下效果更好,分配给学生的桌面由学生自我支配。

根据网络情况布置 DNS 服务器的位置,规划好网络中相关设备的 IP。本次实训的网络拓扑如图 11.2 所示。

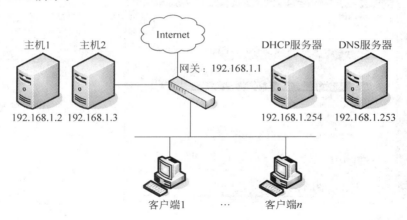

图 11.2　DNS 实训拓扑图

网络中相关设备的参数如下。

- DNS 服务器的 IP 地址：192.168.1.253/24

  DNS 解析的区域名：ncusc.com
- 需解析的主机 1 的 IP 地址：192.168.1.2

  相应的域名：dns.ncusc.com
- 需解析的主机 1 的 IP 地址：192.168.1.2

  相应的别名：ftp.ncusc.com
- 需解析的主机 2 的 IP 地址：192.168.1.3

  相应的域名：www.ncusc.com
- 需解析的主机 2 的 IP 地址：192.168.1.3

  相应的别名：www1.ncusc.com

上面的网络拓扑图可以理解为，主机 1 的 IP 为 192.168.1.2，分配了两个域名，分别是 dns.ncusc.com 和 ftp.ncusc.com。同理，主机 2 的 IP 为 192.168.1.3，分配了两个域名，分别是 www.ncusc.com 和 www1.ncusc.com。假如在主机 2 中配置了 Web 站点，则本网络中的其他计算机在 IE 浏览器中输入 www.ncusc.com 就能访问到配置的站点。如果没有 DNS 服务器，则只能在浏览器中输入 IP 来访问。Web 站点的架设可参考第 14 章"Web 服务器的安装与配置实训"。

11.2.1　安装 DNS 服务器

在 Windows Server 2003 系统中安装 DNS 服务组件的方法如下：

（1）在"控制面板"窗口中双击"添加或删除程序"图标，打开"添加或删除程序"窗口，然后单击"添加/删除 Windows 组件"按钮，弹出"Windwos 组件向导"对话框，如图 11.3 所示。

（2）在"组件"列表框中双击"网络服务"选项，如图 11.4 所示。

（3）弹出"网络服务"对话框，在"网络服务的子组件"列表框中选中"域名系统（DNS）"复选框，如图 11.5 所示。然后依次单击"确定"和"下一步"按钮。

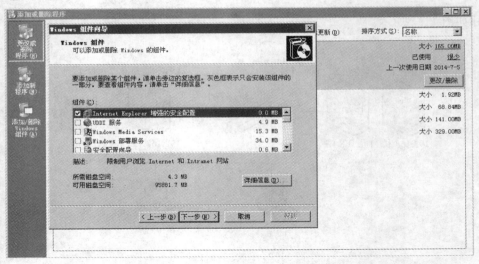

图 11.3　添加/删除 Windows 组件

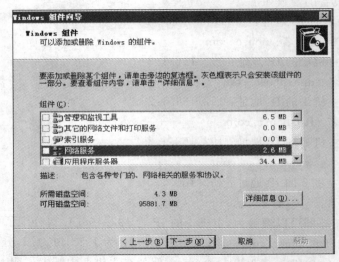

图 11.4　添加网络服务

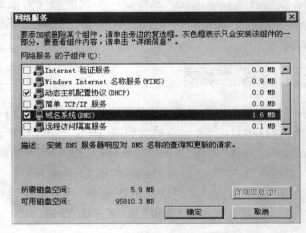

图 11.5　添加域名系统(DNS)

（4）系统开始安装和配置 DNS 服务组件，在安装过程中会提示插入系统安装光盘，如没有光盘可从网上下载 i386 包进行安装，完成安装后单击"完成"按钮。

11.2.2　DNS 服务器的配置

1. 创建正向查找区域（正向查找的意思为将域名映射为 IP）

（1）单击"开始"按钮，选择"程序"→"管理工具"→DNS 命令，打开 dnsmgmt 控制台窗口，如图 11.6 所示。

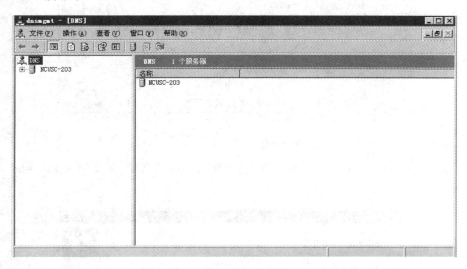

图 11.6　DNS 控制台

（2）在左侧窗格中依次展开目录，然后右击"正向查找区域"，在快捷菜单中选择"新建区域"命令，如图 11.7 所示。

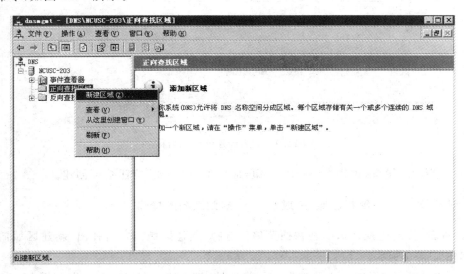

图 11.7　新建正向查找区域

（3）在"新建区域向导"中选择"主要区域"，如图 11.8 所示。

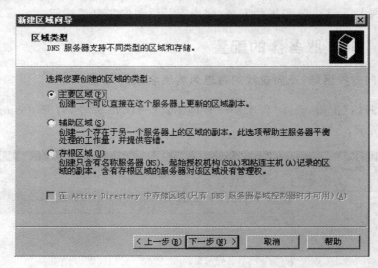

图 11.8　选择"主要区域"

（4）单击"下一步"按钮，在"区域名称"栏中输入区域的名字，例如输入"ncusc.com"，如图 11.9 所示。

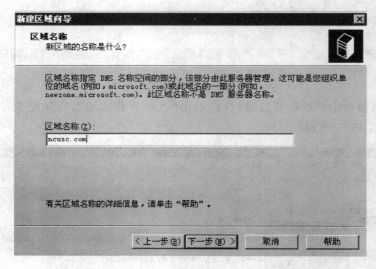

图 11.9　输入新建的区域名称

（5）保持默认设置，单击"下一步"按钮，最后单击"完成"按钮结束创建。

2. 创建 DNS 反向解析区域，完成从 IP 映射到域名的操作

（1）右击"反向查找区域"，在快捷菜单中选择"新建区域"命令，弹出"新建区域向导"对话框，如图 11.10 所示。

（2）在"网络 ID"栏中输入要映射的网络地址，例如输入"192.168.1"，如图 11.11 所示。

（3）依次单击"下一步"按钮，完成新建。

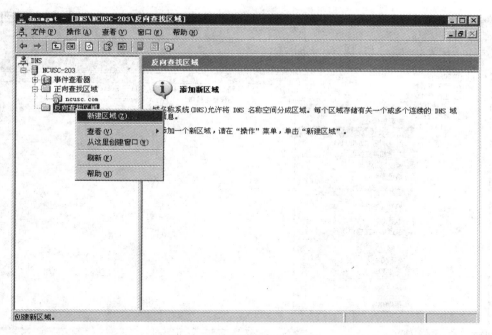

图 11.10　新建反向查找区域

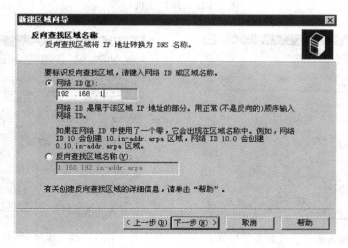

图 11.11　输入反向查找的网络

3. 为网络中的主机 1 和主机 2 创建记录

（1）在 DNS 控制台左边的树形目录中右击新建的正向查找区域名称"ncusc.com"，然后在快捷菜单中选择"新建主机"命令，如图 11.12 所示。

（2）在"新建主机"对话框的"名称"栏中输入主机的记录名，在"IP 地址"栏中输入要解析的主机 IP 地址。这里输入的名称是 dns，IP 地址为 192.168.1.2，如图 11.13 所示。

（3）单击"添加主机"按钮，就可以完成一台主机记录的添加，用同样的方法可以继续添加其他要解析的主机记录，例如"www，192.168.1.3"，如图 11.14 所示。

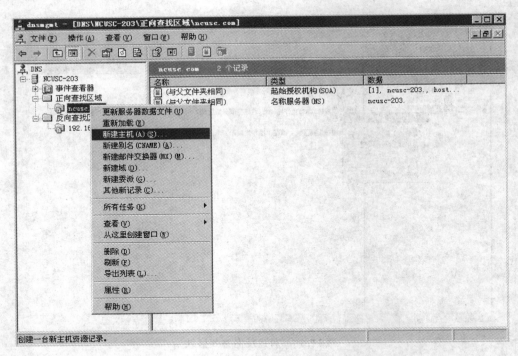

图 11.12 新建主机记录

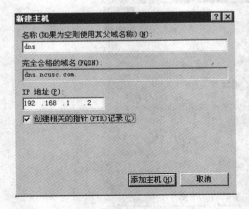

图 11.13 输入新建主机的名称与 IP

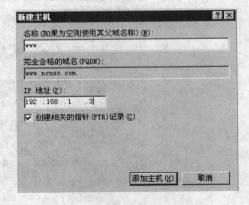

图 11.14 添加 www 主机记录

（4）对于添加的主机记录还可以给它取个别名，方法为右击已经添加的主机记录，在快捷菜单中选择"新建别名"命令，如图 11.15 所示。

（5）弹出"新建资源记录"对话框，在"别名"栏中输入一个其他的名字，这里输入了 ftp，如图 11.16 所示。

（6）单击"浏览"按钮，在弹出的"浏览"对话框中可以看到记录项"NCUSC-203"，这就是 DNS 服务器的计算机名，如图 11.17 所示。

（7）双击"记录"框中的"NCUSC-203"，可以查看到"正向查找区域"，如图 11.18 所示。

（8）双击"正向查找区域"，可以查看到前面建立的区域"ncusc.com"，如图 11.19 所示。

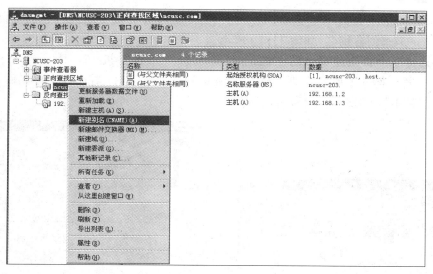

图 11.15 新建别名

图 11.16 输入新建别名

图 11.17 "浏览"对话框中的记录项

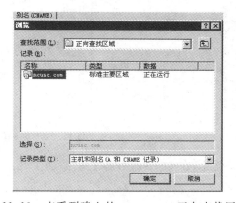

图 11.18 查看到 NCUSC-203 上的正向查找区域 图 11.19 查看到建立的 ncusc.com 正向查找区域

（9）双击"ncusc.com"，"记录"框中会列出 ncusc.com 区域上已经创建的主机记录，现在可以选中一个来创建别名，如图 11:20 所示。

（10）选择一个要创建别名的主机记录，这里选择"dns 主机（A）192.168.1.2"，单击"确定"按钮，就选择好了要新建别名的主机，在弹出的"ftp 属性"对话框中可以看到将要创建别名的具体内容，如图 11.21 所示。

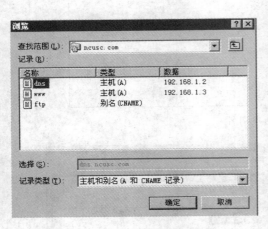

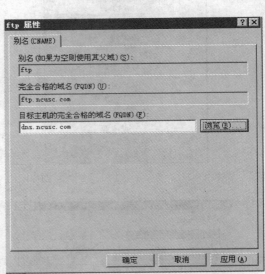

图 11.20　ncusc.com 区域中的主机记录　　　　图 11.21　将要创建的主机别名的属性

（11）单击"确定"按钮完成别名的创建，在"ncusc.com"的主机记录窗口中可以一目了然地查看到创建的所有主机记录以及主机别名记录，如图 11.22 所示。

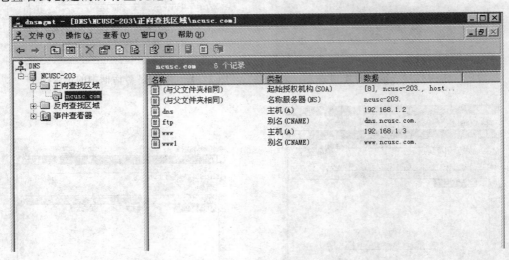

图 11.22　创建的主机以及主机别名记录

至此，在 DNS 服务器上就添加了几条主机记录。

11.2.3 DNS 客户端的配置与测试

尽管 DNS 服务器已经创建成功,并且创建了合适的域名,但是在客户机的浏览器中却无法使用"www.ncusc.com"这样的域名访问网站,只能使用其 IP 地址来访问。因为虽然网络中已经有了 DNS 服务器,但客户机并不知道 DNS 服务器在哪里,用户必须手动设置 DNS 服务器的 IP 地址才行。

设置方法为在客户机的"Internet 协议(TCP/IP)属性"对话框的"首选 DNS 服务器"编辑框中设置刚刚部署的 DNS 服务器的 IP 地址(本例为"192.168.1.253"),如图 11.23 所示。

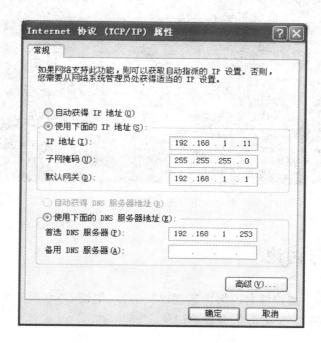

图 11.23 客户机的 TCP/IP 设置

现在使用域名访问网站,就可以访问了。当然,前提是局域网中配置了 Web 站点,设置其域名为 www.ncusc.com。关于 Web 站点的架设可参考第 14 章"Web 服务器的安装与配置实训"的相关内容。在第 10 章"DHCP 服务器的安装与配置安训"中,在配置 DHCP 服务器参数时有一个选项就是填写 DNS 服务器的 IP。如果填入本次实训中配置好的 DNS 服务器 IP,则在客户端自动获取 IP 地址时也会获取到 DNS 服务器的地址。

本客户端用户可以通过单击"开始"按钮,选择"运行"命令,在弹出的对话框中输入"cmd",然后在命令提示符后输入"nslookup"命令查看网络中 DNS 服务器的相关解析记录,如图 11.24 所示。

之后,输入 exit 命令退出 DNS 查询。

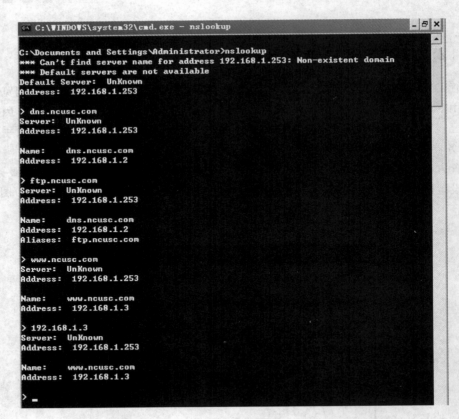

图 11.24   客户端用户查询 DNS 服务器的解析记录

11.3   思考与讨论

通常,网络中为了加快域名的解析速度,会在内网架设 DNS 服务器,请讨论内部 DNS 服务器如何转发网络之外 DNS 服务器的记录。

第 12章

邮件服务器的安装与配置实训

实训目的

- 理解邮件服务器的基本概念和工作过程。
- 掌握邮件服务器的安装和配置。

实训环境

- Windows Server 2003 计算机一台。
- 运行 Windows XP/Windows Server 2003/Windows 7 操作系统的计算机一台。
- 交换机一台。

12.1 实训原理

12.1.1 邮件服务器简介

邮件服务器是一种用来负责电子邮件收发管理的设备,电子邮件是因特网上最为流行的应用之一。如同邮递员分发投递传统邮件一样,电子邮件也是异步的,也就是说,人们是在方便的时候发送和阅读邮件的,无须预先与别人协同。与传统邮件不同的是,电子邮件既迅速,又易于分发,而且成本低廉。另外,现代的电子邮件消息可以包含超链接、HTML 格式的文本、图像、声音,甚至视频数据。

系统由三类主要部件构成,即用户代理、邮件服务器和简单邮件传送协议(Simple Mail Transfer Protocol, SMTP)。

用户如果需要发送邮件则需要使用到用户代理,在用户代理中可以撰写邮件、保存邮件地址等操作。当前流行的用户代理有 Outlook、Foxmail 等,在公共域中还有许多基于文本的电子邮件用户代理,例如 mail、pine 和 elm 等。

实际上,在邮件服务器上只有运行下面两个协议才能顺利发送一封电子邮件。

(1) SMTP:简单邮件传输协议,也称为发送邮件服务器。

(2) POP3:邮局协议,也称为接收邮件服务器。

发送方使用 SMTP 服务器发送邮件,收信方使用 POP3 服务器接收。SMTP 使用 TCP 协议 25 号端口,POP3 使用 UDP 协议 110 端口静默。

1. SMTP 简介

SMTP 在 RFC 821 中定义,它的作用是把邮件消息从发信人的邮件服务器传送到收信人的邮件服务器。SMTP 的历史比 HTTP 早得多，其 RFC 是在 1982 年编写的，而 SMTP 的现实使用又在此前多年就有了。尽管 SMTP 有许多奇妙的品质（它在因特网上的无所不在就是见证），但是是一种拥有某些"古老"特征的传统战术。例如，它限制所有邮件消息的信体（而不仅仅是信头）必须是简单的 7 位 ASCII 字符格式。这个限制在 20 世纪 80 年代早期是有意义的，当时因特网传输能力不足，没有人在电子邮件中附带大数据量的图像、音频或视频文件。然而，到了多媒体时代的今天，这个限制就多少显得局促了——它迫使二进制多媒体数据在由 SMTP 传送之前首先编码成 7 位 ASCII 文本；SMTP 传送完毕之后，再把相应的 7 位 ASCII 文本邮件消息解码成二进制数据。HTTP 不需要对多媒体数据进行这样的编码解码操作。

需要注意的是，SMTP 通常不使用中间的邮件服务器主机中转邮件，即便源端和目的端邮件服务器主机位于地球上相反的位置也一样。假设发件者的邮件服务器主机在香港，收件人的邮件服务器主机在阿拉巴马州，那么所建立的 TCP 连接将是这两台服务器主机之间的连接。具体地说，如果收件人的邮件服务器不工作了，那么发件者发给收件人的邮件消息将存留在发件者的邮件服务器中等待新的尝试，而不会存放到某个中间的邮件服务器中。

2．POP3 简介

POP3（Post Office Protocol 3）即邮局协议的第 3 个版本，它是规定个人计算机如何连接到互联网上的邮件服务器进行收发邮件的协议。它是因特网电子邮件的第一个离线协议标准，POP3 协议允许用户从服务器上把邮件存储到本地主机（即自己的计算机）上，同时根据客户端的操作删除或保存邮件服务器上的邮件，而 POP3 服务器则是遵循 POP3 协议的接收邮件服务器，用来接收电子邮件的。POP3 协议是 TCP/IP 协议族中的一员，由 RFC 1939 定义。本协议主要用于支持使用客户端远程管理服务器上的电子邮件。

POP 协议支持"离线"邮件处理。其具体过程是，邮件发送到服务器上，电子邮件客户端调用邮件客户机程序以连接服务器，并下载所有未阅读的电子邮件。这种离线访问模式是一种存储转发服务，将邮件从邮件服务器端送到个人终端机器上，一般是计算机或MAC。一旦邮件发送到计算机或 MAC 上，邮件服务器上的邮件将会被删除。但目前的POP3 邮件服务器大多可以"只下载邮件，服务器端并不删除"，也就是改进的 POP3 协议。

POP 适用于 C/S 结构的脱机模型，脱机模型即不能在线操作，POP 不支持对服务器邮件进行扩展操作，此过程需要更高级的 IMAP4 协议来完成。POP 协议使用 ASCII 码来传输数据消息，这些数据消息可以是指令，也可以是应答。

12.1.2　邮件服务器的工作原理

邮件服务器构成了电子邮件系统的核心，每个收信人都有一个位于某个邮件服务器上的邮箱（mailbox），邮箱地址的书写格式为"用户名@服务器名"。

一个邮件消息的典型流程是从发信人的用户代理开始，到邮件发信人的邮件服务器，再中转到收信人的邮件服务器，然后投递到收信人的邮箱中。当收件者想查看自己的邮箱中的邮件消息时，存放该邮箱的邮件服务器将以他提供的用户名和口令认证他。发件者的邮件服务器还得处理收件人的邮件服务器出故障的情况。如果发件者的邮件服务器无法把邮件消息立即递送到收件人的邮件服务器，发件者的服务器就把它们存放在消息队列

(message queue)中,以后再尝试递送。这种尝试通常每30分钟左右执行一次,要是过了若干天仍未尝试成功,该服务器就把这个消息从消息队列中去掉,同时以另一个邮件消息通知发信人(即发件者)。

　　跟大多数应用层协议一样,SMTP也存在两个端,即在发信人的邮件服务器上执行的客户端和在收信人的邮件服务器上执行的服务器端。SMTP的客户端和服务器端同时运行在每个邮件服务器上。当一个邮件服务器在向其他邮件服务器发送邮件消息时,它是作为SMTP客户在运行;当一个邮件服务器从其他邮件服务器接收邮件消息时,它是作为SMTP服务器在运行。邮件服务器的工作过程示意如图12.1所示。

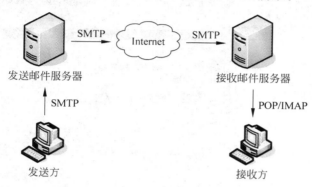

图 12.1　邮件服务器的工作过程示意图

12.2　实训步骤

　　在教学环境下,实训室因考虑到安全问题,计算机装有还原功能。为了方便学生动手练习,建议本实训在虚拟机中安装和配置,在云桌面环境下效果更好,分配给学生的桌面由学生自我支配。

　　根据网络情况布置邮件服务器位置,规划好网络中相关设备的IP。本次实训的网络拓扑如图12.2所示。

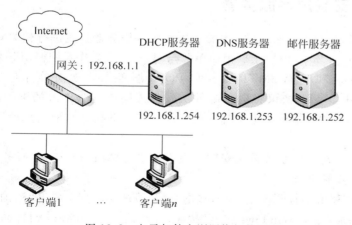

图 12.2　电子邮件实训网络拓扑图

　　DNS 服务器在邮件服务中非常重要,一般需要在 DNS 服务器中做一些配置,即建立邮件服务器的主机记录。本实训中邮件服务器的 IP 为 192.168.1.252,所以在 NDS 服务器中需要建立邮件服务器域名与 IP 的映射。后面会介绍到邮件服务器的域名为 mail.ncusc.com,即在 DNS 域名服务器中建立一条解析 192.168.1.252 到 mail.ncusc.com 的主机记录,这样在局域网内部(单位内部)就可以正常使用邮件服务了,配置过程参照第 11 章"DNS 服务器的安装与配置实训"内容。本次实训在 DNS 服务器上添加的邮件服务器主机记录如图 12.3 所示。实训时,DNS 与邮件服务器可以是同一台物理主机。

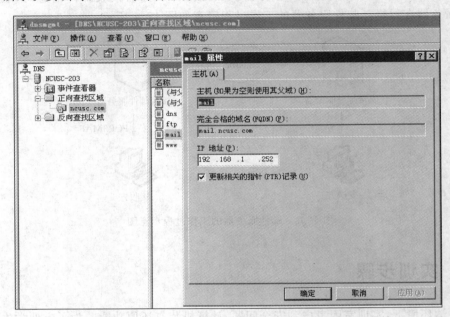

图 12.3　在 DNS 中添加的邮件服务器主机记录

　　如果希望邮件服务在 Internet 上正常工作,则需要到相关机构申请公网上合法的 IP 和邮件域名(付费使用)。

12.2.1　安装邮件服务器

　　这里以在 Windows Server 2003 系统中安装邮件服务器为例进行相关安装与配置的讨论。Windows Server 2003 内置了一个简单并与 Windows 操作系统密切联系的邮件内送服务器,可以通过安装和配置 SMTP 服务和 POP3 服务来实现简单的邮件服务器功能。SMTP 服务是使用 SMTP 协议将电子邮件从发件人路由到收件人的电子邮件传输系统。POP3 服务是使用 POP3 协议将电子邮件从邮件服务器下载到本地用户计算机上的电子邮件检索系统。

　　Windows Server 2003 系统默认安装中没有安装 SMTP 和 POP3 服务,要安装邮件服务,可以遵循以下步骤进行:

　　(1) 从"开始"菜单中打开控制面板,双击"添加或删除程序",打开"添加或删除程序"窗口。然后单击"添加/删除 Windows 组件"按钮,在弹出的"Windows 组件向导"对话框中选中"应用程序服务器"复选框,如图 12.4 所示。

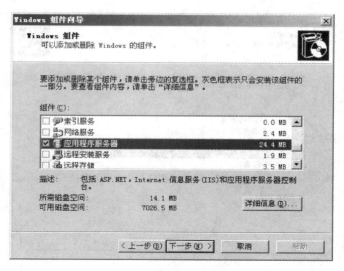

图 12.4　选中"应用程序服务器"复选框

（2）单击"详细信息"按钮，在"应用程序服务器"对话框中选中"Internet 信息服务（IIS）"复选框，如图 12.5 所示。

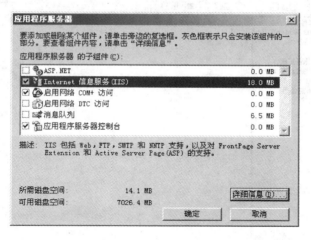

图 12.5　选中"Internet 信息服务（IIS）"复选框

（3）单击"应用程序服务器"对话框中的"详细信息"按钮，选择要安装 IIS 的子组件，这里在 IIS 的子组件中选中"Internet 信息服务管理器"。如果要安装电子邮件服务，可拖动对话框右侧的滚动条，然后选中"电子邮件服务"，如图 12.6 所示。

（4）单击"确定"按钮，按提示单击"下一步"按钮，最后单击"完成"按钮完成安装。

12.2.2　邮件服务器的配置

1. SMTP 服务配置

（1）单击"开始"按钮，选择"程序"→"管理工具"→"Internet 信息服务"命令，打开"Internet 信息服务（IIS）管理器"，可以看到"默认 SMTP 虚拟服务"，如图 12.7 所示。

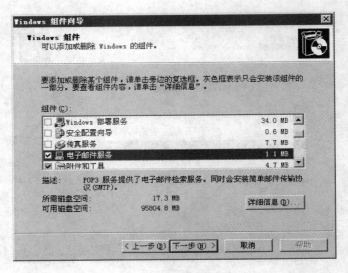

图 12.6 选中"电子邮件服务"

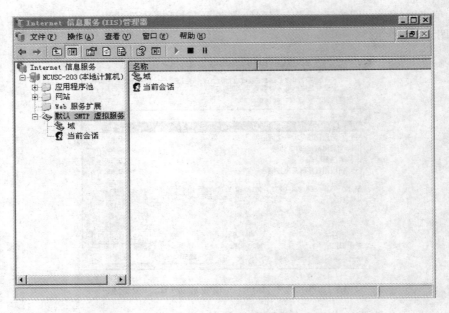

图 12.7 默认 SMTP 虚拟服务

（2）在"默认 SMTP 虚拟服务器"上右击，选择"属性"命令，弹出"默认 SMTP 虚拟服务器属性"对话框。在"常规"选项卡的"IP 地址"下拉列表框中选择此邮件服务器的 IP 地址，这里选择服务器的网卡 IP，即 192.168.1.252，可以根据需要设定允许的最大连接数。"常规"选项卡参数配置如图 12.8 所示。

（3）切换到"邮件"选项卡，在这里可以配置 SMTP 服务对发送邮件大小等的限制，根据需要进行配置或者保持默认。"邮件"选项卡参数配置如图 12.9 所示。

（4）切换到"传递"选项卡，在这里可以配置 SMTP 服务的连接时间限制，根据需要进行配置或者保持默认。"传递"选项卡参数配置如图 12.10 所示。

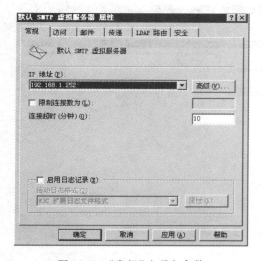

图 12.8 "常规"选项卡参数 　　　　　　　　　　图 12.9 "邮件"选项卡参数

图 12.10 "传递"选项卡参数

2. 配置 POP 服务

(1) 单击"开始"按钮,选择"程序"→"管理工具"→"POP3 服务"命令,打开"POP3 服务"窗口,如图 12.11 所示。

(2) 在窗口左面单击 POP3 服务下的主机名(本机),然后在右面选择"新域",在弹出的"添加域"对话框中输入要建立的邮件服务器域名,也就是发送邮件时使用的邮件地址"@"后面的部分,本次实训输入的是"mail. ncusc. com",如图 12.12 所示。

(3) 在左面树形目录中单击刚才建好的域名"mail. ncusc. com",在右边窗口中选择"新建邮箱",在弹出的对话框中输入邮箱名(即@前面的部分),并设定邮箱的使用密码,这里将用户名设置为 happy,将密码设置为 1234,如图 12.13 所示。

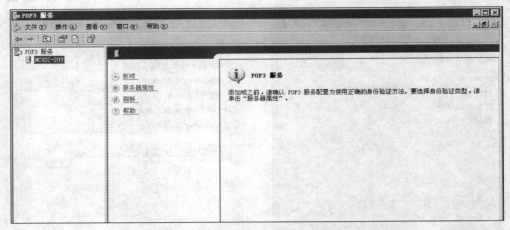

图 12.11 "POP3 服务"窗口

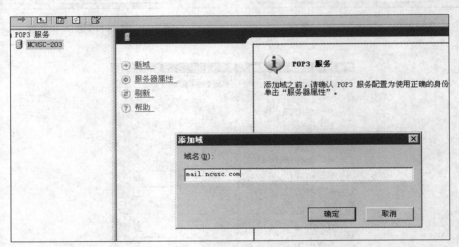

图 12.12 在 POP3 中添加新域

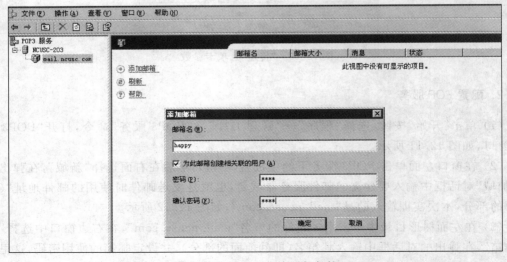

图 12.13 在 POP3 中添加邮箱

（4）单击"确定"按钮，完成邮箱的创建，在控制台窗口中可以看到。然后用同样的方法再创建一个名为 test 的邮箱，添加好的邮箱如图 12.14 所示。

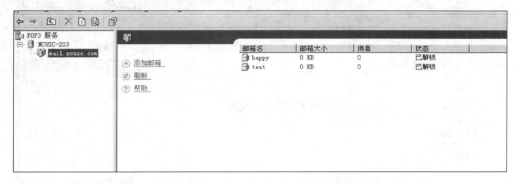

图 12.14　查看 POP3 中添加的邮箱

经过以上安装和配置，一个功能简单的邮件服务器就建好了，在 POP3 服务器中已经添加了两个用户，一个是 happy，其邮件地址为 happy@mail.ncusc.com，另一个是 test，其邮件地址为 test@mail.ncusc.com。这样，在局域网内部即可用邮件客户端软件连接到此服务器进行邮件的收发应用了。

12.2.3　邮件客户端的配置与测试

1. 在客户端中创建要登录邮件服务器的用户

使用 Windows 操作系统的 Outlook 客户端登录邮箱，并在 happy 与 test 两个用户之间进行邮件的收发。Outlook 邮件客户端运行界面如图 12.15 所示。

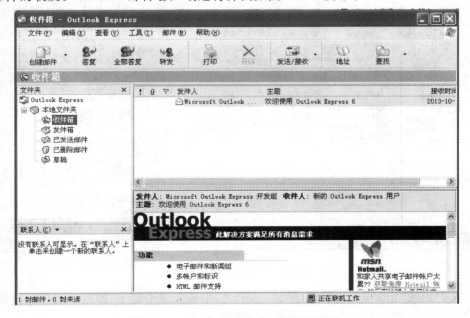

图 12.15　Outlook 邮件客户端运行界面

（1）在 Outlook 运行界面的菜单栏中选择"工具"→"账户"命令，如图 12.16 所示。

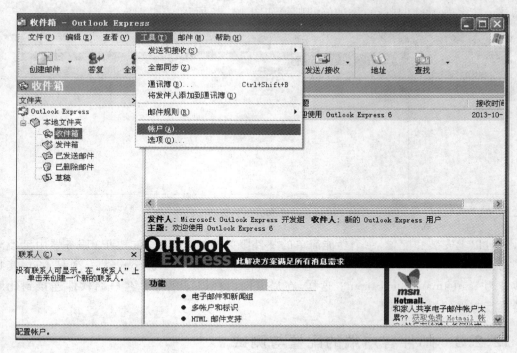

图 12.16　选择"账户"命令

（2）在弹出的"Internet 账户"对话框中单击"添加"下的"邮件"，如图 12.17 所示。

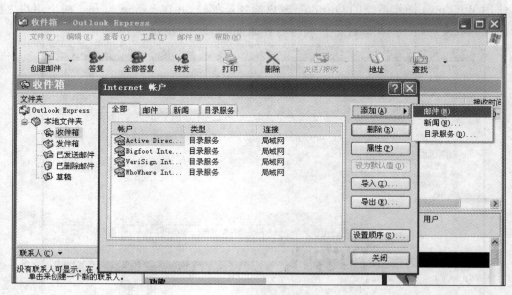

图 12.17　添加邮件用户

（3）在弹出的"Internet 连接向导"的"显示名"中输入一个名字，即发送邮件时接收方所看到的名字。这里输入的是 happy，如图 12.18 所示。

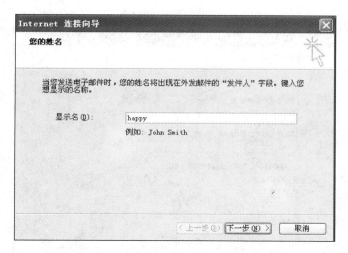

图 12.18 输入添加用户名的显示名

（4）单击"下一步"按钮，在"电子邮件地址"中输入刚添加用户的邮箱地址，不能填错。本次实训中，在 POP3 服务器中已经添加了 happy@mail.ncusc.com 和 test@mail.ncusc.com。这里先输入 happy@mail.ncusc.com，如图 12.19 所示。

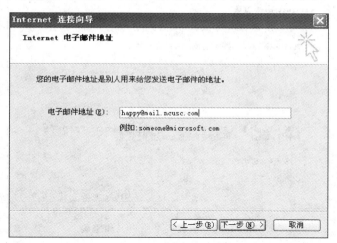

图 12.19 输入添加用户的邮箱地址

（5）单击"下一步"按钮，在"电子邮件服务器名"窗口中输入"接收邮件服务器"和"发送邮件服务器"的 IP 地址，这里输入的是 192.168.1.252，如图 12.20 所示。

（6）单击"下一步"按钮，在"Internet Mail 登录"窗口中输入登录时的"账户名"和"密码"，如图 12.21 所示。用户名的密码是在 POP3 服务器中添加用户时的密码，不能输错。

（7）单击"下一步"按钮，完成一个用户的添加。添加好用户后，系统会提示登录，和在网络上登录网页邮箱的方法一样。输入用户名和密码，单击"确定"按钮，用户邮箱就从客户端登录了。happy 用户登录的界面如图 12.22 所示。

（8）在另外一台客户机上打开 Outlook，把 test 用户添加后登录 test 用户邮箱。test 用户登录的界面如图 12.23 所示。

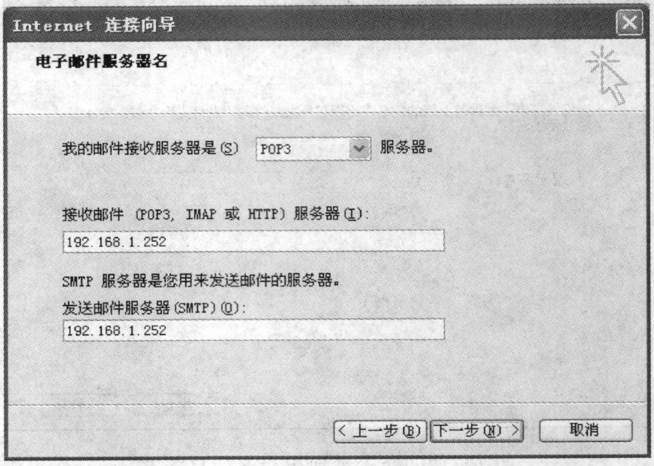

Internet 连接向导
电子邮件服务器名
我的邮件接收服务器是(S) POP3 服务器。
接收邮件 (POP3, IMAP 或 HTTP) 服务器(I):
192.168.1.252
SMTP 服务器是您用来发送邮件的服务器。
发送邮件服务器(SMTP)(O):
192.168.1.252
< 上一步(B)
下一步(N) >
取消

图 12.20 输入接收和发送服务器的 IP 地址

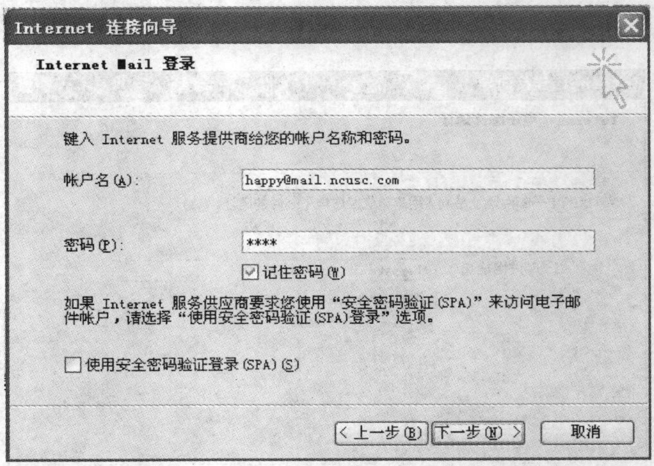

Internet 连接向导
Internet Mail 登录
键入 Internet 服务提供商给您的帐户名称和密码。
帐户名(A):
happy@mail.ncusc.com
密码(P):
****
记住密码(W)
如果 Internet 服务供应商要求您使用"安全密码验证(SPA)"来访问电子邮件帐户，请选择"使用安全密码验证(SPA)登录"选项。
使用安全密码验证登录(SPA)(S)
< 上一步(B)
下一步(N) >
取消

图 12.21 输入登录用户名和密码

登录 - happy@mail.ncusc.com
请输入您在下列服务器上的用户名和密码。
登录
服务器: 192.168.1.252
用户名(U): happy@mail.ncusc.com
密码(P): ****
记住密码(R)
确定
取消

图 12.22 happy 用户登录

登录 - test@mail.ncusc.com
请输入您在下列服务器上的用户名和密码。
登录
服务器: 192.168.1.252
用户名(U): test@mail.ncusc.com
密码(P): ****
记住密码(R)
确定
取消

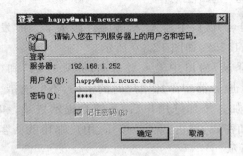

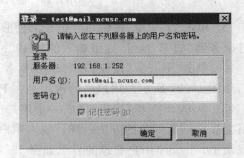

图 12.23 test 用户登录

2. 在 Outlook 客户端中发送和接收邮件

用 happy 用户撰写一封电子邮件,收件人写 test@mail. ncus. com,写好后发送。happy 用户撰写的电子邮件如图 12.24 所示。

图 12.24 happy 用户撰写的电子邮件

在 test 用户登录的客户端中可以接收到邮件,如图 12.25 所示。

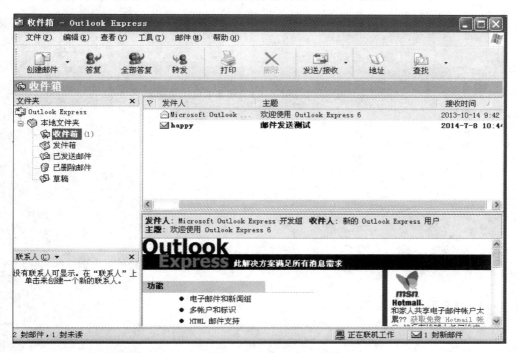

图 12.25 test 用户接收到了邮件

12.3　思考与讨论

　　请安装 Foxmail 邮件客户端软件,用 Foxmail 来登录用户,发送、接收邮件测试,并进一步讨论邮件服务器的工作过程。

第13章
FTP服务器的安装与配置实训

实训目的
- 理解 FTP 服务器的基本概念和工作过程。
- 掌握 FTP 服务器的安装和配置。

实训环境
- Windows Server 2003 计算机一台。
- 运行 Windows XP/Windows Server 2003/Windows 7 操作系统的计算机一台。
- 交换机一台。

13.1 实训原理

13.1.1 FTP 简介

FTP 的全称是 File Transfer Protocol(文件传输协议),它是专门用来传输文件的协议。简单地说,支持 FTP 协议的服务器就是 FTP 服务器。FTP 服务器是在互联网上提供存储空间的计算机,它们依照 FTP 协议提供文件的上传和下载服务。

一般来说,用户联网的首要目的就是实现信息共享,文件传输是信息共享非常重要的内容之一。早期在 Internet 上传输文件并不是一件容易的事,我们知道,Internet 是一个非常复杂的计算机环境,有计算机,有工作站,有 MAC,有大型机,据统计连接在 Internet 上的计算机已有千万台,而这些计算机可能运行不同的操作系统,有运行 UNIX 的服务器,也有运行 DOS、Windows 的计算机和运行 MacOS 的苹果机,等等,而各种操作系统之间的文件交流问题需要建立一个统一的文件传输协议,这就是所谓的 FTP。基于不同的操作系统有不同的 FTP 应用程序,而所有这些应用程序都遵守同一种协议,这样用户就可以把自己的文件传送给别人,或者从其他的用户环境中获得文件。

与大多数 Internet 服务一样,FTP 也是一个客户机/服务器系统。用户通过一个支持 FTP 协议的客户机程序连接到在远程主机上的 FTP 服务器程序。用户通过客户机程序向服务器程序发出命令,服务器程序执行用户所发出的命令,并将执行的结果返回到客户机。比如说,用户发出一条命令,要求服务器向用户传送某一个文件的一份副本,服务器会响应这条命令,将指定文件送至用户的机器上。客户机程序代表用户接收到这个文件,将其存放在用户目录中。

　　FTP 是基于 TCP 的服务,不支持 UDP。FTP 使用两个端口,一个数据端口和一个命令端口(也可称为控制端口)。通常来说,这两个端口是 21(命令端口)和 20(数据端口)。但 FTP 工作方式不同,数据端口并不总是 20。FTP 服务工作原理示意如图 13.1 所示。

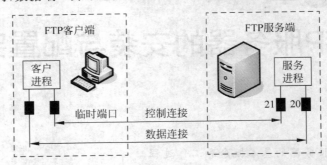

图 13.1　FTP 工作原理图

13.1.2　FTP 服务器的工作过程

　　在 FTP 的使用当中,用户经常会遇到两个概念,即"下载"(Download)和"上传"(Upload)。"下载"文件就是从远程主机复制文件至自己的计算机上;"上传"文件就是将文件从自己的计算机中复制到远程主机上。用 Internet 语言来说,用户可通过客户机程序向(从)远程主机上传(下载)文件。

　　FTP 协议规定了两种建立与释放连接的顺序。控制连接要在数据连接建立之前建立,在数据连接释放之后释放。只有在建立数据连接之后才能传输数据,并在数据传输过程中保持控制连接不中断。控制连接与数据连接的建立与释放有规定的发起者。控制连接与数据连接建立的发起者只能是 FTP 客户机;控制连接释放的发起者只能是 FTP 客户机,数据连接释放的发起者可以是 FTP 客户机或服务器。如果在数据连接保持的情况下控制连接中断,则可以由 FTP 服务器要求释放数据连接。

　　在 FTP 服务的工作过程中,FTP 客户机向服务器请求建立控制连接,FTP 客户机与服务器之间建立控制连接;FTP 客户机请求登录到服务器,FTP 服务器要求客户机提供用户名与密码;当 FTP 客户机成功登录到服务器后,FTP 客户机通过控制连接向服务器发出命令,FTP 服务器通过控制连接向客户机返回响应信息;当 FTP 客户机向服务器发出目录命令后,FTP 服务器会通过控制连接返回响应信息,并通过新建立的数据连接返回目录信息。

　　使用 FTP 时必须首先登录,在远程主机上获得相应的权限以后才可上传或下载文件。也就是说,要想同哪一台计算机传送文件,就必须具有哪一台计算机的适当授权。换言之,除非有用户 ID 和口令,否则无法传送文件。这种情况违背了 Internet 的开放性,Internet 上的 FTP 主机何止千万,不可能要求每个用户在每一台主机上都拥有账号。匿名 FTP 就是为解决这个问题而产生的。

　　匿名 FTP 是这样一种机制,用户可通过它连接到远程主机上,并从其下载文件,而无须成为其注册用户。系统管理员建立了一个特殊的用户 ID,名为 anonymous。Internet 上的任何人在任何地方都可使用该用户 ID。通过 FTP 程序连接匿名 FTP 主机的方式和连接普通 FTP 主机的方式差不多,只是在要求提供用户标识 ID 时必须输入 anonymous,该用户 ID 的口令可以是任意的字符串。习惯上,用自己的 E-mail 地址作为口令,使系统维护程序能够记录下来谁在存取这些文件。

13.1.3　常见的 FTP 软件

下面介绍几款常见的 FTP 软件。

1. Server-U

Serv-U 是一种被广泛运用的 FTP 服务器端软件,支持 3x/9x/ME/NT/2000/XP 等全 Windows 系列,可以设定多个 FTP 服务器、限定登录用户的权限及登录主目录、空间大小等,功能非常完备。它具有非常完备的安全特性,支持 SSl FTP 传输,支持在多个 Serv-U 和 FTP 客户端通过 SSL 加密连接保护数据安全等。

Serv-U 是众多 FTP 服务器软件之一。通过使用 Serv-U,用户能够将任何一台计算机设置成一个 FTP 服务器,这样用户或其他使用者就能够使用 FTP 协议通过在同一网络上的任何一台计算机与 FTP 服务器连接,进行文件或目录的复制、移动、创建和删除等。这里提到的 FTP 协议是专门被用来规定计算机之间进行文件传输的标准和规则,正是因为有了像 FTP 这样的专门协议,才使得人们能够通过不同类型的计算机使用不同类型的操作系统对不同类型的文件进行相互传递。

2. FileZilla

FileZilla 是一款经典的开源 FTP 解决方案,包括 FileZilla 客户端和 FileZillaServer。其中,FileZillaServer 的功能与商业软件 FTP Serv-U 相比毫不逊色,无论是传输速度还是安全性方面,它都是非常优秀的一款软件。

3. VSFTP

VSFTP 是一个基于 GPL 发布的类 UNIX 系统上使用的 FTP 服务器软件,它的全称是 Very Secure FTP,从此名称可以看出编制者的初衷是代码的安全。安全性是编写 VSFTP 的初衷,除了这与生俱来的安全特性以外,高速与高稳定性也是 VSFTP 的两个重要的特点。

在稳定方面,VSFTP 更加出色,VSFTP 在单机(非集群)上支持 4000 个以上的并发用户同时连接,根据 Red Hat 的 FTP 服务器的数据,VSFTP 服务器可以支持 15 000 个并发用户。

4. WindowsFTP

WindowsFTP,即 Windows 操作系统提供的 FTP 服务器,它功能简单,可以进行基本的文件上传与下载。本次实训将以 Windows Server 2003 系统提供的 FTP 服务为例进行相关内容的实训。

13.2　实训步骤

根据网络情况布置 FTP 服务器的位置,规划好网络中相关设备的 IP。本次实训的网络拓扑如图 13.2 所示。

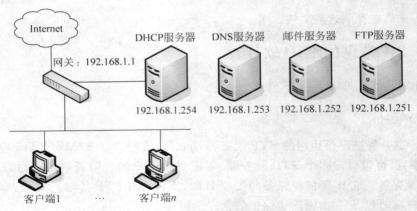

图 13.2　FTP 实训拓扑图

FTP 服务器 IP 为 192.168.1.251,在局域网中,FTP 客户端如果想通过域名来访问 FTP 服务器,则需要在 DNS 服务器中添加一条主机记录。比如,本实训中 FTP 服务器的域名为 ftp.ncusc.com,则在 DNS 服务器中添加一条 192.168.1.251 到 ftp.ncusc.com 的映射记录。如果要在 Internet 上使用则需向相关部门申请公网的 IP 地址与合法的域名(需付费)。在网络的 DNS 服务器添加的 FTP 主机记录如图 13.3 所示。

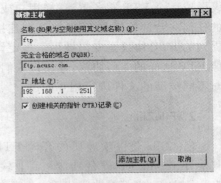

图 13.3　在 DNS 中添加的 FTP 主机记录

13.2.1　安装 FTP 服务器

下面以在 Windows Server 2003 系统中安装文件服务器为例介绍 FTP 服务器的安装与配置。

(1) 通过"开始"菜单打开"控制面板",双击"添加或删除程序",打开"添加或删除程序"窗口,然后单击"添加/删除 Windows 组件",在弹出的"Windwos 组件向导"对话框中选中"应用程序服务器"复选框,如图 13.4 所示。

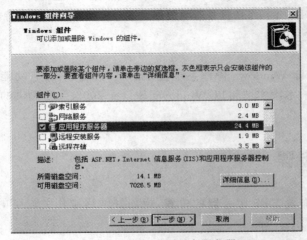

图 13.4　添加应用程序服务器

（2）单击"详细信息"按钮，在"应用程序服务器"对话框中选中"Internet 信息服务（IIS）"，如图 13.5 所示。

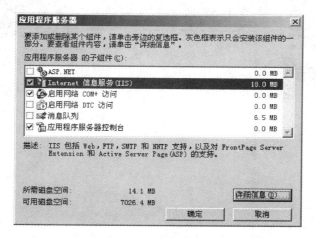

图 13.5　选中"Internet 信息服务（IIS）"复选框

（3）单击"应用程序服务器"对话框中的"详细信息"按钮，选择要安装 IIS 的子组件，这里在 IIS 的子组件中选中"Internet 信息服务管理器"。如果要安装 FTP 服务，可拖动对话框右侧的滚动条，然后选中"文件传输协议（FTP）服务"，如图 13.6 所示。

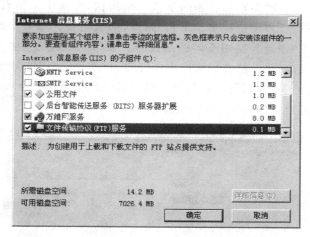

图 13.6　选中"文件传输协议（FTP）服务"复选框

（4）单击"确定"按钮，按提示单击"下一步"按钮，最后单击"完成"按钮完成安装。

13.2.2　FTP 服务器的配置

在 Windows Server 2003 系统中配置 FTP 服务器的方法如下：

（1）在"开始"菜单中选择"程序"→"管理工具"→"Internet 信息服务（IIS）管理器"命令，打开"Internet 信息服务（IIS）管理器"窗口。在左窗格中展开"FTP 站点"目录，然后右击"默认 FTP 站点"选项，并选择"属性"命令。默认的 FTP 站点如图 13.7 所示。

（2）打开"默认 FTP 站点属性"对话框，在"FTP 站点"选项卡中可以设置关于 FTP 站

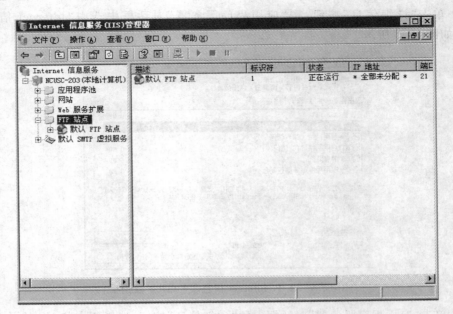

图 13.7　默认的 FTP 站点

点的参数。其中,在"FTP 站点标识"区域中可以更改 FTP 站点名称、监听 IP 地址以及 TCP 端口号,单击"IP 地址"编辑框右侧的下拉三角按钮,并选中该站点要绑定的 IP 地址。如果想在同一台物理服务器中搭建多个 FTP 站点,那么需要为每一个站点指定一个 IP 地址,或者使用相同的 IP 地址且使用不同的端口号。在"FTP 站点连接"区域可以限制连接到 FTP 站点的计算机数量,一般在局域网内部设置为"不受限制"较为合适。用户还可以单击"当前会话"按钮来查看当前连接到 FTP 站点的 IP 地址,并且可以断开恶意用户的连接。"默认 FTP 站点属性"对话框如图 13.8 所示。

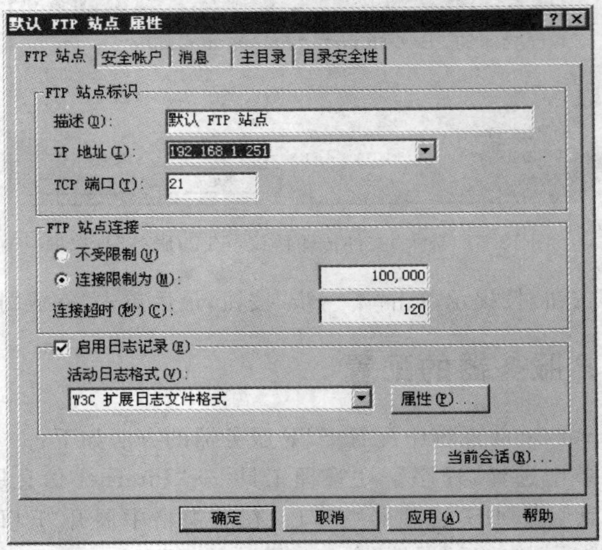

图 13.8　默认的 FTP 站点属性

（3）切换到"安全账户"选项卡，此选项卡用于设置 FTP 服务器允许的登录方式。默认情况下允许匿名登录，如果取消选中"允许匿名连接"复选框，则用户在登录 FTP 站点时需要输入合法的用户名和密码。本例选中"允许匿名连接"复选框，设置好的安全账户选项卡参数如图 13.9 所示。

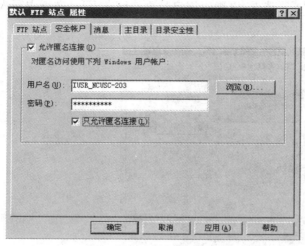

图 13.9 "安全账户"选项卡参数

（4）切换到"消息"选项卡，在"标题"编辑框中输入能够反映 FTP 站点属性的文字（例如"南昌大学软件学院 FTP 主站点"），该标题会在用户登录之前显示。接着在"欢迎"编辑框中输入一段介绍 FTP 站点详细信息的文字，这些信息会在用户成功登录之后显示。同理，在"退出"编辑框中输入用户在退出 FTP 站点时显示的信息。另外，如果该 FTP 服务器限制了最大连接数，则可以在"最大连接数"编辑框中输入具体的数值。当用户连接 FTP 站点时，如果 FTP 服务器已经达到了所允许的最大连接数，则用户会收到"最大连接数"消息，且用户的连接会被断开。"消息"选项卡参数如图 13.10 所示。

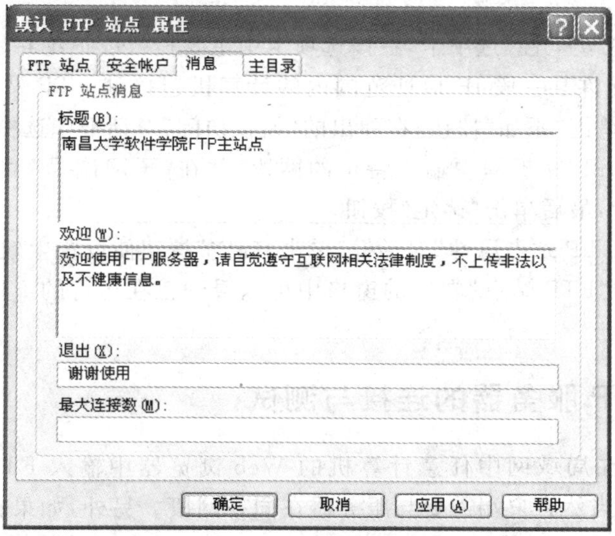

图 13.10 "消息"选项卡参数

（5）切换到"主目录"选项卡。主目录是 FTP 站点的根目录,当用户连接到 FTP 站点时只能访问主目录及其子目录的内容,主目录以外的内容是不能被用户访问的。主目录既可以是本地计算机磁盘上的目录,也可以是网络中的共享目录。单击"浏览"按钮,在本地计算机磁盘中选择要作为 FTP 站点主目录的文件夹,并依次单击"确定"按钮。根据实际需要选中或取消选中"写入"复选框,以确定用户是否能够在 FTP 站点中写入数据。"主目录"选项卡参数如图 13.11 所示。

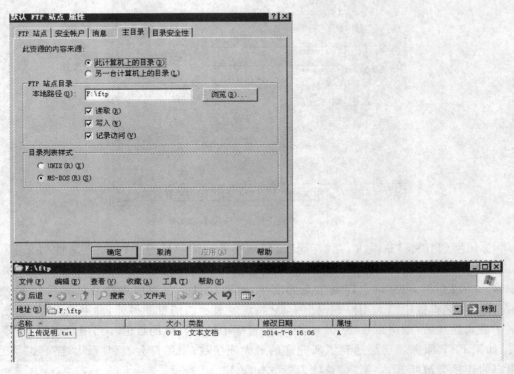

图 13.11   "主目录"选项卡参数与所选磁盘路径

（6）切换到"目录安全性"选项卡,在该选项卡中主要授权或拒绝特定的 IP 地址连接到 FTP 站点。如果只允许某一段 IP 地址范围内的计算机连接到 FTP 站点,则可以选中"拒绝访问"单选按钮。单击"添加"按钮,在弹出的"授权访问"对话框中选中"一组计算机"单选按钮,然后在"网络标识"编辑框中输入特定的网段,并在"子网掩码"编辑框中输入子网掩码。这里没做此设置,最后单击"确定"按钮。

（7）返回"默认 FTP 站点属性"对话框,单击"确定"按钮使设置生效。在"Internet 信息服务(IIS)管理器"的"FTP 站点"右边的窗格中可以看到正在运行的 FTP 站点,如图 13.12 所示。

13.2.3   FTP 服务器的连接与测试

现在,用户可以在局域网中任意计算机的 Web 浏览器中输入 FTP 站点地址来访问 FTP 站点的内容了,当然客户端需要与服务器在同一网段。另外,如果在 DNS 服务器中添加了域名解析记录,则在地址栏中可以输入域名来访问 FTP 服务器。测试过程如下:

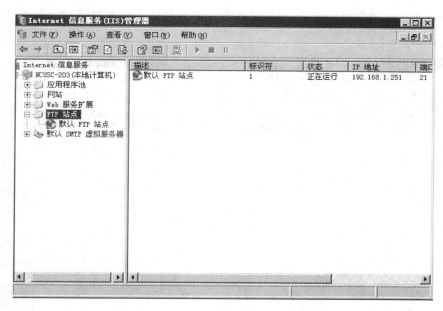

图 13.12　配置好正在运行的 FTP 站点

（1）在桌面上右击"我的电脑"，选择"管理"命令，在打开"计算机管理"窗口中单击"本地用户和组"，然后在"用户"中添加两个测试用户，一个是 happy，另一个是 test，默认密码都设置为 1234，这两个用户在第 12 章"邮件服务器的安装与配置实训"中已经用到过。添加的用户如图 13.13 所示。

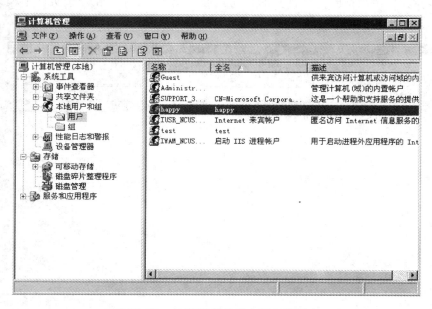

图 13.13　在 FTP 服务器上添加的用户

（2）在客户端上打开 IE 浏览器或者打开"我的电脑"，在地址栏中输入服务器的访问地址，这里输入"ftp://192.168.1.251"，因为在配置 FTP 站点时选中了"允许匿名连接"复选框,所以默认是匿名用户登录到了 FTP 服务器。客户端接入到 FTP 服务器后打开的页面如图 13.14 所示。

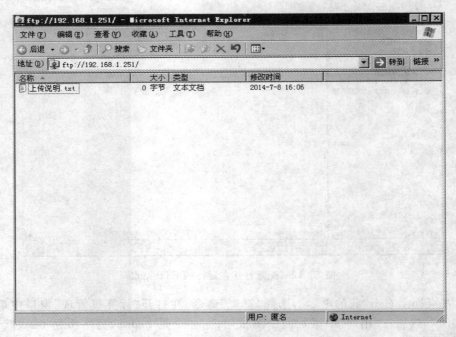

图 13.14　匿名用户登录到 FTP

（3）切换其他用户访问。在打开的访问页面中单击"文件",在登录页面中输入其他用户测试登录,例如输入 happy 用户名进行登录,登录的情况如图 13.15 所示。

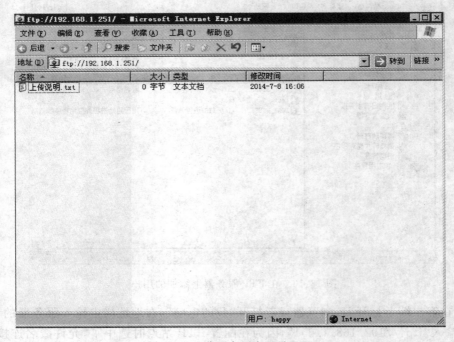

图 13.15　非匿名用户登录 FTP

（4）通过域名访问 FTP 服务器。因为在 DNS 服务器中添加了 192.168.1.251 到 ftp. ncusc.com 的地址映射，所以测试时在浏览器的地址栏中输入"ftp://ftp.ncusc.com"也可以登录，并测试 test 用户登录时的情况，如图 13.16 所示。

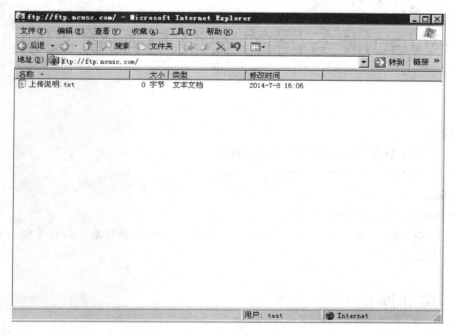

图 13.16　通过域名访问 FTP

13.3　思考与讨论

请使用 Server-U 软件安装一个 FTP 服务器，比较专用 FTP 软件在用户控制等安全性方面有哪些不同。

第14章
Web服务器的安装与配置实训

实训目的
- 理解 Web 服务器的基本概念和工作过程。
- 掌握 Web 服务器的安装和配置。

实训环境
- Windows Server 2003 计算机一台。
- 运行 Windows XP/Windows Server 2003/Windows 7 操作系统的计算机一台。
- 交换机一台。

14.1 实训原理

14.1.1 WWW 简介

WWW 是 World Wide Web(环球信息网)的缩写,也可以简称为 Web,中文名字为"万维网"。它起源于 1989 年 3 月由欧洲量子物理实训室 CERN(the European Laboratory for Particle Physics)发展出来的主从结构分布式超媒体系统。通过万维网,人们只要使用简单的方法就可以很迅速、方便地取得丰富的信息资料。WWW 由遍布在互联网中的 Web 服务器和安装了 Web 浏览器的计算机组成,它是一种基于超文本方式工作的信息系统。作为一个能够处理文字、图像、声音、视频等多媒体信息的综合系统,它提供了丰富的信息资源,这些信息资源以 Web 页面的形式分别存放在各个 Web 服务器上,用户可以通过浏览器选择并浏览所需的信息。

它使用传输层 TCP 协议,默认用 80 端口。

与 Web 服务器相关的技术如下:

(1) 应用层使用 HTTP(Hypertext Transfer Protocol,超文本传输协议)协议。

(2) HTML(标准通用标记语言下的一个应用)文档格式。

(3) 浏览器统一资源定位器(URL)。

Web 服务器也称为 WWW(World Wide Web)服务器,主要功能是提供网上信息的浏览服务。Web 服务器是驻留于因特网上某种类型计算机的程序,是一台在 Internet 上具有独立 IP 地址的计算机,可以向 Internet 上的客户机提供 WWW、E-mail 和 FTP 等各种 Internet 服务。当 Web 浏览器(客户端)连到服务器上并请求文件时,服务器将处理该请求并将文件反馈到该浏览器上,附带的信息会告诉浏览器如何查看该文件(即文件类型)。服务器使用 HTTP(超文本传输协议)与客户机浏览器进行信息交流,这就是人们常把它们称为 HTTP 服务器的原因。Web 服务器不仅能够存储信息,还能在用户通过 Web 浏览器提供的信息的基础上运行脚本和程序。

最常用的 Web 服务器是 Apache 和 Microsoft 公司的 Internet 信息服务器(Internet Information Services,IIS)。

14.1.2　Web 服务器的工作过程

通俗地讲,Web 服务器响应客户端请示,根据请示的内容查找到资源,再传送页面使浏览器可以浏览。

Web 服务器可以解析 HTTP 协议。当 Web 服务器接收到一个 HTTP 请求时会返回一个 HTTP 响应,例如送回一个 HTML 页面。为了处理一个请求,Web 服务器可以响应一个静态页面或图片,进行页面跳转,或者把动态响应的产生委托给一些其他的程序,例如 CGI 脚本、JSP(Java Server Pages)脚本、Servlets、ASP(Active Server Pages)脚本,服务器端 JavaScript,或者一些其他的服务器端技术。无论这些脚本运行的目的如何,这些服务器端的程序通常产生一个 HTML 的响应让浏览器可以浏览。

可以简单地认为,客户端向服务器发送 Web 页面请求,服务器接收到请求时处理请求的页面,再将页面发送给客户端。浏览器与 Web 服务器工作的过程如图 14.1 所示。

图 14.1　浏览器与 Web 服务器工作过程

举例说明浏览器与 Web 服务器工作的过程。例如用户访问南昌大学软件学院主页 "http://www.ncusc.com",如图 14.2 所示。浏览器与服务器的信息交互过程如下:

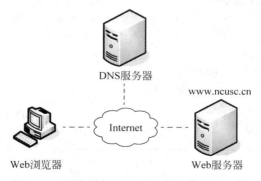

图 14.2　浏览器与 Web 服务器工作过程示例

(1) 浏览器向 DNS 获取 Web 服务器 www.ncusc.com 的 IP 地址 223.5.114.22;

(2) 浏览器与 IP 地址为 223.5.114.22 的服务器进行 TCP 连接,端口为 80;

（3）浏览器执行 HTTP 协议，发送 GET/default.asp 命令，请求读取该文件；

（4）www.ncusc.com 服务器返回/default.asp 文件到客户端；

（5）释放 TCP 连接；

（6）浏览器解释/default.asp 文件内容，并显示该文件表示的页面。

14.1.3　常用的 Web 服务器

在 UNIX 和 Linux 平台下使用最广泛的免费的 HTTP 服务器是 Apache 和 Nginx 服务器，而 Windows 平台 NT/2000/2003 使用 IIS 的 Web 服务器。在选择使用 Web 服务器时应考虑的本身特性因素有性能、安全性、日志和统计、虚拟主机、代理服务器、缓冲服务和集成应用程序等，下面介绍几种常用的 Web 服务器。

1. IIS

Microsoft 公司的 Web 服务器产品为 Internet Information Services（IIS），IIS 是允许在公共 Intranet 或 Internet 上发布信息的 Web 服务器。IIS 是目前最流行的 Web 服务器产品之一，很多著名的网站都建立在 IIS 的平台上。IIS 提供了一个图形界面的管理工具，称为 Internet 服务管理器，可用于监视配置和控制 Internet 服务。

IIS 是一种 Web 服务组件，其中包括 Web 服务器、FTP 服务器、NNTP 服务器和 SMTP 服务器，分别用于网页浏览、文件传输、新闻服务和邮件发送等方面，它使得在网络（包括互联网和局域网）上发布信息成为一件很容易的事。它提供 ISAPI（Intranet Server API）作为扩展 Web 服务器功能的编程接口；同时，它还提供一个 Internet 数据库连接器，可以实现对数据库的查询和更新。IIS 已经发布了多个版本，详见表 14.1。

表 14.1　IIS 的各个版本

IIS 版本	Windows 版本	备　　注
IIS 1.0	Windows NT 3.51 Service Pack 3s@bk	
IIS 2.0	Windows NT 4.0s@bk	
IIS 3.0	Windows NT 4.0 Service Pack 3	开始支持 ASP 的运行环境
IIS 4.0	Windows NT 4.0 Option Pack	支持 ASP 3.0
IIS 5.0	Windows 2000	在安装相关版本的.NetFrameWork 的 RunTime 之后，可支持 ASP.NET 1.0/1.1/2.0 的运行环境
IIS 6.0	Windows Server 2003 Windows,ista Home Premium Windows XP Professional x64 Editions@bk	
IIS 7.0	Windows,ista Windows Server 2008s@bkIIS Windows 7	在系统中已经集成了.NET 3.5，可以支持.NET 3.5 及以下的版本

2. Kangle

Kangle Web 服务器（简称 Kangle）是一款跨平台、功能强大、安全稳定、易操作的高性能 Web 服务器和反向代理服务器软件。除此以外，Kangle 也是一款专门做虚拟主机研发的 Web 服务器,用于实现虚拟主机独立进程、独立身份的运行。在此服务器上用户之间安全隔离,一个用户出问题不影响其他用户,它安全支持 PHP、ASP、ASP. NET、Java、Ruby 等多种动态开发语言。

3. WebSphere

WebSphere Application Server 是一种功能完善、开放的 Web 应用程序服务器,是 IBM 电子商务计划的核心部分,它是基于 Java 的应用环境,用于建立、部署和管理 Internet 和 Intranet Web 应用程序。这一整套产品进行了扩展,以适应 Web 应用程序服务器的需要,范围从简单到高级直到企业级。

WebSphere 针对以 Web 为中心的开发人员,他们都是在基本 HTTP 服务器和 CGI 编程技术上成长起来的。IBM 将提供 WebSphere 产品系列,通过提供综合资源、可重复使用的组件、功能强大并易于使用的工具以及支持 HTTP 和 IIOP 通信的可伸缩运行时环境来帮助这些用户从简单的 Web 应用程序转移到电子商务世界。

4. WebLogic

BEA WebLogic Server 是一种多功能、基于标准的 Web 应用服务器,为企业构建自己的应用提供了坚实的基础。各种应用开发、部署所有关键性的任务,无论是集成各种系统和数据库,还是提交服务、跨 Internet 协作,起始点都是 BEA WebLogic Server。由于它具有全面的功能、对开放标准的遵从性、多层架构、支持基于组件的开发,基于 Internet 的企业都选择用它来开发、部署最佳的应用。

BEA WebLogic Server 在使应用服务器成为企业应用架构的基础方面继续处于领先地位。BEA WebLogic Server 为构建集成化的企业级应用提供了稳固的基础,它们以 Internet 的容量和速度在连网的企业之间共享信息、提交服务,实现协作自动化。

5. Apache

Apache 仍然是世界上使用最多的 Web 服务器,市场占有率达 60% 左右。它源于 NCSAhttpd 服务器,当 NCSA WWW 服务器项目停止后,那些使用 NCSA WWW 服务器的人们开始交换用于此服务器的补丁,这也是 Apache 名称的由来(Apache 补丁)。世界上很多著名的网站都是 Apache 的产物,其成功之处主要在于它的源代码开放、有一支开放的开发队伍、支持跨平台的应用(可以运行在几乎所有的 UNIX、Windows、Linux 系统平台上)以及它的可移植性等方面。

6. Tomcat

Tomcat 是一个开放源代码、运行 Servlet 和 JSP Web 应用软件的基于 Java 的 Web 应用软件容器。Tomcat Server 是根据 Servlet 和 JSP 规范执行的,因此可以说 Tomcat Server 也实行了 Apache-Jakarta 规范且比绝大多数商业应用软件服务器要好。

Tomcat 是 Java Servlet 2.2 和 JavaServer Pages 1.1 技术的标准实现,是基于 Apache 许可证开发的自由软件。Tomcat 是完全重写的 Servlet API 2.2 和 JSP 1.1 兼容的 Servlet/JSP 容器。Tomcat 使用了 JServ 的一些代码,特别是 Apache 服务适配器。随着

Catalina Servlet 引擎的出现，Tomcat 第四版的性能得到提升，使得它成为一个值得考虑的 Servlet/JSP 容器，因此许多 Web 服务器都采用 Tomcat。

14.2　实训步骤

根据网络情况布置 Web 服务器的位置，规划好网络中相关设备的 IP。本次实训的网络拓扑如图 14.3 所示。当然，Web、FTP、邮件服务器可以架设在一台物理计算机上，共用一个 IP，实际运行时考虑到性能、安全、特殊应用等，可能会单独运行。

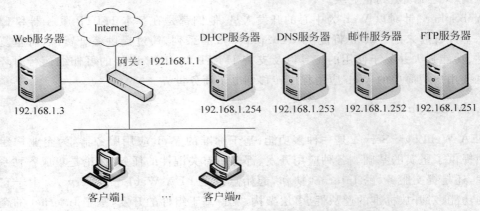

图 14.3　Web 服务器实训网络拓扑图

Web 服务器的 IP 为 219.220.30.3，在局域网中 Web 客户端如果想通过域名访问 Web 服务器，则需在 DNS 服务器中添加一条主机记录。比如，本实训中 Web 服务器的域名为 www.ncusc.com，则在 DNS 服务器中添加一条 192.168.1.3 到 www.ncusc.com 的映射记录。另外，如果要在 Internet 上使用，则需向相关部门申请公网的 IP 地址与合法的域名（需付费）。DNS 中添加的 Web 主机记录如图 14.4 所示。

图 14.4　DNS 中添加的 Web 主机记录

其他准备工作：建立一个简单的网页，例如在 E 盘下新建一个名为 Web 的文件夹，在 Web 文件夹中新建一个文本文件，取名为 index。在文本文件中输入一行最简单的 HTML 语句<html>hello world</html>，并保存，然后将文件的扩展名改为.html。index.html 在本实训中充当一个网站的主页。

14.2.1　安装 Web 服务器

下面以在 Windows Server 2003 系统中安装 Web 服务器为例介绍 Web 服务器的安装与配置。

（1）打开"控制面板"，双击"添加或删除程序"，在打开的窗口中单击"添加/删除 Windows 组件"，然后在弹出的"Windows 组件向导"对话框中选中"应用程序服务器"复选框，如图 14.5 所示。

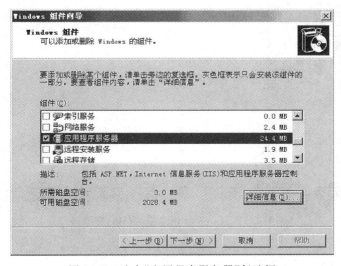

图 14.5　选中"应用程序服务器"复选框

（2）单击"详细信息"按钮，在弹出的"应用程序服务器"对话框中选中"Internet 信息服务（IIS）"复选框，如图 14.6 所示。

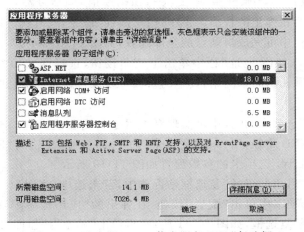

图 14.6　选中"Internet 信息服务（IIS）"复选框

（3）单击"确定"按钮，按向导提示单击"下一步"按钮完成 IIS 的安装。

14.2.2　Web 服务器的配置

1. 启动 Internet 信息服务(IIS)管理器

Internet 信息服务简称为 IIS，单击 Windows 的"开始"按钮，选择"程序"→"管理工具"→"Internet 信息服务(IIS)管理器"，即可启动 Internet 信息服务(IIS)管理器，如图 14.7 所示。

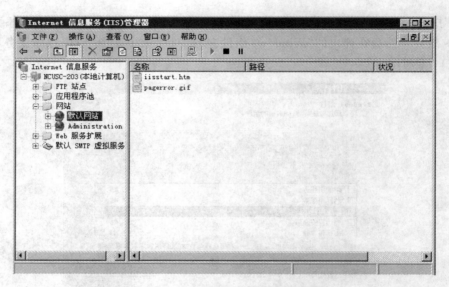

图 14.7　Internet 信息服务(IIS)管理器

2. 配置 IIS

IIS 安装后，系统自动创建了一个默认的 Web 站点，该站点的主目录默认为 C:\Inetpub\wwwroot。在 Internet 信息服务(IIS)管理器的工具栏中提供有启动与停止服务的功能，单击 ▶ 按钮可启动 IIS 服务器，单击 ❚❚ 按钮则停止 IIS 服务器。

右击"默认网站"，在弹出的快捷菜单中选择"属性"命令，此时就可以打开站点的属性设置对话框，在该对话框中可完成对站点的全部配置，如图 14.8 所示。

在"网站"选项卡的"IP 地址"栏中单击下三角按钮，选择网站的 IP 地址，如果不给定 IP，客户端不知道到哪儿访问本网站，其他的参数可以保持默认不变。"网站"选项卡的参数配置如图 14.9 所示。

切换到"主目录"选项卡，在其中可实现对主目录的更改或设置。本实训准备了一个简单的网页放在 E:\WEB 路径，所以在"主目录"的"本地路径"中输入"E:\WEB"，其他参数可以保持不变。"主目录"选项卡的参数配置如图 14.10 所示。

另外，注意检查"启用父路径"复选框是否选中，若未选中，将对以后的程序运行有部分影响。在"主目录"选项卡中单击"配置"按钮，在弹出的"应用程序配置"对话框中选中"选项"中的"启用父路径"复选框，如图 14.11 所示，再单击"确定"按钮即可。

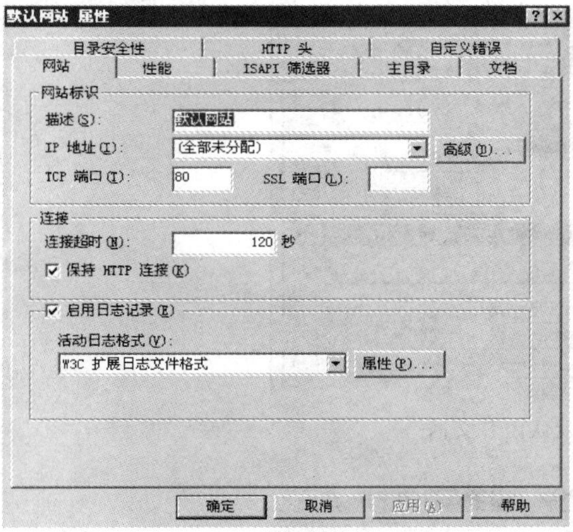

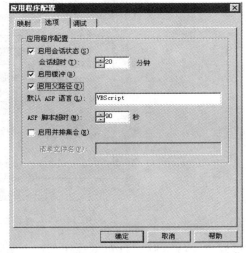

图 14.8　默认网站属性 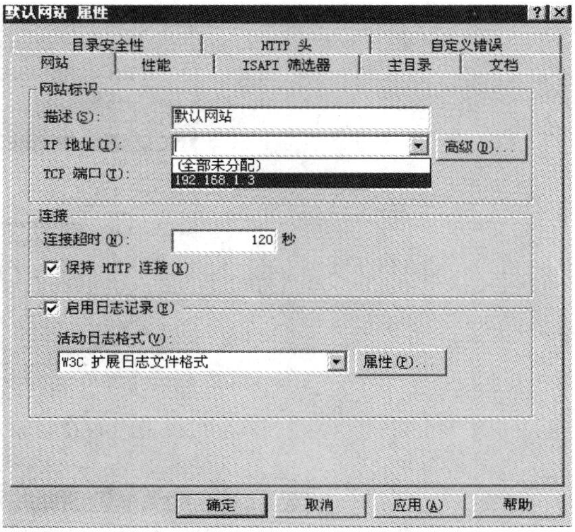　　　　　　　　图 14.9　"网站"选项卡的配置参数

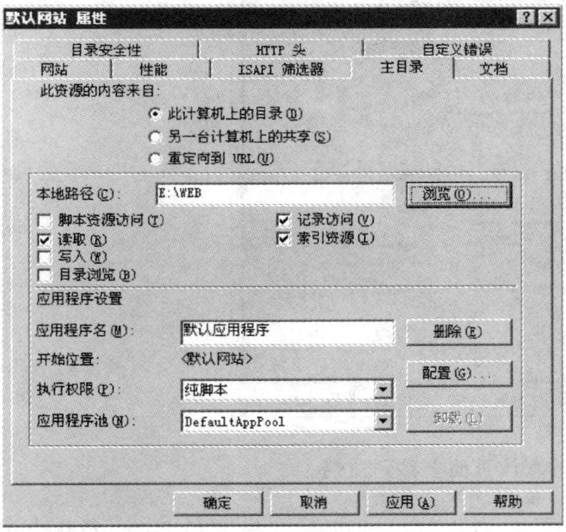

图 14.10　"主目录"选项卡参数　　　　　图 14.11　启用父路径设置

切换到"文档"选项卡,对主页文档进行设置,主页文档是在浏览器中输入网站域名时默认访问到的页面。常见的主页文件名有 index. htm、index. html、index. asp、index. php、index. jap、default. htm、default. html、default. asp 等。

IIS 默认的主页文档有 default. htm、default. asp、index. htm、iisstart. htm,根据需要,利用"添加"和"删除"按钮可为站点设置所能解析的主页文档。本次实训准备了一个 index. html 网页文件,这里添加一个 index. html 文档,如图 14.12 所示。

通过上移箭头将 index. html 上移到顶端,客户端访问 Web 服务器时默认返回的页面就是最顶端的那个文件。配置参照图 14.13。

另外,根据需要启用 ASP 支持。Windows Server 2003 默认是不安装 IIS 6 的,IIS 6 可

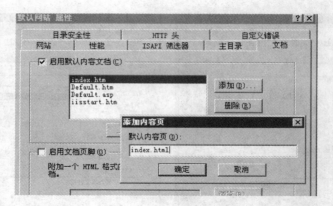

图 14.12　添加默认内容文档

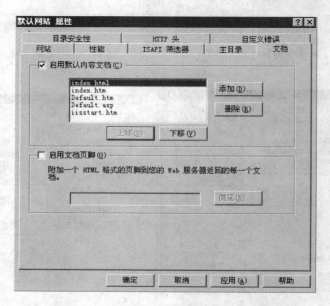

图 14.13　将添加的默认页面上移到顶端

以很好地支持 ASP。这里不详述如何安装 IIS 6，用户可以到网上自行下载安装，安装完 IIS 6 后还需要单独开启对于 ASP 的支持。开启对 ASP 支持的过程如下：

（1）启用 ASP。进入"控制面板"，双击"管理工具"→"Internet 信息服务（IIS）管理器"，然后右击"Web 服务扩展"中的 Active Server Pages，选择"允许"。

（2）启用父路径支持。在"主目录"中单击"配置"按钮，然后选中"选项"中的"启用父路径"复选框。

（3）权限分配。右击具体站点，选择"权限"命令，然后设置 Users 完全控制。

14.2.3　Web 客户端测试

在局域网内同网段的客户端上打开浏览器，在地址栏中输入 Web 服务器的 IP，服务器返回的内容如图 14.14 所示。

图 14.14　通过 IP 访问 Web

　　因为 DNS 服务器中已经添加了 192.168.1.3 到 www.ncusc.com 的域名解析,所以在客户端的浏览器中输入该域名进行测试,如图 14.15 所示。

图 14.15　通过域名访问 Web

14.3　思考与讨论

1. 在 Web 服务器上可以运行多个网站吗? 请动手试一试。
2. 如何利用同一个域名发布多个站点?
3. 如何给站点配置安全认证?

第15章

RADIUS认证服务器的
安装与配置实训

实训目的

- 了解与无线相关的基本知识。
- 了解与 IEEE 802.1x 相关的基本知识。
- 掌握 RAIDIUS 服务器的安装和配置。

实训环境

- Windows Server 2003 计算机一台。
- 运行 Windows XP/Windows Server 2003/Windows 7 操作系统的计算机一台。
- 带无线网卡的计算机一台。
- 普通交换机一台,思科 2950 交换机一台,TP-Link710N 无线路由器一台。

15.1 实训原理

15.1.1 无线相关知识介绍

无线网络的历史起源可以追溯到五十多年前的第二次世界大战期间。1971 年,夏威夷大学的研究员创造了第一个基于封包式技术的无线电通信网络 ALOHANET,可以算是早期的无线局域网络(WLAN)。无线通信用的电磁波频谱如图 15.1 所示。

微波:$1\sim100\text{GHz}$,可实现高方向性的波束,而且非常适用于点对点的传输,也可用于卫星通信。

无线电广播频段:$30\text{MHz}\sim1\text{GHz}$,适用于全向应用。

红外线频谱段:$3\times1011\text{Hz}\sim2\times1014\text{Hz}$,适于本地应用,在有限的区域(如一个房间)内对于局部的点对点及多点应用非常有用。

无线局域网目前应用最广,是指在局部区域内以无线媒体或介质进行通信的无线网络。局部区域就是距离受限的区域,是相对于广域而言,两者的区别主要在于数据传输的范围不同(但覆盖范围界限的区别并不十分明显)而引起网络设计和实现方面的一些区别。无线局域网的发展经历了四代。

(1) 第一代无线局域网:1985 年,FCC 颁布的电波法规为无线局域网的发展扫清了道路。

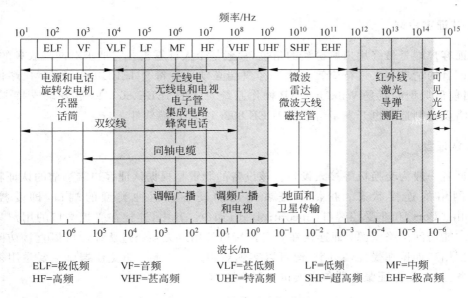

图 15.1　无线电磁波频谱图

（2）第二代无线局域网：基于 IEEE 802.11 标准的无线局域网。

（3）第三、四代无线局域网：符合 IEEE 802.11b 标准的产品已经较为普及，归为第三代无线局域网产品。

（4）将符合 IEEE 802.11a、HiperLAN2 和 IEEE 802.11g 等标准的产品称为第四代无线局域网产品。

几种主要无线协议的频宽和最大传输速率如表 15.1 所示。

表 15.1　几种主要无线协议的频宽和最大传输速率

协　　议	频　　宽	最大传输速率
IEEE 802.11a	5.8GHz	54Mbit/s
IEEE 802.11b	2.4GHz	11Mbit/s
IEEE 802.11g	2.4GH/5.8GHz	22～54Mbit/s
IEEE 802.11n	2.4GHz	300Mbit/s
HomeRF	2.4GHz	10Mbit/s
HiperLAN2	5GHz	54Mbit/s
IrDA	1.5MHz	9.6kbit/s～4Mbit/s
Bluetooch	2.4GHz	720kbit/s～1Mbit/s
IEEE 802.16	2.66GHz	2Mbit/s～155Mbit/s
Wi-Fi	2.4GHz	11Mbit/s

15.1.2　IEEE 802.1x 认证系统的组成

一个完整的基于 IEEE 802.1x 的认证系统由认证客户端、认证者和认证服务器 3 个部分（角色）组成。

1. 认证客户端

认证客户端是最终用户所扮演的角色，一般是个人计算机。它请求对网络服务的访问，并对认证者的请求报文进行应答。认证客户端必须运行符合 IEEE 802.1x 客户端标准的软件，目前最典型的就是 Windows XP 操作系统自带的 IEEE 802.1x 客户端支持。另外，一些网络设备制造商也开发了自己的 IEEE 802.1x 客户端软件。

2. 认证者

认证者一般为交换机等接入设备。该设备的职责是根据认证客户端当前的认证状态控制其与网络的连接状态。扮演认证者角色的设备有两种类型的端口，即受控端口（controlled Port）和非受控端口（uncontrolled Port）。其中，连接在受控端口的用户只有通过认证才能访问网络资源；而连接在非受控端口的用户无须经过认证便可以直接访问网络资源。把用户连接在受控端口上，便可以实现对用户的控制；非受控端口主要是用来连接认证服务器，以便保证服务器与交换机的正常通信。

3. 认证服务器

认证服务器通常为 RADIUS 服务器。认证服务器在认证过程中与认证者配合，为用户提供认证服务。认证服务器保存了用户名和密码，以及相应的授权信息，一台认证服务器可以对多台认证者提供认证服务，这样就可以实现对用户的集中管理。认证服务器还负责管理从认证者发来的审计数据。微软公司的 Windows Server 2003 操作系统自带有 RADIUS 服务器组件。RADIUS 服务器网络模型如图 15.2 所示。

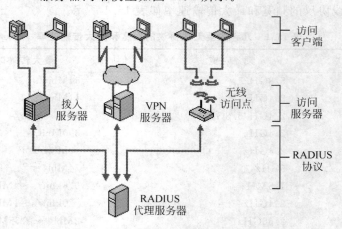

图 15.2　RADIUS 服务器网络模型

1）IEEE 802.1x 协议

IEEE 802.1x 是一个基于端口的网络访问控制协议，该协议的认证体系结构中采用了"可控端口"和"不可控端口"的逻辑功能，从而实现认证与业务的分离，保证了网络传输的效率。IEEE 802 系列局域网（LAN）标准占据了目前局域网应用的主要份额，但是传统的 IEEE 802 体系定义的局域网不提供接入认证，只要用户能接入集线器、交换机等控制设备，用户就可以访问局域网中其他设备上的资源，这是一个安全隐患，同时也不便于实现对局域网接入用户的管理。IEEE 802.1x 是一种基于端口的网络接入控制技术,在局域网设备的物理接入级对接入设备(主要是计算机)进行认证和控制。连接在交换机端口上的用户设备如果能通过认证,就可以访问局域网内的资源,也可以接入外部网络(例如 Internet);如果不能通过认证,则无法访问局域网内部的资源,同样也无法接入 Internet,相当于物理上断开了连接。

IEEE 802.1x 协议采用现有的可扩展认证协议(Extensible Authentication Protocol, EAP),它是 IETF 提出的 PPP 协议的扩展,最早是为解决基于 IEEE 802.11 标准的无线局域网的认证而开发的。虽然 IEEE 802.1x 定义了基于端口的网络接入控制协议,但是在实际应用中该协议仅适用于接入设备与接入端口间的点到点的连接方式,其中端口可以是物理端口,也可以是逻辑端口。典型的应用方式有两种,一种是以太网交换机的一个物理端口仅连接一个计算机;另一种是基于无线局域网(WLAN)的接入方式。其中,前者是基于物理端口的,后者是基于逻辑端口的。目前,几乎所有的以太网交换机都支持 IEEE 802.1x 协议。

2) RADIUS 服务器

RADIUS(Remote Authentication Dial In User Service,远程用户拨号认证服务)服务器提供了 3 种基本的功能,即认证(Authentication)、授权(Authorization)和审计(Accounting),即提供了 3A 功能。其中,审计也称为"记账"或"计费"。

RADIUS 协议采用了客户机/服务器(C/S)工作模式。网络接入服务器(Network Access Server, NAS)是 RADIUS 的客户端,它负责将用户的验证信息传递给指定的 RADIUS 服务器,然后处理返回的响应。RADIUS 服务器负责接收用户的连接请求,并验证用户身份,然后返回所有必须要配置的信息给客户端用户,也可以作为其他 RADIUS 服务器或其他类认证服务器的代理客户端。服务器和客户端之间传输的所有数据通过使用共享密钥来验证,客户端和 RADIUS 服务器之间的用户密码经过加密发送,提供了密码使用的安全性。

15.2　实训步骤

下面以中小型网络(可提供有线、无线网络等接入)提供认证服务的 RADIUS 服务器为例进行实训教学。实训的网络拓扑如图 15.3 所示。

相关说明:

(1) RADIUS 服务器是一台运行 Windows Server 2003 的独立服务器,该计算机的 IP 地址为 192.168.1.254。如果这台计算机是一台 Windows Server 2003 的独立服务器(未升级成为域控制器,也未加入域),则可以利用 SAM 来管理用户账户信息;如果是一台 Windows Server 2003 域控制器,则利用活动目录数据库来管理用户账户信息。虽然活动目录数据库管理用户账户信息要比利用 SAM 安全、稳定,但 RADIUS 服务器提供的认证功能相同。

(2) 交换机为思科 2950,AP 为支持 IEEE 802.1x 的无线路由器,这里使用到了 TP-Link 710N。

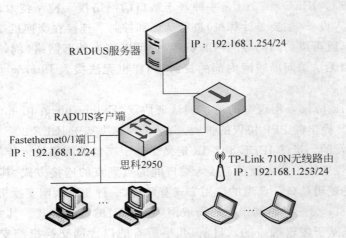

图 15.3 RADIUS 认证服务器实训网络拓扑

15.2.1 安装 RADIUS 服务器

(1) 在"控制面板"中双击"添加或删除程序",在弹出的对话框中单击"添加/删除 Windows 组件",然后在弹出的"Windows 组件向导"对话框中选择"网络服务"组件,如图 15.4 所示。

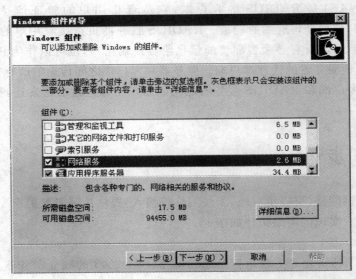

图 15.4 选择"网络服务"组件

(2) 单击"详细信息"按钮,在弹出的对话框中选中"Internet 验证服务"子组件,如图 15.5 所示。

(3) 单击"确定"按钮,然后单击"下一步"按钮按向导提示进入安装,按提示插入系统安装盘,如没有安装盘,可以到网上下载 i386 数据包,最后完成安装。

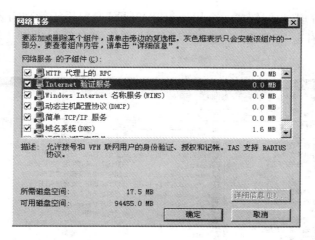

图 15.5　选中"Internet 验证服务"子组件

15.2.2　配置 RADIUS 服务器

1. 创建用户账户

在 RADIUS 服务器安装好之后,需要为所有通过认证才能够访问网络的用户在 RADIUS 服务器中创建账户。这样,当用户的计算机连接到启用了端口认证功能的交换机上的端口上时,启用了 IEEE 802.1x 认证功能的客户端计算机需要用户输入正确的账户和密码后才能够访问网络中的资源。

(1) 在桌面上右击"我的电脑",选择"管理"命令,进入"计算机管理"窗口,选择"本地用户和组",如图 15.6 所示。

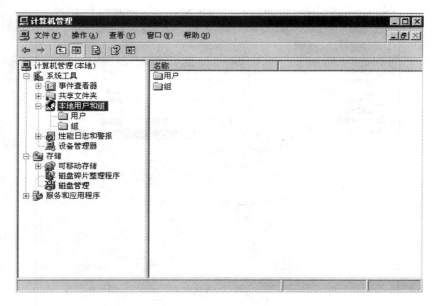

图 15.6　本地用户和组

（2）为了方便管理，我们创建一个用户组"802.1X"专门用于管理需要经过 IEEE 802.1x 认证的用户账户。右击"组"，选择"新建组"命令，输入组名后创建组。新建的组如图 15.7 所示。

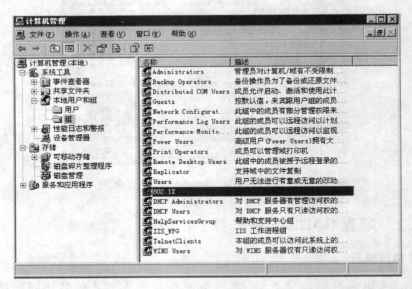

图 15.7　新建的 802.1X 组

（3）在添加用户之前，必须要提前做的是打开"控制面板"，双击"管理工具"→"本地安全策略"，然后选择"账户策略"→"密码策略"，启用"用可还原的加密来储存密码"策略项，否则以后认证的时候将会出现错误提示。启用的"用可还原的加密来储存密码"策略项如图 15.8 所示。

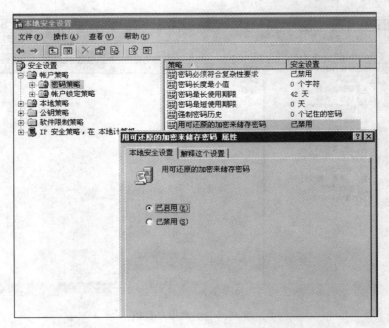

图 15.8　启用"用可还原的加密来储存密码"策略项

（4）接下来添加用户账户"8000130001"，设置密码为"1234"。双击"管理工具"→"计算机管理"，在"计算机管理"窗口中展开"本地用户和组"，然后右击"用户"，选择"新用户"命令，输入用户名和密码，创建用户。创建的新用户如图 15.9 所示。

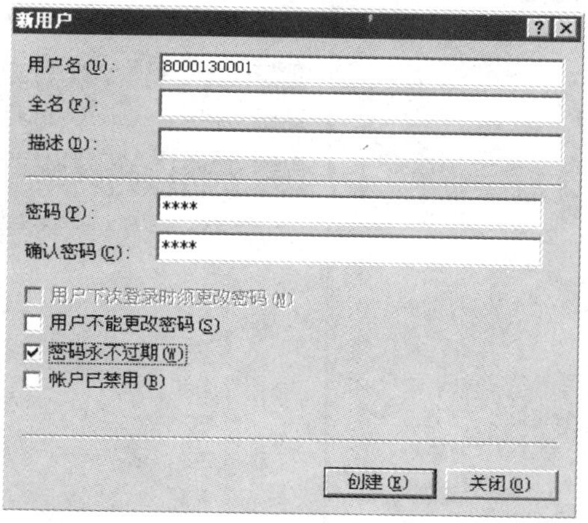

图 15.9　创建新用户

（5）将用户"8000130001"加入到"802.1X"用户组中，然后右击用户"8000130001"，选择"属性"命令，在弹出的对话框中选择"隶属于"，并将其加入到"802.1X"用户组中，如图 15.10 所示。

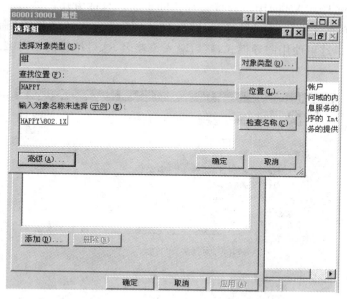

图 15.10　将用户添加到用户组

这样，就完成了一个用户的添加。

2. 设置远程访问策略

在"控制面板"中通过"管理工具"打开"Internet 验证服务"窗口，如图 15.11 所示。

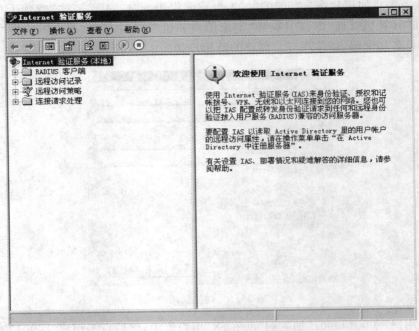

图 15.11　"Internet 验证服务"窗口

在 RADIUS 服务器的"Internet 验证服务"窗口中需要为通过有线接到 Cisco 2950 交换机和通过无线接入到 AP 的用户设置远程访问策略。具体方法如下：

（1）右击树形目录中的"远程访问策略"，选择"新建远程访问策略"命令，打开配置向导。选择配置方式，这里使用向导模式，然后输入策略名，这里填写的是"802.1X"，如图 15.12 所示。

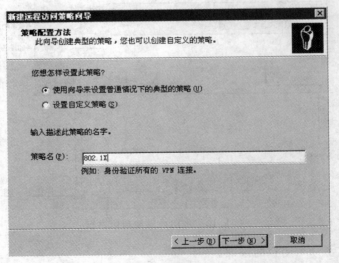

图 15.12　输入新建远程访问策略名称

（2）单击"下一步"按钮，选择访问方法，其中共有 4 种，分别是 VPN、拨号、无线和以太网。本次实训使用到了以太网和无线，所以先给接入思科 2950 交换机的用户配置访问策略,这里选中"以太网"单选按钮,如图 15.13 所示。

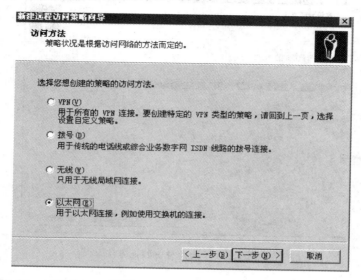

图 15.13　选择访问方法

(3) 单击"下一步"按钮,选择授权方式,将之前添加的"802.1X"用户组加入许可列表,如图 15.14 所示。

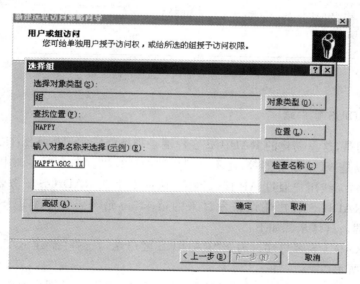

图 15.14　添加用户组到策略中

(4) 单击"确定"按钮,然后单击"下一步"按钮,选择身份验证方法,这里选择"MD5-质询",如图 15.15 所示。

(5) 确认设置信息,完成新建远程访问策略。

(6) 用同样的方法再添加一个名为"AP-1"的远程访问策略,稍微不同的是访问方法为"无线",身份验证方法选择为"受保护的 EAP(PEAP)",创建好后如图 15.16 所示。

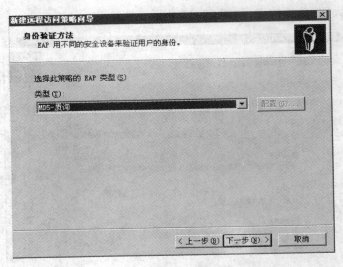

图 15.15　选择身份验证方法

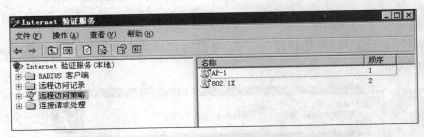

图 15.16　创建的两条远程访问策略

3. 创建 RADIUS 客户端

需要说明的是,这里创建的 RADIUS 客户端是指类似于实训拓扑图 15.3 中的交换机、AP 设备,也可以是 VPN 服务器等,而不是用户端的计算机。在本次实训中,有线用户通过交换机接入网络,无线用户通过 AP 接入网络,认证发生在 RADIUS 服务器上。认证服务器只会接受由 RADIUS 客户端设备发过来的请求,为此需要在 RADIUS 服务器上指定 RADIUS 客户端。具体步骤如下:

(1) 新建 RADIUS 客户端。右击"RADIUS 客户端",选择"新建 RADIUS 客户端"命令,如图 15.17 所示。

(2) 设置 RADIUS 客户端的名称和IP 地址。客户端IP 地址即交换机和 AP 的管理IP 地址,这里是 192.168.1.2 和 192.168.1.253。新建的 Cisco 2950 客户端如图 15.18 所示。

(3) 单击"下一步"按钮,设置共享密钥和认证方式。认证方式选择"RADIUS Standard",密钥请记好,这里配置成"123456",在接下来的配置交换机的过程中需要和这个密钥相同,如图 15.19 所示。

(4) 用同样的方法添加 AP 客户端,并设置共享密钥和认证方式,密码也为"123456"。创建好的 RADIUS 客户端如图 15.20 所示。

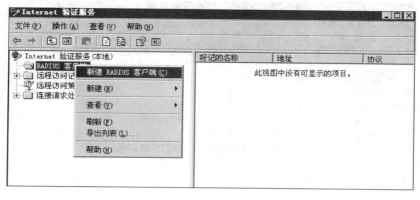

图 15.17　新建 RADIUS 客户端

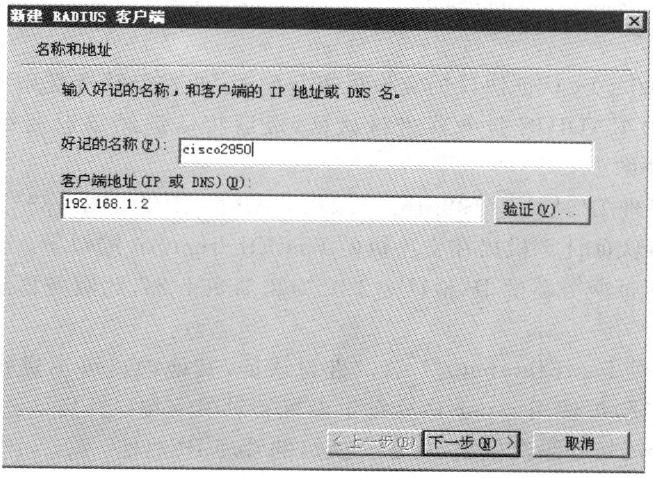

图 15.18　新建 cisco2950 客户端

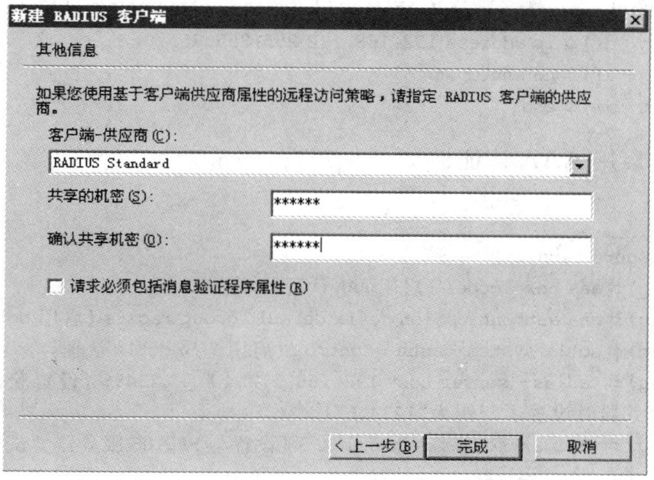

图 15.19　设置共享密钥和认证方式

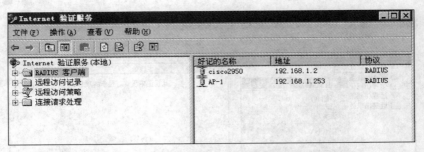

图 15.20　创建好的 RADIUS 客户端

至此,RADIUS 服务器上的配置完成。

15.2.3　配置 RADUIS 客户端

1. 启用交换机上的端口认证

对支持 IEEE 802.1x 认证协议的交换机进行配置,使它能够接受用户计算机的认证请求,并将请求转发给 RADIUS 服务器进行认证,最后将认证结果返回给用户计算机。在图 15.3 所示的拓扑图中:

- 交换机的管理 IP 地址为 192.168.1.2/24,AP 的 IP 为 192.168.1.253/24。
- 需要将网络认证计算机接在交换机的 FastEthernet0/1 端口上。
- RADIUS 认证服务器的 IP 地址为 192.168.1.254/24,此服务器随便接交换机的其他端口。

因为实训时只对 FastEthernet0/1 端口进行认证,其他端口可不进行设置。如果需要对一批端口开启认证,可使用 range 命令批量设置。对单一端口开启认证的具体操作如下:

1) 使用 Console 口登录交换机,设置交换机的管理 IP 地址

```
Cisco2950 > enable
Cisco2950 # configure terminal
Cisco2950(config) # interface vlan 1 (配置二层交换机管理接口 IP 地址)
Cisco2950(config - if) # ip address 192.168.1.2 255.255.255.0
Cisco2950(config - if) # no shutdown
Cisco2950(config - if) # end
```

2) 在交换机上启用 AAA 认证

配置命令如下:

```
Cisco2950 # configure terminal
Cisco2950(config) # aaa new - model (启用 AAA 认证)
Cisco2950(config) # aaa authentication dot1x default group radius (启用 dot1x 认证)
Cisco2950(config) # dot1x system - auth - control (启用全局 dot1x 认证)
Cisco2950(config) # radius - server host 192.168.1.254 key 123456 (设置验证服务器 IP 及密钥,
在配置 RADIUS 服务器时设置了密钥为"123456")
Cisco2950(config) # radius - server retransmit 3 (设置与 RADIUS 服务器尝试连接次数为 3 次)
```

3) 配置交换机的认证端口

可以使用 interface range 命令批量配置端口,这里只对 FastEthernet0/1 启用 IEEE

802.1x 认证。配置命令如下：

```
Cisco2950(config)♯interface fastEthernet 0/1
Cisco2950(config-if)♯switchport mode access (设置端口模式为 access)
Cisco2950(config-if)♯dot1x port-control auto (设置 IEEE 802.1x 认证模式为自动)
Cisco2950(config-if)♯dot1x timeout quiet-period 10 (设置认证失败重试时间为 10s)
Cisco2950(config-if)♯dot1x timeout reauth-period 30 (设置认证失败重连时间为 30s)
Cisco2950(config-if)♯dot1x reauthentication (启用 IEEE 802.1x 认证)
Cisco2950(config-if)♯spanning-tree portfast (开启端口 portfast 特性)
Cisco2950(config-if)♯end
```

2. 在 AP 上启用 IEEE 802.1x

（1）按照所选用 AP 的配置管理方法进入到 AP 的管理界面，本次实训用的是 TP-Link 710N，登录 IP 为 192.168.1.253（出厂默认是 192.168.1.253）。按照实训的网络拓扑，设置其为"AP"工作模式，不开启 DHCP。

（2）关键的一步是在无线路由中设置无线安全。选中"WPA/WPA2"，设置认证类型为"WPA"、加密算法为"TKIP"，填入 RADIUS 服务器的 IP"192.168.1.254"，将 RADIUS 密码设置成与配置服务器时同样的密码，这里是"123465"，然后保存。AP 配置参考如图 15.21 所示。

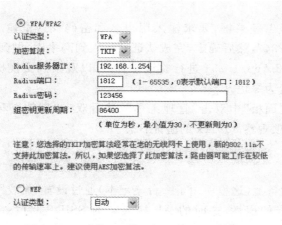

图 15.21　无线 AP 的 IEEE 802.1x 参数配置

15.2.4　测试 IEEE 802.1x 认证接入

1. 有线接入方式认证测试

（1）将要进行认证接入的用户计算机接入交换机的 FastEthernet0/1 端口，设置 IP 地址为 192.168.1.x（随便设置，只要不跟认证服务器 IP 及交换机管理 IP 冲突即可）。

（2）在"本地连接 属性"的"验证"选项卡中启用 IEEE 802.1x 验证，将 EAP 类型设置为"MD5-质询"，其余选项可不选，如图 15.22 所示。如果没有"验证"选项卡，请确认 Wireless Zero Configuration 和 Wired AutoConfig 服务正常开启，启动方法是右击"我的电脑",选择"管理"命令,在"服务和应用程序"的"服务"下找到对应的两项服务,启动。

如果之前的配置没有问题,过一会儿即可看到托盘菜单上弹出要求单击进行验证的信息,如图 15.23 所示。

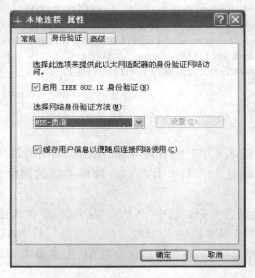

图 15.22　用户计算机的"本地连接 属性"配置　　　图 15.23　用户计算机认证提示

(3) 单击之后会弹出登录框,要求输入用户名和密码。这里输入之前配置的用户名"8000130001"、密码"1234",然后确定,完成认证并接入到网络中,做到了安全控制。验证成功后可以 ping 一下 192.168.1.254 进行验证,同时可以观察到交换机 FastEthernet0/1 端口指示灯已经由黄色变为绿色。

另外,可以在"控制面板"中双击"管理工具",然后双击"事件查看器",通过"事件查看器"窗口中的"系统"选项观察 802.1x 的验证日志。

2. 无线接入方式认证测试

(1) 在无线用户设备上(这里使用了一台笔记本)通过设置"无线网卡"→"本地连接"→"属性"来配置无线网卡的属性,这时的 AP 接入点的 SSID 号为"xuanxuan",如图 15.24 所示。

(2) 选中 AP 的 SSID"xuanxuan",单击"属性"按钮,弹出"xuanxuan 属性"对话框,因为在 AP 的 802.1x 属性参数中设置了 WPA-TKIP 方式,所以在"网络身份验证"栏中选择"WPA",在"数据加密"栏中选择"TKIP"。"关联"选项卡配置参数如图 15.25 所示。

(3) 切换到"验证"选项卡,选中"启用此网络的 IEEE 802.1X 验证"复选框,EAP 类型选择"受保护的 EAP(PEAP)"。"验证"选项卡配置参数如图 15.26 所示。

(4) 单击"属性"按钮,弹出"受保护的 EAP 属性"对话框,在该对话框中取消选中"验证服务器证书"复选框,在"选择身份验证方法"中选择"安全密码(EAP-MSCHAP v2)",选中"启用快速重新连接"复选框。"受保护的 EAP 属性"对话框中的参数配置如图 15.27 所示。

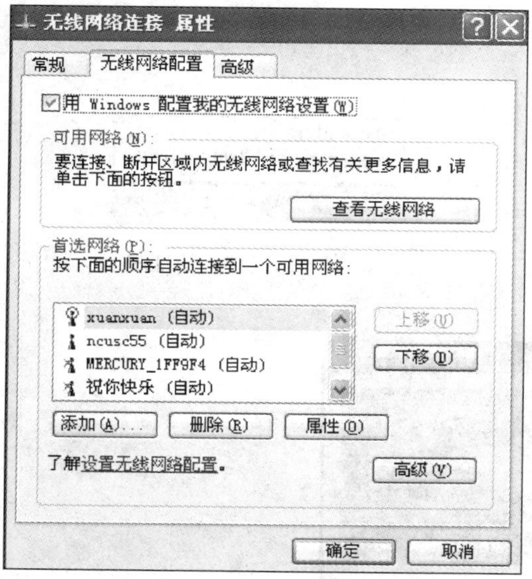

图 15.24　无线网卡的"无线网络配置"选项卡

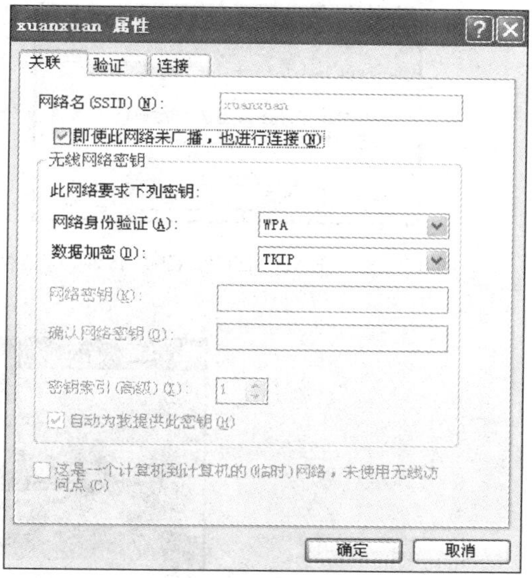

图 15.25　"关联"选项卡配置参数

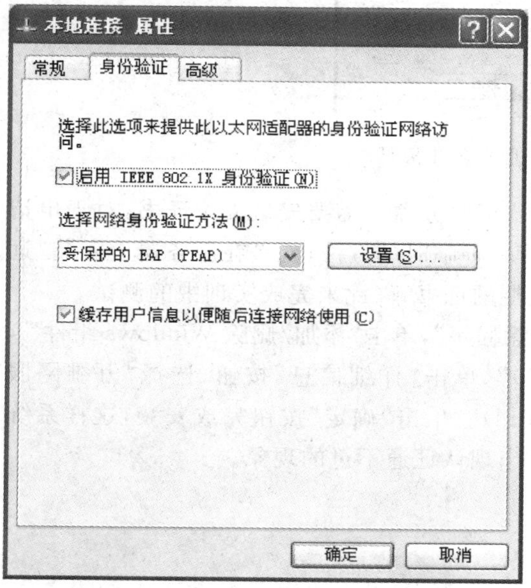

图 15.26　"验证"选项卡配置参数

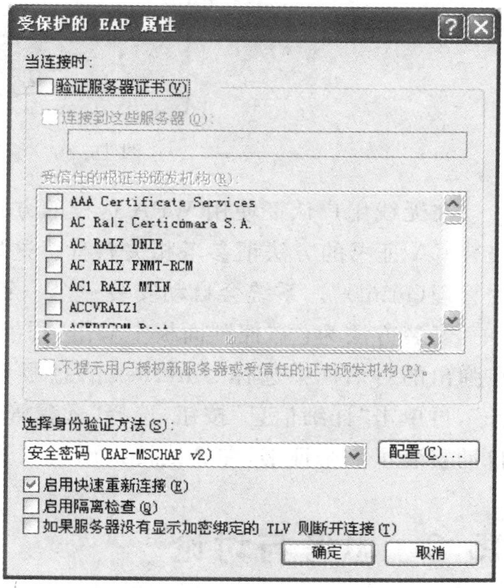

图 15.27　"受保护的 EAP 属性"对话框中的参数配置

（5）单击"配置"按钮，弹出"EAP MSCHAPv2 属性"对话框，取消选中"自动使用 Windows 登录名和密码（以及域，如果有的话）"复选框，如图 15.28 所示。

（6）单击"确定"按钮保存配置，关掉无线网卡属性对话框，在桌面右下角的无线网卡图标上会弹出提示，要求输入其他信息登录，如图 15.29 所示。

（7）单击提示框，在弹出的验证框中输入配好的用户名和密码，稍等片刻即可通过认证，接入到网络中，完成对无线用户的安全接入控制。输入验证用户名和密码框如图 15.30 所示。

图 15.28　"EAP MSCHAPv2 属性"对话框

图 15.29　无线接入认证提示

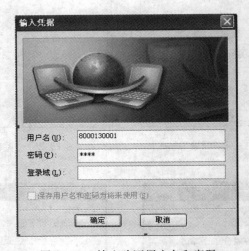

图 15.30　输入验证用户名和密码

在无线用户认证使用 WPA 这样的方式时,认证服务器上需要安装 CA 证书,对于申请安装 CA 证书的方法请参考相关教程。这里推荐一种临时的方法,就是在服务器上安装"远程管理(html)"。系统会自动安装一个一年有效期的证书,以此来完成实训中的测试。

安装方法为:在控制面板中双击"添加或删除程序",单击"添加/删除 Windows 组件",在弹出的对话框中选择"Internet 信息服务(IIS)",单击"详细信息"按钮,选择"万维网服务",再单击"详细信息"按钮,选择"远程管理(html)",单击"确定"按钮完成安装,这样系统自动安装了一个证书,在无线接入测试时就不会出现认证通不过的现象。

15.3　思考与讨论

1. 请思考在构建一个中小型的无线园区网时,无线 AP 点比较多,应用 RADIUS 架设无线认证服务器时,管理的客户端比较多。这样不太方便,请查找相关资料,了解无线控制交换机的使用。

2. 简述胖 AP 与瘦 AP 的区别。

第16章

防火墙ISA Server 2006的
安装与配置实训

实训目的

- 熟悉防火墙的原理。
- 学会防火墙 ISA Server 2006 的安装与配置。
- 学会配置防火墙 ISA Server 2006 应用策略。

实训环境

- Windows Server 2003 计算机一台。
- 运行 Windows XP/Windows Server 2003/Windows 7 操作系统的计算机两台。
- 普通交换机一台,PCI 网卡两张,ISA Server 2006 安装包。

16.1 实训原理

16.1.1 防火墙简介

防火墙(Firewall)由 Check Point 创立者 Gil Shwed 于 1993 年发明并引入国际互联网(US5606668(A)1993-12-15),指的是一个由软件和硬件设备组合而成在内部网和外部网之间、专用网与公共网之间的界面上构造的保护屏障,这是一种获取安全性方法的形象说法。它是一种计算机硬件和软件的结合,使 Internet 与 Intranet 之间建立起一个安全网关(Security Gateway),从而保护内部网免受非法用户的侵入,防火墙主要由服务访问规则、验证工具、包过滤和应用网关 4 个部分组成,防火墙就是一个位于计算机和它所连接的网络之间的软件或硬件。所以防火墙有两种,即软件防火墙和硬件防火墙。该计算机流入流出的所有网络通信和数据包均要经过此防火墙。"防火墙"将内部网和公众访问网分开,做到内、外部隔离。防火墙示意图如图 16.1 所示。

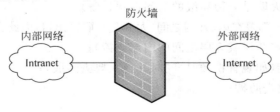

图 16.1　防火墙示意图

防火墙的发展阶段如下：

1. 第一代防火墙

第一代防火墙技术几乎与路由器同时出现，采用了包过滤（Packet filter）技术。

2. 第二代防火墙

第一代防火墙技术主要在路由器上实现，后来将此安全功能独立出来专门用于实现安全过滤功能。1989 年，贝尔实训室的 Dave Presotto 和 Howard Trickey 推出了第二代防火墙，即电路层防火墙，同时提出了第三代防火墙——应用层防火墙（代理防火墙）的初步结构。

3. 第三代防火墙

代理防火墙的出现使原来从路由器上独立出来的安全软件迅速发展，并引发了对承载安全软件本身的操作系统的安全需求，即对防火墙本身的安全问题的安全需求。

4. 第四代防火墙

1992 年，USC 信息科学院的 BobBraden 开发出了基于动态包过滤（Dynamic packet filter）技术的第四代防火墙，后来演变为所谓的状态监视（Stateful inspection）技术。1994 年，以色列的 CheckPoint 公司开发出了第一个采用这种技术的商业化的产品。

5. 第五代防火墙

1998 年，NAI 公司推出了一种自适应代理（Adaptive proxy）技术，并在其产品 Gauntlet Firewall for NT 中得以实现，给代理类型的防火墙赋予了全新的意义，可以称之为第五代防火墙。

6. 一体化安全网关 UTM

UTM 统一威胁管理，是在防火墙的基础上发展起来的具备防火墙、IPS、防病毒、防垃圾邮件等综合功能的设备。由于同时开启多项功能会大大降低 UTM 的处理性能，因此它主要用于对性能要求不高的中低端领域。在中低端领域，UTM 已经出现了代替防火墙的趋势，因为在不开启附加功能的情况下 UTM 本身就是一个防火墙，而附加功能又为用户的应用提供了更多选择。在高端应用领域，比如电信、金融等行业，仍然以专用的高性能防火墙、IPS 为主流。

通常，防火墙具有以下功能：

（1）访问控制（防火墙是一种高级的访问控制设备）；

（2）地址转换（都会部署在内、外网之间，尤其是互联网出口，因此会涉及地址转换问题）；

（3）网络环境支持（两层或 3 层之间的内部连接）；

（4）带宽管理功能（如观看视频时，同时其他人要去炒股）；

（5）入侵检测和攻击防御；

（6）用户认证等。

16.1.2 防火墙的体系结构

防火墙用到以下核心技术。

（1）包过滤：最常用的技术，工作在网络层，根据数据包头中的 IP、端口、协议等确定是否允许数据包通过。

（2）应用代理：另一种主要技术，工作在第 7 层应用层，通过编写应用代理程序实现对应用层数据的检测和分析。

（3）状态检测：工作在 2~4 层，控制方式与包过滤相同，处理的对象不是单个数据包，而是整个连接，通过规则表（管理人员和网络使用人员事先设定好的）和连接状态表综合判断是否允许数据包通过。

（4）完全内容检测：需要很强的性能支撑，既有包过滤功能，也有应用代理的功能。它工作在 2~7 层，不仅分析数据包头信息、状态信息，而且对应用层协议进行还原和内容分析，有效防范混合型安全威胁。

从结构上来分，防火墙的体系结构主要有以下 4 种：

1．包过滤型防火墙

包过滤型防火墙往往可以用一台过滤路由器（Screened Router）来实现，对所接收的每个数据包做允许/拒绝的决定，包过滤型防火墙一般作用在网络层，故也称网络层防火墙或 IP 过滤器。包过滤型防火墙如图 16.2 所示。

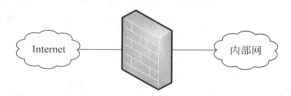

图 16.2 包过滤型防火墙

2．多宿主机

多宿主机是有两个或多个网络接口的计算机系统，可以连接多个网络，实现多个网络之间的访问控制。多宿主机如图 16.3 所示。

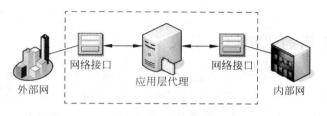

图 16.3 多宿主机

3．被屏蔽主机

被屏蔽主机指专门设置一个过滤路由器，把所有外部到内部的连接都路由到堡垒主机上,强迫所有的外部主机与一个堡垒主机相连,而不是让它们直接与内部主机相连。被屏蔽主机如图 16.4 所示。

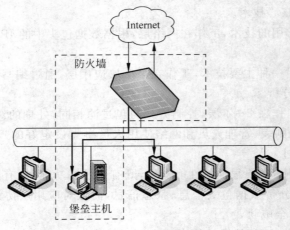

图 16.4 被屏蔽主机

4. 被屏蔽子网

从本质上讲,被屏蔽子网和被屏蔽主机防火墙一样,但增加了一层保护体系——周边网络(DMZ)。堡垒主机位于周边网络上,周边网络和内部网络被内部屏蔽路由器分开。在非军事区域 DMZ 中可以放置一些信息和服务器,例如 WWW 和 FTP 服务器,以便于公众访问,这些服务器可能会受到攻击,因为它们是牺牲服务器,但内部网络还被保护着。被屏蔽子网如图 16.5 所示。

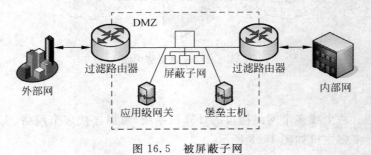

图 16.5 被屏蔽子网

16.1.3 实用的代理服务防火墙

代理服务设备(可能是一台专属的硬件,或只是普通机器上的一套软件)也能像应用程序一样回应输入封包(例如连接要求),同时封锁其他的封包,达到类似于防火墙的效果。

代理使得由外在网络篡改一个内部系统更加困难,并且一个内部系统误用不一定会导致一个安全漏洞,可从防火墙外面(只要应用代理剩下的原封和适当地被配置)被入侵。相反,入侵者也许劫持一个公开可及的系统和使用它作为代理人为他们自己的目的;代理人然后伪装作为那个系统对其他内部机器。当对内部地址空间的用途加强安全时,破坏狂也许仍然使用方法(譬如 IP)欺骗试图通过小包对目标网络。

防火墙经常有网络地址转换(NAT)的功能,并且主机被保护在防火墙之后共同使用所谓的"私人地址空间"。管理员经常设置这样的情节:假装内部地址或网络是安全的。

其主要优点如下:

(1)防火墙能强化安全策略。

(2)防火墙能有效地记录 Internet 上的活动。

(3)防火墙限制暴露用户点。防火墙能够用来隔开网络中的一个网段与另一个网段,这样,能够防止影响一个网段的问题通过整个网络传播。

(4)防火墙是一个安全策略的检查站,所有进出的信息都必须通过防火墙,防火墙便成为安全问题的检查点,使可疑的访问被拒绝于门外。

Microsoft Internet Security and Acceleration(ISA)Server 是 Microsoft 公司旗下的一款高级应用程序层防火墙、虚拟专用网络(VPN)和 Web 缓存解决方案,它使客户能够通过提高网络安全和性能轻松地从现有的 IT 投资获得最大收益。

ISA 有 4 个版本,即 ISA 2000、ISA 2004、ISA 2006 和 ISA 2008,各版本功能差不多,在 ISA 2006/2008 中主要加强了 VPN 认证等功能,以及增强了一些网络应用。

ISA Server 包含一个功能完善的应用程序层感知防火墙,有助于保护各种规模的组织免遭外部和内部威胁的攻击。ISA Server 对 Internet 协议(如超文本传输协议(HTTP))执行深入检查,这使它能检测到许多传统防火墙检测不到的威胁。良好的用户界面、向导、模板和一组管理工具可以帮助管理员避免常见的安全配置错误。

16.2 实训步骤

本次实训以 ISA Server 2006 为例在内部网络中构建一个代理防火墙,进行防火墙的安装与配置安全教学。

完成任务:

(1)部署 ISA 防火墙,规划好防火墙相关端口的 IP。

(2)在防火墙上配置规则,完成内、外网 NAT 转换上网。

(3)部署 ISA 防火墙,在防火墙上要完成 DMZ 区。

(4)配置规则,在 DMZ 区中使用私有的 IP 发布 Web 服务器,内、外部网络可以访问发布的 Web 服务器(当然,也可以使用公网的 IP 来发布 Web 服务器)。

本次实训的网络拓扑如图 16.6 所示。

在图 16.6 中,防火墙就是一台装有 Windows Server 2003 操作系统的计算机,安装有 3 张网卡,在 ISA 防火墙上给每张网卡设置好 IP 与子网掩码,如图 16.7 所示。

在规划的网络中,外网 IP 源自一个能连接 Internet 的上游网络,在本次实训中给其配置的 TCP/IP 情况如图 16.8 所示。通过此网卡接入,其能接入 Internet,实际上,其为南昌大学软件学院接入教育网的一个内网 IP。当然,也可以使用 ISP 商提供的公网 IP(如 59.53.173.173,注:此为本单位上电信 ISP 宽带所分配的公网 IP)。

因在网络中没有配置 DNS 服务器,所以 WAN 口网卡上使用了江西省电信提供的 DNS 服务器。ISA 防火墙上内网网卡的设置如图 16.9 所示。

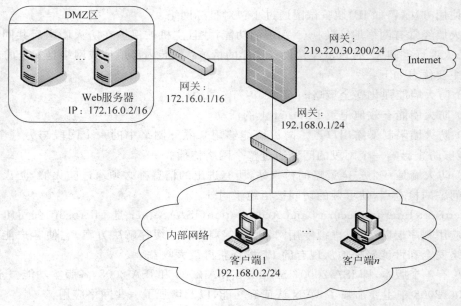

图 16.6　ISA 防火墙实训网络拓扑

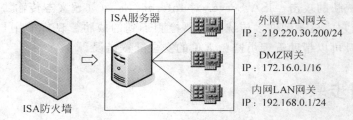

图 16.7　ISA 防火墙上网卡参数

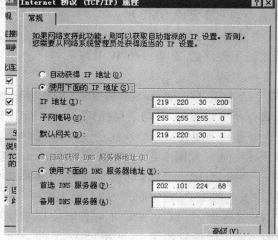

图 16.8　ISA 防火墙外网网卡的 TCP/IP 设置

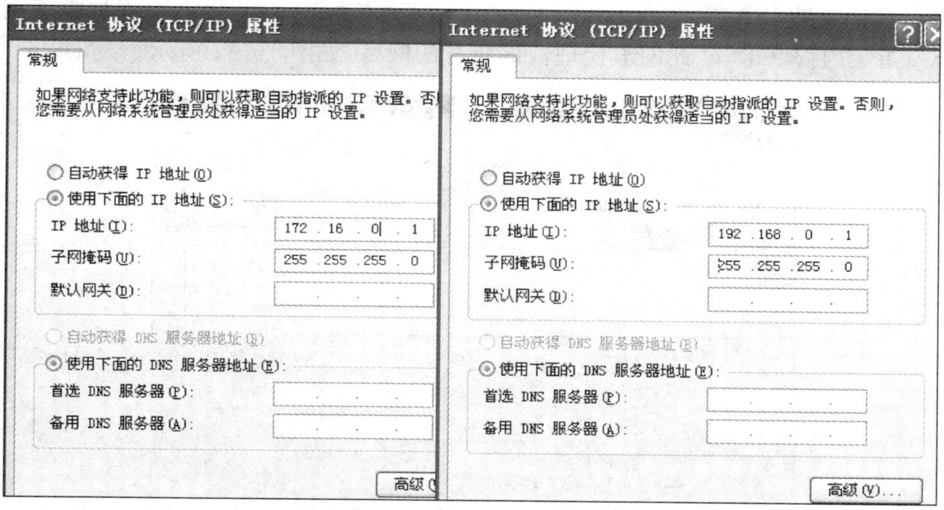

图 16.9　ISA 防火墙内网、DMZ 网卡的 TCP/IP 设置

其他准备工作：在 DMZ 区的 Web 服务器（172.16.0.2）上安装一个网站，网络名为 www.happy2014.net。安装 Web 服务器的方法见本书第 14 章"Web 服务器的安装与配置实训"。

16.2.1　安装 ISA Server 2006

按照安装向导将防火墙 ISA Server 2006 中文版安装好。安装向导如图 16.10 所示。

图 16.10　ISA Server 2006 安装向导

（1）单击"安装 ISA Server 2006"，进入"内部网络"界面，在此界面中添加内部网络，就是给 ISA 指定内部网卡，让此网卡代理内部所有的网络，如图 16.11 所示。

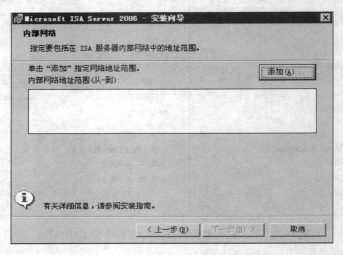

图 16.11　ISA Server 2006 添加内部网络的界面

（2）单击"添加"按钮，在弹出的"地址"对话框中单击"添加适配器"按钮，然后在弹出的"选择网络适配器"对话框中选中 LAN 网卡，如图 16.12 所示。

（3）单击"确定"按钮，返回到"地址"对话框，单击"添加范围"按钮，添加内部网络的 IP 地址范围。这里的 LAN 网卡内部的 IP 为 192.168.0.0～192.168.0.255，如图 16.13 所示。

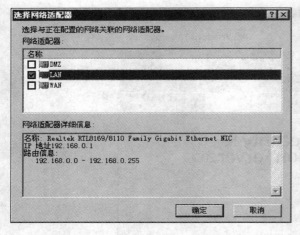

图 16.12　选中 LAN 复选框

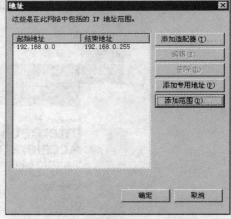

图 16.13　添加内部网络的 IP 地址范围

（4）单击"确定"按钮，然后按照向导依次单击"下一步"按钮完成安装，如图 16.14 所示。

图 16.14　完成 ISA Server 2006 的安装

16.2.2　在 ISA Server 2006 中配置 NAT 代理

防火墙的作用在于起到内、外网隔离,所以内部计算机访问外网时的流程是内部(LAN)计算机——服务器内网网卡(即内网的网关)——外部网络。内部计算机要访问位于 Internet 上的计算机,不能直接访问,需要防火墙来帮忙进行 NAT 转换,由此起到隔离功能。在服务器上安装完 ISA 后,服务器也不能上外网,因为防火墙默认的规则是除非允许的所有都禁止。所以,首先来配置访问规则允许内部网 LAN 能上外网,也就是完成内、外部网的 NAT 转换。防火墙上内、外网的转换过程示意图如图 16.15 所示。

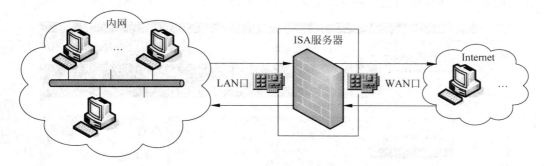

图 16.15　ISA 内、外网的 NAT 转换示意

根据防火墙的工作原理可知,内部计算机要访问外网,需配置一条访问规则,即允许内部访问位于 Internet 上的计算机。这样,位于内网的计算机可以访问外网了。如果内部的计算机还要能访问服务器,又需要一条访问规则。同样,服务器要访问外网,也要配置一条访问规则,本次实验配置 3 条访问规则。3 条访问规则配置过程如下。

1. 第 1 条规则,内网访问外网

此规则的作用在于允许内部计算机访问 Internet。当然不是直接访问,是需要 ISA 在

中间进行 NAT 转换。创建完这条规则后,内部网络可以单向(注意只是单向)访问外网。
创建访问规则的方法如下:

(1)安装好 ISA Server 2006 后,通过"开始"菜单找到 ISA Server 2006 应用程序,启动
后的管理窗口如图 16.16 所示。

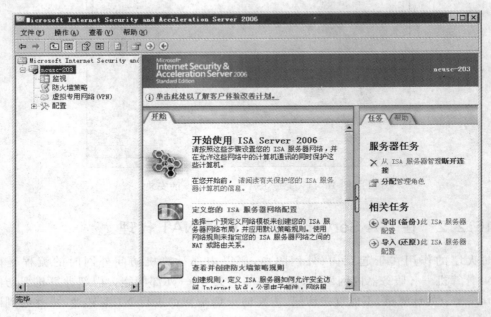

图 16.16　ISA Server 2006 的管理窗口

(2)展开左边的树形目录,右击"防火墙策略",通过选择"新建"→"访问规则"命令新建
一条访问规则。新建访问规则的流程如图 16.17 所示。

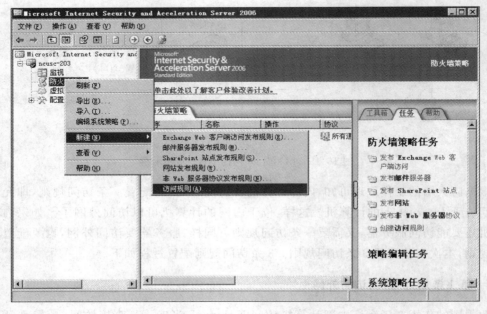

图 16.17　新建访问规则的流程

（3）在弹出的"新建访问规则向导"对话框中输入访问规则的名称，取名称最好能见名知意，在防火墙中要配置多条规则，如果不能从名称中直接看出规则的用途，将会给管理上带来困难。这里的规则名称是"内网访问外网"，意思就是给内网放行，允许其访问Internet，如图16.18所示。

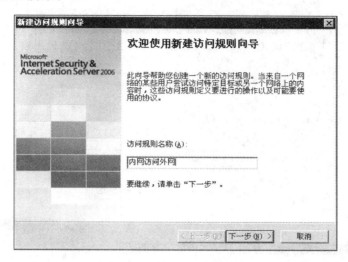

图16.18　输入访问规则名称

（4）单击"下一步"按钮，在"规则操作"界面中选中"允许"单选按钮，如图16.19所示。

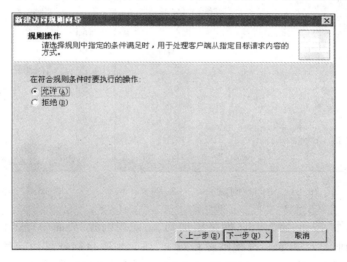

图16.19　选中"允许"单选按钮

（5）单击"下一步"按钮进入"协议"界面，在"此规则应用到"栏中选择"所有出站通信"，意思很明了，就是全部访问协议放行，如图16.20所示。

（6）单击"下一步"按钮进入"访问规则源"界面，在此界面中指定访问的数据来源，从规则定义来看，来源当然是内部网络，如图16.21所示。

（7）单击"添加"按钮，在弹出的"添加网络实体"对话框中展开"网络"，选择"内部"，如图16.22所示。

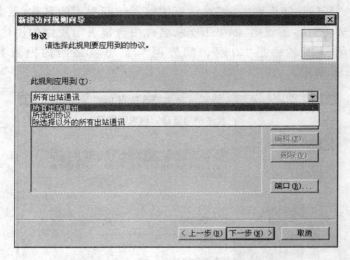

图 16.20　选择"所有出站通信"选项

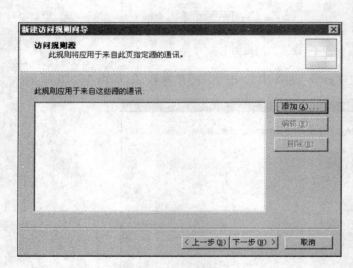

图 16.21　访问规则源

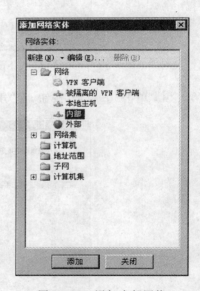

图 16.22　添加内部网络

　　（8）单击"添加"按钮，将"内部"网络添加到"访问规则源"界面中，然后单击"下一步"按钮，进入"访问规则目标"界面。与规则源相对应，访问规则目标就是访问的目标是哪里？这里"内部"网络要访问的是 Internet，所以要添加的是"外部"网络。单击"添加"按钮，在弹出的"添加网络实体"对话框中展开"网络"，选择"外部"，如图 16.23 所示。

　　（9）单击"添加"按钮，将"外部"网络添加到"访问规则目标"界面中，然后单击"下一步"按钮，进入"用户集"界面，在"用户集"界面中要添加规则允许哪些用户访问，通常选择"所有用户"。单击"添加"按钮，在弹出的对话框中选择"所有用户"，确定后，"用户集"界面如图 16.24 所示。

　　（10）按照向导提示依次单击"下一步"按钮完成规则的创建，如图 16.25 所示。

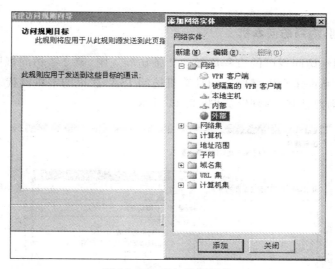

图 16.23 添加外部网络

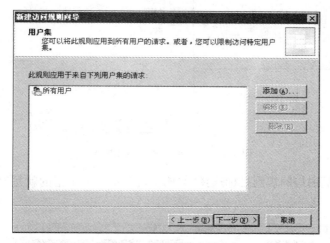

图 16.24 添加"所有用户"

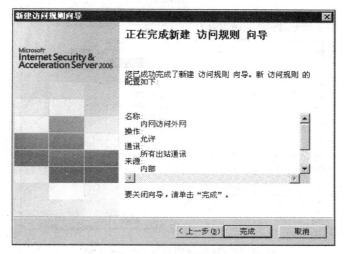

图 16.25 完成访问规则的创建

2. 第 2 条规则，内网访问本机

按照同样的创建访问规则的流程添加第 2 条访问规则，第 2 条访问规则的名称为"内网访问本机"，意思是允许来自内部网络的计算机访问 ISA，这里的本机就代表 ISA。"内网访问本机"的访问规则源选择"内部"，如图 16.26 所示。

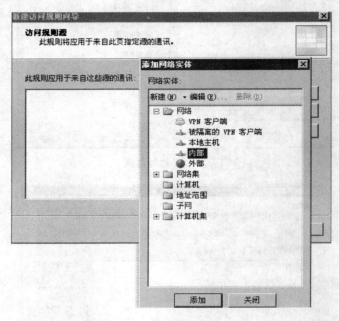

图 16.26　访问规则源为"内部"

"内网访问本机"的访问规则目标选择"本地主机"，本地主机指的就是服务器，如图 16.27 所示。

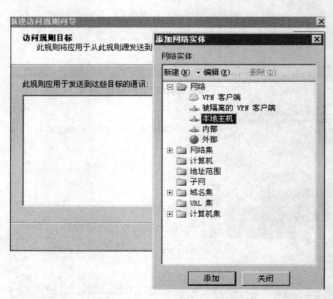

图 16.27　访问规则目标为"本地主机"

3. 第3条规则,本地主机访问内外网

前面两条规则建立好后,内部计算机可以访问 ISA,也可以访问外网。实际上,为了测试需要,需配置第 3 条访问规则,让 ISA 服务器可以访问内部计算机,也可以访问外网。第 3 条访问规则名称为"本地主机访问内外网"。这样,通道全部打开。"本地主机访问内外网"的访问规则源选择"本地主机",如图 16.28 所示。

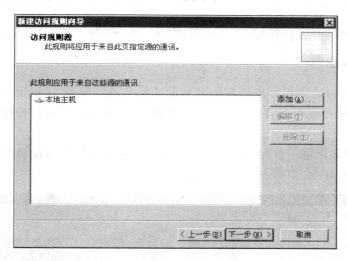

图 16.28 访问规则源为"本地主机"

"本地主机访问内外网"的访问规则目标选择"内部"和"外部",如图 16.29 所示。

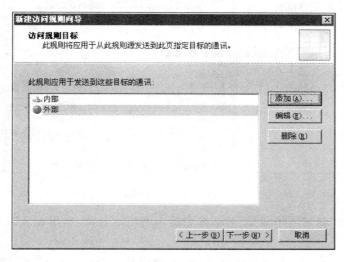

图 16.29 访问规则目标为"内部"和"外部"

规则创建好后,在 ISA 管理窗口中按照提示单击"应用"按钮,让创建的规则开始生效。至此,完成内、外网 NAT 上网,内部计算机可以接入 Internet。生效的 3 条访问规则如图 16.30 所示。

☰ ? 3	本地主机访问	⊘允许	🖳所有出站通讯	⬆本地主机	⬆内部 外部	🔏所有用户	
? 4	内网访问本机	⊘允许	🖳所有出站通讯	⬆内部	⬆本地主机	🔏所有用户	
? 5	内网访问外网	⊘允许	🖳所有出站通讯	⬆内部	●外部	🔏所有用户	
? 最后一个	默认规则	⊘拒绝	🖳所有通讯	⬆所有网络(...	⬆所有网络(...	🔏所有用户	其...

图 16.30　创建的 3 条访问规则

16.2.3　在 ISA Server 2006 中配置 DMZ

1. 部署 DMZ 区域

在一个网络中,通常将一些外网访问频繁的服务器暴露至 DMZ 区,比如 Web、FTP、Mail 服务器等。这样做可以将外来的访问与内网隔离,起到了安全保护作用。配置的过程如下:

(1) 创建 DMZ 网络。首先展开 ISA 管理窗口左边的"配置"树形目录,右击"网络",选择"新建"→"网络"命令,如图 16.31 所示。

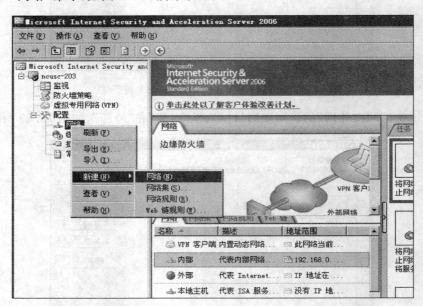

图 16.31　新建网络

(2) 在弹出的"新建网络向导"对话框中输入网络的名称,这里输入"DMZ",如图 16.32 所示。

(3) 单击"下一步"按钮,在"网络类型"界面中选中"外围网络"单选按钮,如图 16.33 所示。

(4) 单击"下一步"按钮,在"选择网络适配器"对话框中选择对应的网卡,这里当然选择"DMZ",如图 16.34 所示。

(5) 单击"确定"按钮,完成 DMZ 网络的创建。此时展开 ISA 操作面板上的"配置"→"网络",能看到刚创建好的 DMZ 网络,创建好的 DMZ 网络如图 16.35 所示。

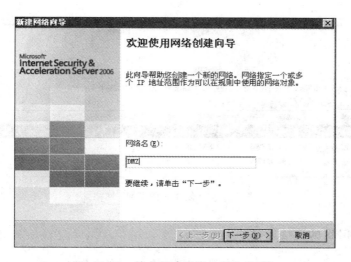

图 16.32 输入新建网络的名称 DMZ

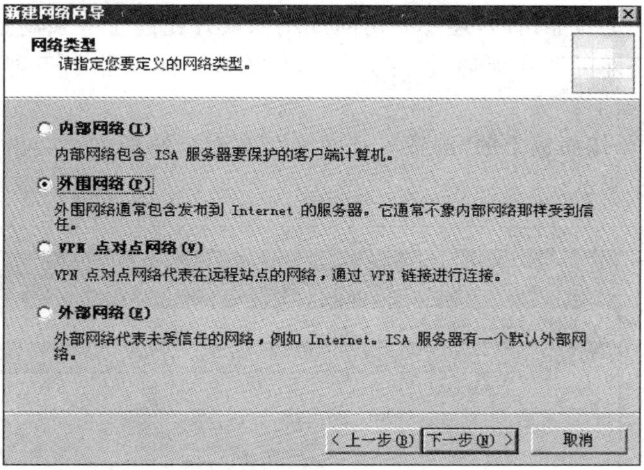

图 16.33 选中"外围网络"单选按钮

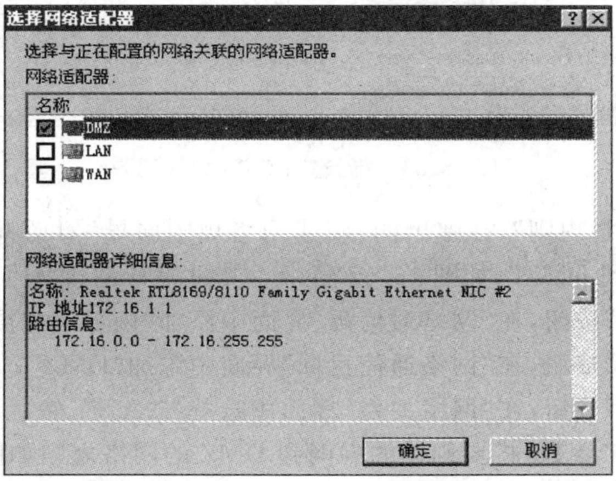

图 16.34 添加网络适配器 DMZ

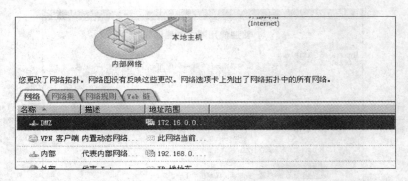

图 16.35　创建好的 DMZ 网络

2. 配置 DMZ 区的网络规则

DMZ 区是一个网络，其与内、外部网络是隔离开的，不能直接访问。首先创建一条 DMZ 到内部网络的 NAT 关系规则，让内部网络到 DMZ 之间开辟一条通道。值得注意的是，开辟了通道不一定就能访问，还要有访问规则。就好比建了一条高速公路，物理是可达的，但是还要有上路许可证才能通过，修建高速公路在这里就相当于创建网络规则。创建"网络规则"的方法如下：

（1）展开 ISA 操作面板上的"配置"→"网络"，在面板的最右边会出现"创建网络规则"等任务，如图 16.36 所示。

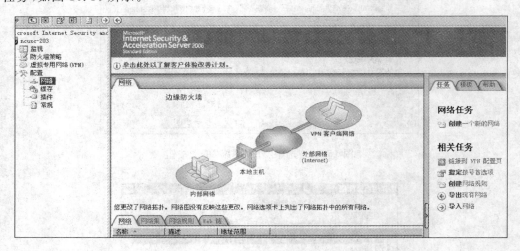

图 16.36　"创建网络规则"等任务

（2）单击"创建网络规则"，在弹出的"新建网络规则向导"对话框中输入网络规则的名称，这里输入"从内网到 DMZ"，如图 16.37 所示。其过程与创建"访问规则"类似。

（3）单击"下一步"按钮，在"网络通信源"界面中添加"内部"，如图 16.38 所示。

（4）单击"下一步"按钮，在"网络通信目标"界面中添加"DMZ"，如图 16.39 所示。

（5）单击"下一步"按钮，在"网络关系"界面中选择"NAT"，然后单击"下一步"按钮，查看要创建的"网络规则"参数，将要创建的内网到 DMZ 的网络规则如图 16.40 所示。

（6）单击"完成"按钮，完成一条网络规则的创建。

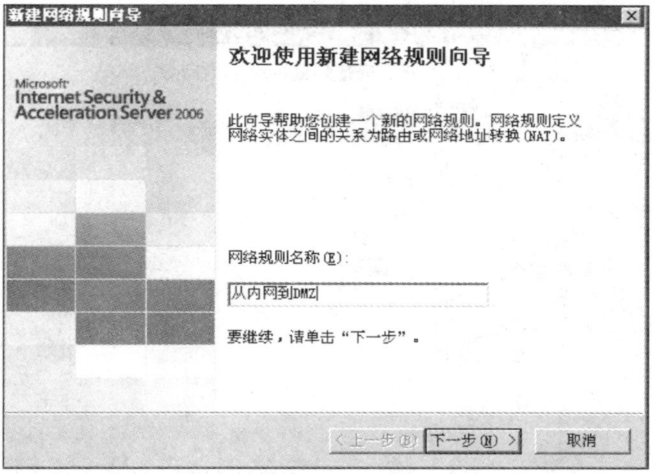

图 16.37　输入网络规则的名称

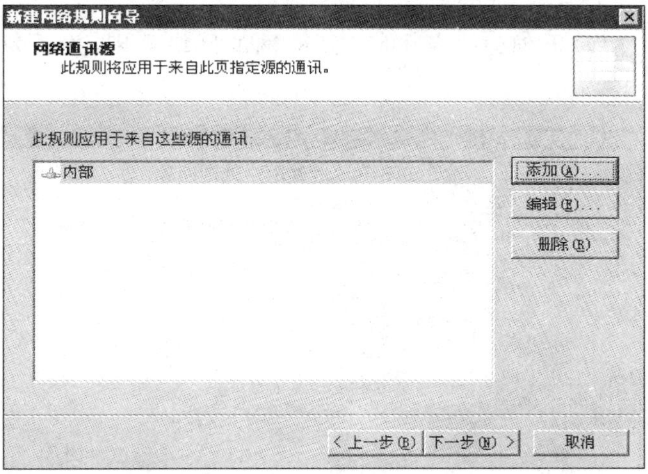

图 16.38　添加"内部"到网络通信源

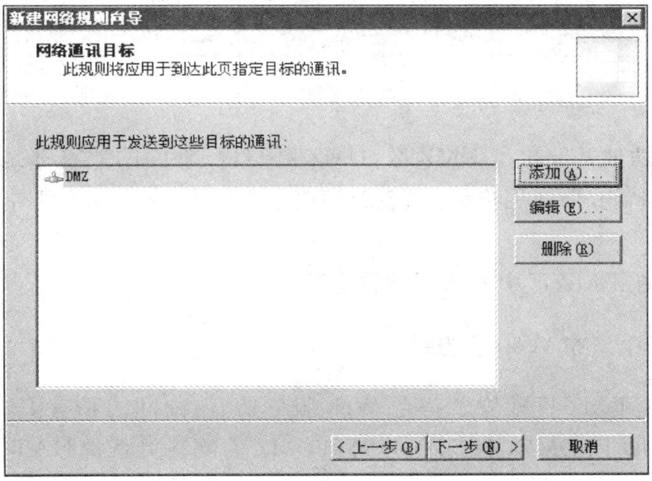

图 16.39　添加"DMZ"到网络通信目标

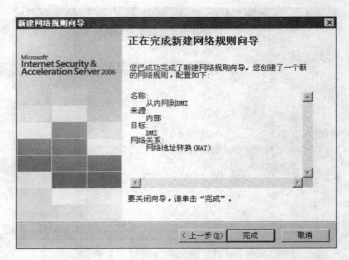

图 16.40　将要创建的内网到 DMZ 的网络规则

（7）用同样的过程，再创建一条 DMZ 到外网的网络规则，关系为 NAT，如图 16.41 所示。

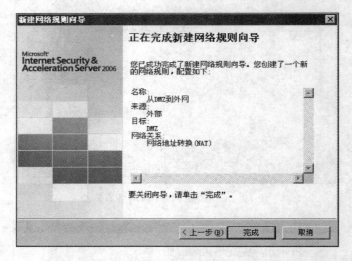

图 16.41　将要创建的 DMZ 到外网的网络规则

至此，已经成功地开辟出了 DMZ 区，DMZ 区与内、外网的关系都是 NAT。由于 DMZ 使用的是内网 IP 地址，外网用户无法直接访问这些 IP 地址，DMZ 到外网就不设定为路由关系，只为 NAT。

接下来，可以在 DMZ 区中发布服务器。

3. 在 DMZ 区中发布 Web 服务器

在本次实训中，DMZ 区配置了一台 Web 服务器，用内网的私有 IP 来发布。我们希望内网和外网都能够访问 DMZ，由于内、外网和 DMZ 的网络关系是 NAT，因此应该通过发布"访问规则"来完成这个任务。

1) 建立访问规则，允许内网访问 DMZ

注意，这里只允许内网访问 DMZ 区计算机，不让 DMZ 访问内、外网。为什么？因为位于 DMZ 区的通常是服务器，这些服务器只接受内、外网的访问，服务器不允许访问外面的网络。这样做，也是出于安全考虑。这里创建一条"允许内网访问 DMZ"的访问规则，对创建访问规则的过程略。创建的"允许内网访问 DMZ"访问规则如图 16.42 所示。

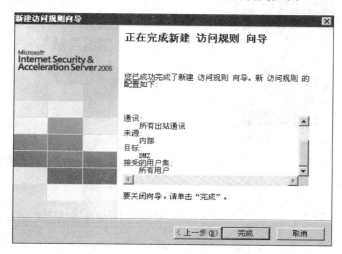

图 16.42 "允许内网访问 DMZ"的访问规则

2) 创建发布规则，将 DMZ 区的服务器发布到内、外网去

本次实训的主要任务是希望能够发布 DMZ 的服务器，让内、外网都能够访问。在这种情况下，我们应该使用"发布规则"（注意是发布规则，而不是访问规则，也不是网络规则）来完成任务。

其创建过程如下：

（1）右击"防火墙策略"，选择"新建"→"网站发布规则"命令，如图 16.43 所示。

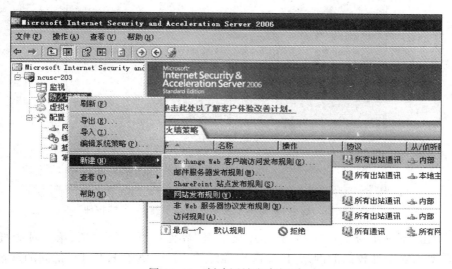

图 16.43 创建网站发布规则

（2）在弹出的"新建 Web 发布规则向导"对话框中输入 Web 发布规则的名称，要尽量做到见名知意，这里输入的是"DMZ 区 Web 发布"，如图 16.44 所示。

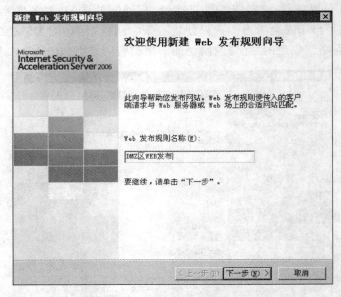

图 16.44　输入"DMZ 区 Web 发布"作为规则名称

（3）单击"下一步"按钮，在"发布类型"界面中选中"发布单个网站或负载平衡器"单选按钮，因为本次实训只发布一个网站，如图 16.45 所示。

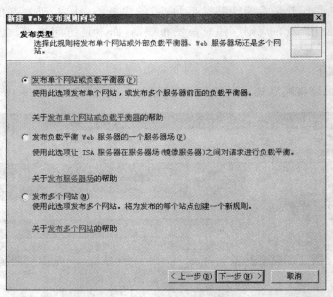

图 16.45　选中"发布单个网站或负载平衡器"单选按钮

（4）单击"下一步"按钮，在"服务器连接安全"界面中选择第二项，第一项是要求使用 SSL，一些要求安全性较高的网站（比如淘宝、银行等网站）要用 HTTPS 访问的就可以选择此项，当然需要有 PKI 支持。服务器连接安全选项如图 16.46 所示。

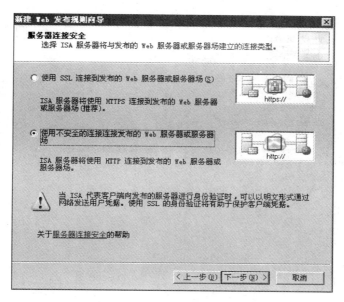

图 16.46　服务器连接安全选项

（5）单击"下一步"按钮，在"内部发布详细信息"界面中将内部站点名称和 IP 地址填写好。该实训中网站的名称为 www.happy2014.net，Web 服务器的 IP 为 172.16.0.2，如图 16.47 所示。

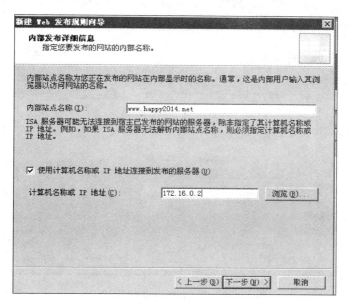

图 16.47　要发布的网站的名称与 IP

（6）单击"下一步"按钮，在"路径（可选）"栏中输入"/＊"，这里指所发布网站的默认首页目录，如图 16.48 所示。

（7）单击"下一步"按钮，在"公共名称细节"界面的"接受请求"栏中选择"任何域名"，然后单击"下一步"按钮，进入"选择 Web 侦听器"界面，如图 16.49 所示。DMZ 中的服务器发

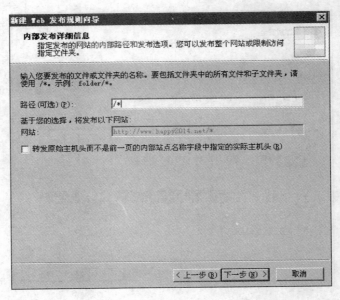

图 16.48　要发布网站的路径

布时用的是内部私有 IP,外网访问时不可能访问私有 IP,可见是 ISA 上的 WAN 口的 IP。那么怎样从 WAN 口 IP 映射到 DMZ 区的私有 IP 呢？使用 Web 侦听器来完成。

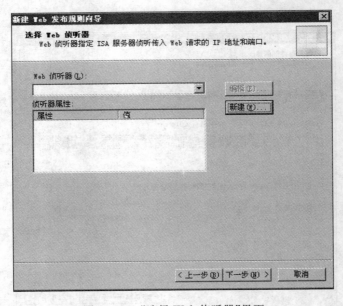

图 16.49　"选择 Web 侦听器"界面

（8）单击"新建"按钮,在弹出的"新建 Web 侦听器定义向导"对话框中输入侦听器的名字,这里输入"DMZ 区 Web 发布侦听器",如图 16.50 所示。

（9）单击"下一步"按钮,选择"不需要与客户端建立 SSL 安全连接",然后单击"下一步"按钮。这一步就比较关键了,它让我们选择 Web 侦听器的 IP 地址,如果只选择外部,只能把服务器发布到外部,由于这里是要把服务器从 DMZ 发布到内网和 Internet,所以选中"内

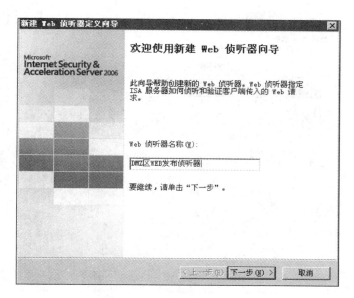

图 16.50 输入 Web 侦听器名称

部"和"外部"两项,如图 16.51 所示。

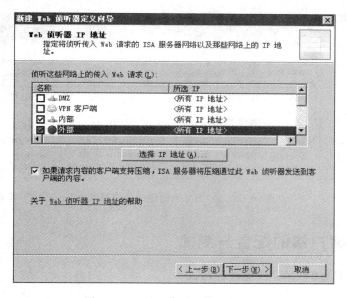

图 16.51 Web 侦听器侦听的网络

(10) 单击"下一步"按钮,选择"没有身份验证",然后单击"下一步"按钮,完成侦听器的创建。返回"新建 Web 发布规则向导"的"选择 Web 侦听器"界面,可以看到添加的 Web 侦听器,如图 16.52 所示。

(11) 依次单击"下一步"按钮,在"用户集"界面中添加"所有用户",按向导提示完成发布规则的创建。在 ISA 操作面板中将创建好的规则进行应用,创建好的全部规则如图 16.53 所示。

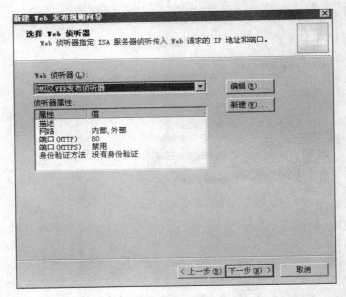

图 16.52 创建好的 Web 侦听器

图 16.53 在 ISA 中创建好的全部规则

16.2.4 客户端的配置与测试

1. 对实训中配置的 NAT 代理进行测试

内网用户设置好与 ISA 内网网卡相匹配的 IP,网关设置为 ISA 内网网卡的地址"192.168.0.1"。打开 Internet 上的网页,或者 ping 外网的网址,测试结果如图 16.54 所示。

2. 测试 DMZ 区发布的 Web 服务

在内网的 DNS 服务器中添加一条 www.happy2014.net 到 172.16.0.2 的主机记录进行域名解析,这样,内网计算机访问 DMZ 区中的 Web 服务器时,在浏览器中输入域名就可以访问到。在 DNS 服务器中添加的主机记录如图 16.55 所示,这里 DNS 服务器的 IP 为"172.16.0.1"。

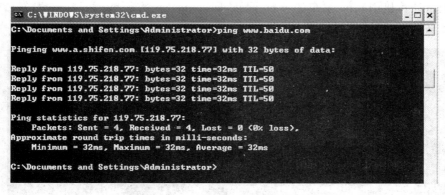

图 16.54　内网 NAT 的测试结果

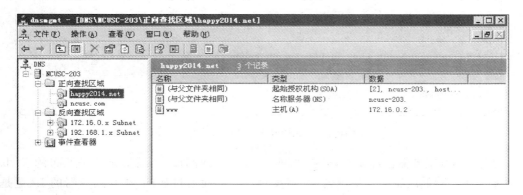

图 16.55　DNS 服务器中添加的主机记录

在内网测试计算机上设置好网卡的相关参数，如图 16.56 所示。

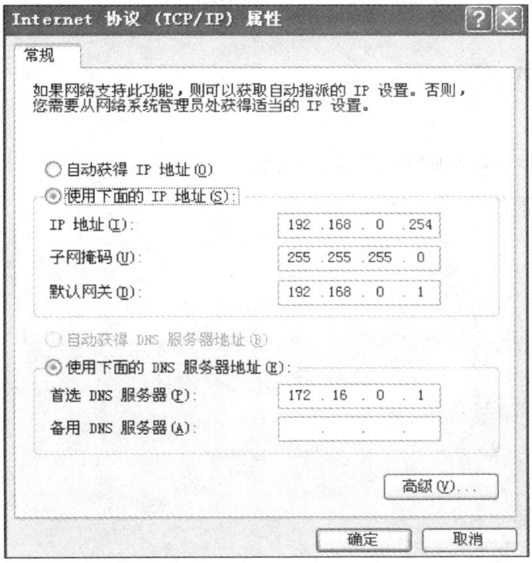

图 16.56　内网测试计算机上网卡的参数

在测试计算机中 ping 发布的 Web 网站,即"ping www. happy2014. net",然后打开浏览器输入域名访问,测试结果如图 16.57 所示。

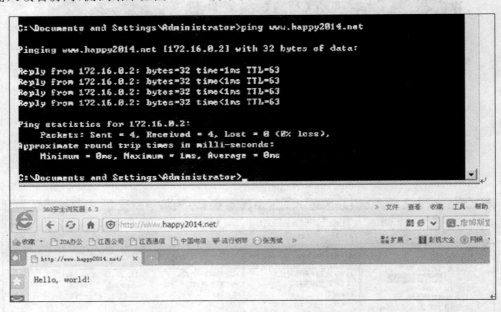

图 16.57   DMZ 中发布的 Web 测试结果

另外,Web 服务器已经发布到内、外网,到外网访问测试时,前提条件是发布的 Web 域名必须是在公网上注册的合法域名,否则没法访问。而通过访问 Web 服务器的 IP 更是不可能,因为这是一个私有 IP。在本次实训中,WAN 口 IP 如果使用的是公网上合法的 IP,则在外网可以用 IP 来访问 DMZ 区发布的 Web 服务器。限于条件,这里没做外网访问 DMZ 区 Web 服务器的测试。

16.3   思考与讨论

1. 讨论访问规则、网络规则和发布规则的作用。
2. 对防火墙的威胁有哪些?

第三单元

网络工程篇

第17章

双绞线的制作实训

实训目的

- 了解双绞线传输介质的分类。
- 掌握五类 UTP 线缆的用途与制作。
- 了解 UTP 线缆测试的主要指标,并掌握简单网络线缆测试仪的使用。

实训环境

- 1.5m 长非屏蔽双绞线两根。
- RJ-45 水晶头若干。
- 网线钳一把,双绞线测线仪一把。

17.1 实训原理

17.1.1 双绞线的介绍

双绞线(Twisted Pair)是由一对或者一对以上相互绝缘的导线按照一定的规格互相缠绕(一般以逆时针缠绕)在一起而制成的一种传输介质,属于信息通信网络传输介质。双绞线过去主要是用来传输模拟信号的,但现在同样适用于数字信号的传输,是一种常用的布线材料。双绞线实物如图 17.1 所示。

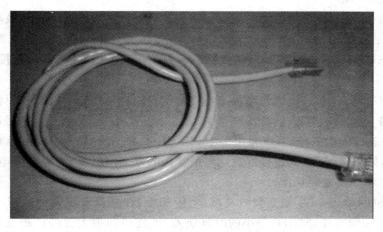

图 17.1　双绞线实物图

双绞线是由一对相互绝缘的金属导线绞合而成的。采用这种方式,不仅可以抵御一部分来自外界的电磁波干扰,还可以降低多对绞线之间的相互干扰。把两根绝缘的导线互相绞在一起,干扰信号作用在这两根相互绞缠在一起的导线上是一致的(这个干扰信号称为共模信号),在接收信号的差分电路中可以将共模信号消除,从而提取出有用信号(差模信号)。任何材质的绝缘导线绞合在一起都可以称为双绞线,同一电缆内可以是一对或一对以上的双绞线,一般由两根 22~26 号单根铜导线相互缠绕而成,也有使用多根细小铜丝制成单根绝缘线的,实际使用时,双绞线是由多对双绞线一起包在一个绝缘电缆套管里的。典型的双绞线有一对的,有四对的,也有更多对双绞线放在一个电缆套管里的,对于这些我们称之为双绞线电缆。双绞线一个扭绞周期的长度称为节距,节距越小,抗干扰能力越强。

双绞线分为屏蔽双绞线(Shielded Twisted Pair,STP)与非屏蔽双绞线(Unshielded Twisted Pair,UTP)。屏蔽双绞线在双绞线与外层绝缘封套之间有一个金属屏蔽层。屏蔽双绞线分为 STP 和 FTP(Foil Twisted-Pair),STP 指每条线都有各自的屏蔽层,而 FTP 只在整个电缆有屏蔽装置,并且两端都正确接地时才起作用。所以要求整个系统是屏蔽器件,包括电缆、信息点、水晶头和配线架等,同时建筑物需要有良好的接地系统。屏蔽层可减少辐射,防止信息被窃听,也可阻止外部电磁干扰的进入,使屏蔽双绞线比同类的非屏蔽双绞线具有更高的传输速率。非屏蔽双绞线(Unshielded Twisted Pair,UTP)是一种数据传输线,由 4 对不同颜色的传输线组成,广泛用于以太网络和电话线中。

常见的双绞线有三类线、五类线和超五类线,以及较新的六类线,前者的线径细而后者的线径粗。下面介绍双绞线的各种型号。

- 一类线(CAT1):线缆的最高频率带宽是 750kHz,用于报警系统,或只适用于语音传输(一类标准主要用于 20 世纪 80 年代初之前的电话线缆),不同于数据传输。

- 二类线(CAT2):线缆的最高频率带宽是 1MHz,用于语音传输和最高传输速率 4Mbit/s 的数据传输,常见于使用 4MBPS 规范令牌传递协议的旧的令牌网。

- 三类线(CAT3):目前在 ANSI 和 EIA/TIA568 标准中指定的电缆,该电缆的传输频率为 16MHz,最高传输速率为 10Mbit/s,主要应用于语音、10Mbit/s 以太网(10BASE-T)和 4Mbit/s 令牌环,最大网段长度为 100m,采用 RJ 形式的连接器,目前已淡出市场。

- 四类线(CAT4):该类电缆的传输频率为 20MHz,用于语音传输和最高传输速率为 16Mbit/s(指的是 16Mbit/s 令牌环)的数据传输,主要用于基于令牌的局域网和 10BASE-T/100BASE-T。其最大网段长为 100m,采用 RJ 形式的连接器,未被广泛采用。

- 五类线(CAT5):该类电缆增加了绕线密度,外套一种高质量的绝缘材料,线缆最高频率带宽为 100MHz,最高传输速率为 100Mbit/s,用于语音传输和最高传输速率为 100Mbit/s 的数据传输,主要用于 100BASE-T 和 1000BASE-T 网络,最大网段长为 100m,采用 RJ 形式的连接器。这是最常用的以太网电缆,在双绞线电缆内,不同线对具有不同的绞距长度。

- 超五类线(CAT5e):超五类线衰减小、串扰少,并且具有更高的衰减与串扰的比值(ACR)和信噪比(SNR)、更小的时延误差,性能得到很大提高。超五类线主要用于千兆位以太网(1000Mbit/s)。

- 六类线（CAT6）：该类电缆的传输频率为 1～250MHz，六类布线系统在 200MHz 时综合衰减串扰比（PS-ACR）应该有较大的余量，它提供两倍于超五类线的带宽。六类布线的传输性能远远高于超五类线标准，最适用于传输速率高于 1Gbit/s 的应用。六类线与超五类线的一个重要的不同点在于改善了在串扰以及回波损耗方面的性能，对于新一代全双工的高速网络应用而言，优良的回波损耗性能是极重要的。六类标准中取消了基本链路模型，布线标准采用星形的拓扑结构，要求的布线距离为永久链路的长度不能超过 90m，信道的长度不能超过 100m。
- 超六类或 6A 线（CAT6A）：此类产品的传输带宽介于六类和七类之间，传输频率为 500MHz，传输速度为 10Gbit/s，标准外径为 6mm。目前它和七类产品一样，国家还没有出台正式的检测标准，只是行业中有此类产品，各厂家宣布一个测试值。
- 七类线（CAT7）：传输频率为 600MHz，传输速度为 10Gbit/s，单线标准外径为 8mm，多芯线标准外径为 6mm，可能用于今后的万兆以太网。

通常，计算机网络所使用的是三类线和五类线，其中，10BASE-T 使用的是三类线，100BASE-T 使用的是五类线。100BASE-T 4RJ-45 对双绞线的 8 根线的规定为：1、2 用于发送，3、6 用于接收，4、5 用于语音，7、8 是双向线。所以在工程上，有些工程师为了省事，经常测试 1、2、3、6 能通就了事，不建议这样做。

17.1.2　双绞线的打线方法

根据标准打线的方法，双绞线可分为以下几种：
- 直通电缆（straight-through cable）
- 交叉电缆（crossover cable）
- 全反电缆（rollover cable）

1. 直通电缆（straight-through cable）

直连线可用于将计算机连入到 HUB 或交换机的以太网口，或者用于连接交换机与交换机的专用 Uplink 端口。EIA/TIA 568-A 标准的直通线的线序如图 17.2 所示。

1	白橙 ——— 白橙	1
2	橙 ——— 橙	2
3	白绿 ——— 白绿	3
4	蓝 ——— 蓝	4
5	白蓝 ——— 白蓝	5
6	绿 ——— 绿	6
7	白棕 ——— 白棕	7
8	棕 ——— 棕	8

图 17.2　直通线序

2. 交叉电缆（crossover cable）

交叉线通常用于计算机与计算机的网卡直接相连、交换机与交换机的普通端口直接相连，EIA/TIA 568-B 标准的交叉线线序排列如图 17.3 所示。值得一提的是，现在的交换机都采用了自适应技术，在交换机之间级联时用直通线接普通端口不会出现通信错误，但是增加了交换机自动调整信号的时间。

3. 全反电缆（rollover cable）

全反线又称为控制线（console cable），或称为反接线，用于连接一台工作站到交换机或路由器的控制端口,以访问这台交换机或路由器。直通电缆两端的 RJ-45 连接器的电缆都具有完全相反的次序,EIA/TIA 568-B 标准的反接线线序排列如图 17.4 所示。

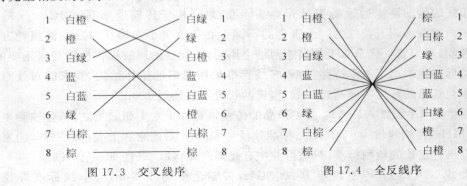

图 17.3　交叉线序　　　　　　　　　　图 17.4　全反线序

17.1.3　制作双绞线的设备与工具

1. RJ-45 水晶头

双绞线使用的连接器常见的是 RJ-45 水晶头,如图 17.5 所示。RJ-45 水晶头顶端有一排小铜片,双绞线的 8 根铜线插入后,经网线钳压制后铜片会咬合下去,与铜线连接。另外,RJ-45 水晶头反面有一个向外翘起的倒钩,作用在于当双绞线插入网络端口时(如交换机),倒钩向外弹起,防止网线向外滑出。

图 17.5　RJ-45 水晶头

2. 网线钳

如果要制作双绞线的连接头,需要使用专用的打线工具——网线钳,如图 17.6 所示。网线钳上有一个圆槽,用来剥离双绞线的塑料套;还有一块刀片,用来剪线;以及两个压线口,一个用来压 RJ-45 水晶头,另外一个小一点的用来压 RJ-11 水晶头,RJ-11 水晶头就是电话线的连接头。

3. 测线仪

当用网线钳把 RJ-45 水晶头压好后,不能确保 8 根线全部连通,所以需要专用的测试工具,这就是测线仪,如图 17.7 所示。测线仪通常由主机和副机构成,主机发送测试信号,副机接收信号。测线仪可以用来测试 RJ-45 和 RJ-11 水晶头的连通性。

图 17.6　网线钳

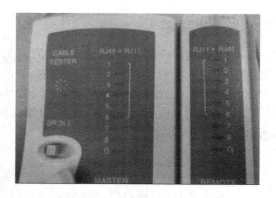

图 17.7　测线仪

测线仪的使用方法是,将网线的一端接入测线仪的主机 RJ-45 口,将另一端接副机的 RJ-45 口。测线仪上有两组相对应的指示灯,两组的顺序相同。开始测试后,这两组灯一对一的亮起来,比如第一组是 1 号灯亮,另一组也是 1 号灯亮,这样依次闪亮直到 8 号灯。如果哪一组的灯没有亮,则表示网线有问题,几号灯不亮则表示几号线是不通的,可以按照排线顺序推出来。不过,一般都是直接换个水晶头重做。

另外,测线仪的主机可以单独使用。比如测试从交换机出来的网线是否有信息发送,将网线接到交换机后,另一端接测线仪的主机 RJ-45 端口,通过观察指示灯的闪亮顺序来判断是否有信号。

17.2　实训步骤

这里以非屏蔽双绞线(UTP)为例进行演示,屏蔽双绞线(STP)的制作方法与此相同,只是在外面的塑料保护套之下还有一层金属网,在制作 STP 双绞线时注意把金属网也要压入 RJ-45 水晶头。

17.2.1　直通线 568A 的制作

直通双绞线的排列顺序如表 17.1 所示。

表 17.1　直通双绞线的线序

线序	1	2	3	4	5	6	7	8
颜色	白橙	橙	白绿	蓝	白蓝	绿	白棕	棕

有一种比较好的方法来记忆双绞线的排序。双绞线有 4 对,8 根铜线,在 4 对线缆中,保护塑料用的是 4 种主要颜色,即橙、蓝、绿、棕。先记住这 4 种主色,左手执线,从左边开始按照这 4 种主色排好序。然后仔细看会发现每个主色都是一根白线与之绞合在一起,与橙相绞的白线叫白橙,类推其他 3 根白线的叫法。把白线全部打开,只需将白蓝与白绿交换一下位置,就是直通线的排序。

1. 剪线、剥线头

剪线指用网线钳剪一段一定长度的 UTP 线缆。通常用网线钳的剥线刀口将线缆的一端剥出一定长度的线缆，剥出 3cm 左右，剥线时刀口不可太用力，防止将里面的线割裂。观察其线对颜色，共四对，按主色顺序（橙、蓝、绿、棕）排好。

网线钳的剥线刀口比较锋利，手指在任何时候都不要伸到压线钳的握柄之间。剥好的线头如图 17.8 所示。

2. 排列并捋平线

一般左手持线，按白橙、橙、白绿、蓝、白蓝、绿、白棕、棕的顺序分离 4 对电缆，并将它们捋平。捋平的线头如图 17.9 所示。

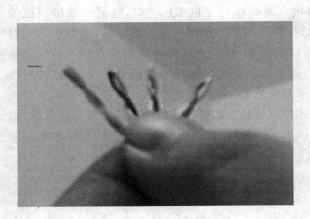

图 17.8　剥好的线头

图 17.9　捋平的线头

3. 将捋平的线剪齐

维持颜色顺序及电缆的平整性，用网线钳把线缆剪平，并使未绞合在一起的电缆的长度不要超过 1.2cm。剪平的线头如图 17.10 所示。

4. 将线插入到 RJ-45 连接器中

继续左手持线，保持线序不乱，将线缆插入 RJ-45 连接器中。在插入过程中要注意 RJ-45 连接器的倒勾朝下，连接器的口对着自己，并保持线缆的颜色顺序不变。把电缆推入得足够紧凑，从而确保在从终端查看插头顶端和侧面时能够看见所有的导体，保护套也被插入到插头。再次检查线序以及保护套的位置，确保它们都是正确的，如图 17.11 所示。

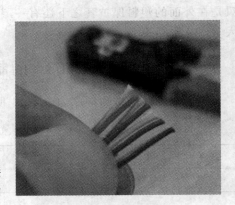

图 17.10　剪平的线头

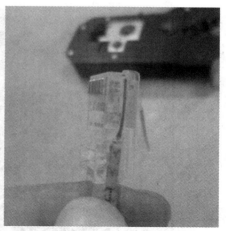

图 17.11　将双绞线插入 RJ-45 水晶头

5. 压接连接头

把 RJ-45 连接头紧紧插入压线钳的压线口，用力压网线钳，彻底对其进行压接。压接连接器的示意如图 17.12 所示。

图 17.12　压接连接器

利用同样的方法制作双绞线的另一端，线对的颜色排列顺序两端是一样，制作过程也一样。记住，水晶头压接之后不能再重复使用。

6. 用测试仪进行测试

将制作好的双绞线 RJ-45 头接到测线仪上，观察线对的亮灯情况。如果没有按照 1、2、3、4、5、6、7、8 成对亮灯，需要将连接头剪掉，重新制作。测试过程如图 17.13 所示。

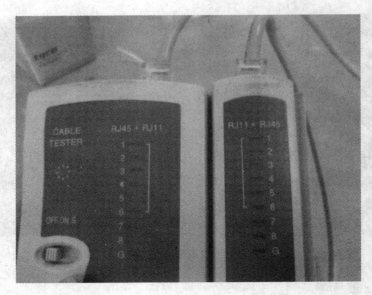

图 17.13　测线

17.2.2　交叉线 568B 的制作

交叉线 568B 的制作过程与直通线 568A 稍微有一点不同,主要在于双绞线两端的线序不一样。

1. 一端按照 568A 标准排序(如表 17.2 所示)

表 17.2　交叉线的线序一端

线序	1	2	3	4	5	6	7	8
颜色	白橙	橙	白绿	蓝	白蓝	绿	白棕	棕

2. 另一端按照 568B 标准排序(如表 17.3 所示)

表 17.3　交叉线的线序另一端

线序	1	2	3	4	5	6	7	8
颜色	白绿	绿	白橙	蓝	白蓝	橙	白棕	棕

仔细观察,你会发现交叉端的线序是在 568A 的基础上进行变换的,1 与 3 对换位置,2 与 6 对换位置。这样,在制作交叉线的交叉端时,只要记住先按 568A 标准排好序,然后把 1、3,2、6 交换就可以完成任务。在实践过程中,在交换线对时因手执线不稳,经常会乱。所以交换完了之后,执线的手不能松,记得与表 17.3 中的线序进行比较,再用网线钳压接连接器。

制作过程略。

3. 测试线对

将交叉线两头接到测试仪上,建议将直通端接到测试仪的主机上,交叉端接到测试仪的副机上,仔细观察亮灯的次序。测线仪主机(发送方)灯从 1~8 依次闪烁,副机(接收方)这边灯亮的顺序为 3、6、1、4、5、2、7、8。如果有灯不亮,根据次序推测出几号线没通,如果没通则需要重做。

17.3　思考与讨论

1. 工程上越来越多地使用六类双绞线,请了解六类线的制作方法与制作过程。
2. 五类双绞线可以用于电话线吗?

第18章
综合布线与网络规划实训

实训目的

- 了解综合布线系统的组成。
- 了解综合布线系统的有关标准。
- 了解综合布线系统的设计方法。
- 了解网络规划过程,学会规划小型局域网。

实训环境

安装了 Microsoft Visio 应用软件的计算机一台。

18.1 实训原理

18.1.1 综合布线系统的组成

综合布线系统是一套用于建筑物或建筑群内的传输网络,它将语音、图像、数据等设备彼此相连,也能使上述设备与外部通信网络连接。综合布线系统设计应具有开放性、灵活性和扩展性,并对其服务的设备有一定的独立性。工程项目中综合布线系统设计的产品类别及链路、信道等级确定应按建筑物的功能、应用网络、业务终端类型、业务的需求及发展、性能价格、现场安装条件等因素综合考虑。

通常来说,进行综合布线时应遵循布线部件标准和设计标准,布线方案设计应遵循布线系统性能、系统设计标准,布线施工工程应遵循布线测试、安装、管理标准及防火、机房及防雷接地标准。一个典型的办公网络的布线系统集成方案中采用的标准如下:

- 国家标准《建筑与建筑群综合布线系统工程设计规范》GB 50311—2007
- 国家标准《建筑与建筑群综合布线系统工程施工和验收规范》GB 50312—2007
- 《大楼通信综合布线系统第一部分总规范》YD/T926.1—2009
- 《大楼通信综合布线系统第二部分综合布线用电缆光缆技术要求》YD/T926.2—2009
- 《大楼通信综合布线系统第三部分综合布线用连接硬件技术要求》YD/T926.3—2009
- 北美标准 ANSI/TIA/EIA568B《商用建筑通信布线标准》
- 国际标准 ISO/IEC11801《信息技术——用户通用布线系统》(第二版)
- 《国际电子电气工程师协会:CSMA/CD 接口方法》IEEE 802.3

1. 美国标准的综合布线系统的组成

在美国标准《商业建筑电信布线标准》和我国标准《建筑与建筑群综合布线系统工程设计规范》中,把综合布线划分为 6 个部分,即工作区子系统、水平(配线)子系统、干线(垂直)子系统、设备间子系统、管理子系统和建筑群子系统,其结构如图 18.1 所示。从图中可以看出,这 6 个部分中的每一部分都相对独立,可以单独设计、单独施工,更改其中一个子系统时均不会影响其他子系统。

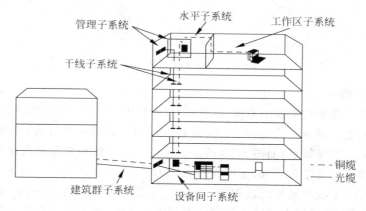

图 18.1　综合布线系统的组成

1) 工作区子系统

一个独立的需要设置终端设备的区域宜划分为一个工作区。工作区子系统的范围应从通信引出端(信息插座)开始到终端设备的接线处为止,它由终端设备连接到信息插座(TO)的连线(或软线)组成,如图 18.2 所示,包括装配软线、连接器和连接所需的扩展软线等,但不包括终端设备。

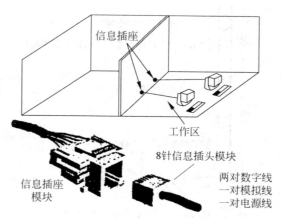

图 18.2　工作区子系统示意图

2) 水平子系统

水平子系统是由工作区的信息插座以及到楼层配线间的线缆组成,如图 18.3 所示。通常线缆一端接在信息插座上,另一端接在配线架上。线缆一般为电缆或光缆,长度规定为

90m；信息插座可以是 8 针(脚)模块化插座，也可以是由电缆(如 RJ-45)和光纤插座(如 ST、SC、LC)组成的多媒体插座。

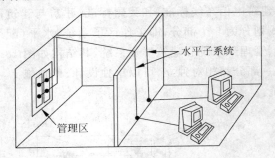

图 18.3　水平子系统示意图

3) 干线子系统

干线子系统又称垂直干线子系统，它由设备间和楼层配线间的连接线缆组成，是建筑物综合布线系统的主干部分。线缆一般为大对数双绞线电缆或多芯光缆，两端分别接在设备间和楼层配线间的配线架上，如图 18.4 所示。干线子系统的线缆常常设在电缆竖井内或上升管路内。干线电缆长度为 90m，多模光纤长度为 2000m，单模光纤长度为 3000m。

水平子系统与干线子系统的区别在于：水平子系统通常处在同一层，干线子系统通常位于垂直的弱电间，并采用大对数双绞线电缆或多芯光缆，而水平子系统多为 4 对双绞电缆或两芯光缆。这些双绞电缆能支持大多数终端设备，在需要较高宽带应用时，水平子系统也可以采用"光纤到桌面"的方案。

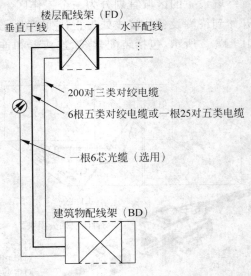

图 18.4　干线子系统示意图

当水平工作面积较大时，需要在这个区域设置二级交接间，这时干线线缆、水平线缆的连接方式将有所变化。一种情况是干线线缆端接在楼层配线架上，水平线缆一端连接在楼层配线间的配线架上；另一种情况是干线线缆直接接到二级交接间的配线架上，这时的水平线缆一端接在二级交接间的配线架上，另一端接在信息插座上。

点对点端接是最简单、最直接的配线方法,电信间的每根干线电缆直接从设备间延伸到指定的楼层电信间。

4)设备间子系统

设备间是在每一栋大楼内的适当位置放置综合布线线缆和相关连接硬件及其应用系统设备的场所,是设置电信设备、计算机网络设备和建筑物配线设备,进行网络管理的场所。设备间子系统由设备间的线缆、连接器和有关的支撑硬件组成,其作用是采用跳线或接插线把应用系统的主设备连接起来,如计算机网络交换机的端口用接插线连接到配线架上。

5)管理子系统

管理子系统处在配线间及设备间的配线区域,它由配线间的交叉连线和互接连线以及标识符等组成,应对工作区、电信间、设备间、进线间的配线设备、缆线、信息插座模块等设施按一定的模式进行标识和记录。

交叉连线和互接连线为连接各个子系统提供了手段,并且通过交连和互连等方式将通信线路定位或重新定位在建筑物的不同部分,从而管理通信线路。管理子系统相当于电话系统中机房配线架(柜)、楼层配线箱或电话分线盒部分,如图18.5所示。

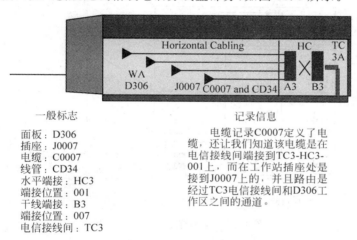

图 18.5　管理子系统示意图

6)建筑群子系统

建筑群由两个或两个以上的建筑物组成,这些建筑物之间彼此要进行信息交流,就需要信息传输通道。建筑群子系统由连接各建筑物的线缆组成,它将一个建筑物中的线缆延伸到建筑群的另外一些建筑物中的通信设备和装置上。建筑群子系统提供楼群之间通信所需的硬件设施,其中包括电缆、光缆以及防止电缆上的脉冲电压进入建筑物的电气保护装置等。

2. 我国标准的综合布线系统的组成

我国建设部于 2007 年 4 月批准了《建筑与建筑群综合布线系统工程设计规范》(GB 50311—2007)和《建筑与建筑群综合布线系统工程施工和验收规范》(GB 50312—2007)。新规范明确规定综合布线系统分为 3 个布线子系统,其结构如图 18.6 所示。由于工作区布线为非永久性部分,在工程设计和施工中一般不被列在之内,所以不包括在综合布线系统工程中。

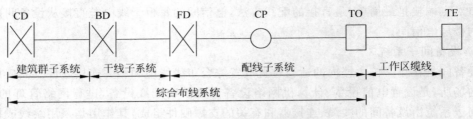

图 18.6 综合布线系统结构

1）建筑群子系统

从建筑群配线架（CD）到各建筑物配线架（BD）的布线属于建筑群主干布线子系统。该子系统应由连接多个建筑物之间的主干电缆和光缆、建筑群配线设备（CD）及设备缆线和跳线组成，如图 18.7 所示。

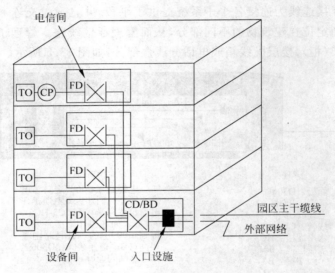

图 18.7 建筑群主干布线子系统

2）干线子系统

从建筑物配线架（BD）到各楼层配线架（FD）的布线属于建筑物主干布线子系统。该子系统应由设备间至电信间的干线电缆和光缆、安装在设备间的建筑物配线设备（BD）及设备缆线和跳线组成，如图 18.8 所示。

建筑物干线电缆、光缆应直接接到有关的楼层配线架，中间不应有转接点或接头。

3）配线子系统

从楼层配线架到各信息插座的布线属于配线子系统，配线子系统信道的最大长度不应大于 100m。该子系统应由工作区的信息插座模块、信息插座模块至电信间配线设备（FD）的配线电缆和光缆、电信间的配线设备及设备缆线和跳线等组成。

配线电缆、配线光缆一般直接连接到信息插座。必要时，楼层配线架和每个信息插座之间允许有一个集合点（CP）。进入与接出转接点的电缆线对或光纤应点对点连接，以保持对应关系。集合点处的所有电缆、光缆应作为机械终端。集合点处只包括无源连接硬件，应用设备不应在这里连接。在用电缆进行转接时，所用的电缆应注意是否符合对称电缆的附加

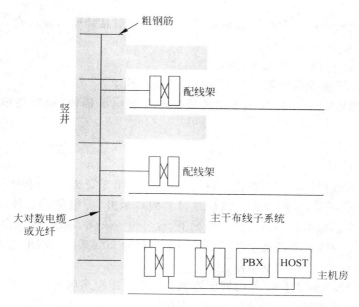

图 18.8 建筑物主干布线子系统

串扰要求。

集合点处宜为永久性的连接，不应做配线用。对于包括多个工作区的较大区域，且工作区划分有可能调整时，允许在较大区域的适当位置设置非永久性连接的集合点，这种集合点最多可以为 12 个工作区配线，如图 18.9 所示。

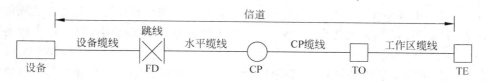

图 18.9 开放式办公室水平子系统综合布线方案

4）工作区布线

工作区布线是用接插线把终端设备连接到工作区的信息插座上。一个独立的需要设置终端设备（TE）的区域宜划分为一个工作区。工作区应由配线子系统的信息插座模块（TO）延伸到终端设备处的连接缆线及适配器组成。

工作区设备缆线、电信间配线设备的调线和设备缆线之和不应大于 10m，当大于 10m时，水平缆线长度（90m）应适当减少。

工作区布线随着应用系统终端设备的改变而改变，因此它是非永久性的。工作区电缆、光缆的长度及其传输特性应有一定的要求，若不符合要求，将影响系统的传输性能。

18.1.2 布线的工艺要求

1. 工作区

工作区信息插座的安装宜符合下列规定：

（1）安装在地面上的接线盒应防水和抗压；

（2）安装在墙面或柱子上的信息插座底盒、多用户信息插座盒及集合点配线箱体的底部离地面的高度宜为 300mm。

工作区的电源应符合下列规定：

（1）每个工作区至少应配置一个 220V，交流电源插座；

（2）工作区的电源插座应选用带保护接地的单相电源插座，保护接地与零线应严格分开。

2．电信间

电信间主要为楼层安装配线设备（为机柜、机架、机箱等安装方式）和楼层计算机网络设备（HUB 或 SW）的场地，并可考虑在该场地设置缆线竖井、等电位接地体、电源插座、UPS配电箱等设施。在场地面积满足要求的情况下，也可设置安防、消防、建筑设备监控、无线信号覆盖等系统的布缆线槽和功能模块的安装。如果综合布线系统与弱电系统设备设于同一场地，从建筑的角度出发，称为弱电间。

（1）电信间的数量应按所服务的楼层范围及工作区面积来确定。

如果该层信息点数量不大于 400 个，水平缆线长度在 90m 范围以内，宜设置一个电信间；当超出这一范围时宜设两个或多个电信间；在每层的信息点数量较少，且水平缆线长度不大于 90m 的情况下，宜几个楼层合设一个电信间。

（2）电信间应与强电间分开设置，电信间内或其紧邻处应设置缆线竖井。

（3）电信间的使用面积不应小于 $5m^2$，也可根据工程中配线设备和网络设备的容量进行调整。

（4）电信间的设备安装和电源要求应符合综合布线系统工程设计规范的相关规定：

① 设备间应提供不少于两个 220V，带保护接地的单相电源插座，但不作为设备供电电源。

② 设备间如果安装电信设备或其他信息网络设备，设备供电应符合相应的设计要求。

（5）电信间应采用外开丙级防火门，门宽大于 0.7m。

电信间内温度应为 10℃～35℃，相对湿度宜为 20%～80%。如果安装信息网络设备，应符合相应的设计要求。

3．设备间

设备间是大楼的电话交换机设备、计算机网络设备以及建筑物配线设备（BD）安装的地点，也是进行网络管理的场所。对于综合布线工程设计而言，设备间主要安装总配线设备。当信息通信设施与配线设备分别设置时，考虑到设备电缆有长度限制的要求，安装总配线架的设备间与安装电话交换机及计算机主机的设备间之间的距离不宜太远。

一个 $10m^2$ 的设备间，大约能安装 5 个 19in 的机柜。在机柜中安装电话大对数电缆多对卡接式模块和数据主干缆线配线设备模块，大约能支持总量为 6000 个信息点所需（其中电话和数据信息点各占 50%）的建筑物配线设备安装空间。

（1）设备间位置应根据设备的数量、规模、网络构成等因素综合考虑确定。

（2）每幢建筑物内应至少设置一个设备间。

如果电话交换机与计算机网络设备分别安装在不同的场地或根据安全需要，也可设置两个或两个以上的设备间，以满足不同业务的设备安装需要。

（3）建筑物综合布线系统与外部配线网连接时，应遵循相应的接口标准要求。

（4）设备间的设计应符合下列规定：

① 设备间宜处于干线子系统的中间位置，并考虑主干缆线的传输距离与数量。

② 设备间宜尽可能靠近建筑物线缆的竖井位置，这有利于主干缆线的引入。

③ 设备间的位置应便于设备接地。

④ 设备间应尽量远离高低压变配电、电机、X射线、无线电发射等有干扰源存在的场地。

⑤ 设备间室温应为 10℃～35℃，相对湿度应为 20%～80%，并应有良好的通风。

⑥ 设备间内应有足够的设备安装空间，其使用面积不应小于 $10m^2$，该面积不包括程控用户交换机、计算机网络设备等设施所需的面积。

⑦ 设备间梁下净高不应小于 2.5m，应采用外开双扇门，门宽不应小于 1.5m。

（5）设备间应防止有害气体（如氯、碳水化合物、硫化氢、氮氧化物、二氧化碳等）侵入，并应有良好的防尘措施，尘埃含量限值应符合有关规定。

（6）在地震区域内的，设备安装应按规定进行抗震加固。

（7）设备安装应符合下列规定：

① 机架或机柜前面的净空不应小于 800mm，后面的净空不应小于 600mm。

② 壁挂式配线设备底部离地面的高度不应小于 300mm。

（8）设备间应提供不少于两个 220V，带保护接地的单相电源插座，但不作为设备供电电源。

（9）设备间如果安装电信设备或其他信息网络设备，设备供电应符合相应的设计要求。

4. 进线间

一幢建筑物应设置一个进线间，一般位于地下层，外线宜从两个不同的路由引入进线间，这样有利于与外部管道沟通。进线间与建筑物红外线范围内的人孔或手孔采用管道或通道的方式互连。进线间因涉及的因素较多，难以统一提出具体所需的面积，可根据建筑物的实际情况并参照通信行业和国家的现行标准要求进行设计，综合布线系统工程设计规范只提出了以下原则性的要求：

（1）进线间应设置管道入口。

（2）进线间应满足缆线的敷设路由、成端位置及数量、光缆的盘长空间和缆线的弯曲半径、充气维护设备、配线设备安装所需要的场地空间和面积。

（3）进线间的大小应按进线间的进局管道最终容量及入口设施的最终容量设计，同时应考虑满足多家电信业务经营者安装入口设施等设备的面积。

（4）进线间宜靠近外墙并在地下设置，以便于缆线引入。进线间设计应符合下列规定：

① 进线间应防止渗水，宜设有抽排水装置；

② 进线间应与布线系统垂直竖井沟通；

③ 进线间应采用相应防火级别的防火门，门向外开，宽度不小于 1000mm；

④ 进线间应设置防有害气体的措施和通风装置，排风量按每小时不小于 5 次容积计算。

（5）与进线间无关的管道不宜通过。

（6）进线间入口管道口所有布放缆线和空闲的管孔应采取防火材料封堵，做好防水处理。

（7）进线间如安装配线设备和信息通信设施，应符合设备安装设计的要求。

18.1.3　综合布线设计流程

设计一个合理的综合布线系统一般有以下 7 个步骤：

（1）用户信息需求分析；

（2）获取尽可能全面的建筑资料；

（3）系统结构设计；

（4）布线路由设计；

（5）可行性论证；

（6）绘制综合布线施工图；

（7）编制综合布线用料清单。

综合布线系统的设计过程可用图 18.10 所示的流程图来描述。

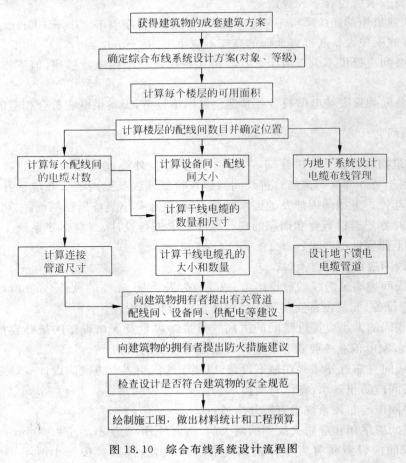

图 18.10　综合布线系统设计流程图

18.1.4 网络规划设计流程

任何一个网络系统工程项目都是从需求分析开始,按照实际情况进行网络系统的设计,根据设计完成网络系统的实施,随着网络系统的运行施加必要的网络系统管理、维护和升级等工作。一个网络系统的生命周期通常包括需求分析、逻辑设计、物理设计、优化设计、实施测试与监测性能优化。并且,当一个网络系统不能满足现有业务需求时,应当考虑重新优化。网络系统的生命周期如图 18.11 所示。

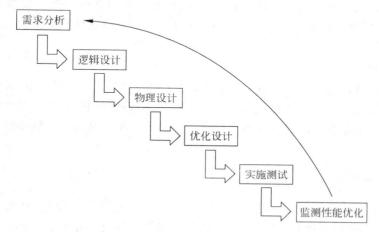

图 18.11 网络系统生命周期模型

一个网络系统的设计过程可以简单地分为需求分析、网络设计(逻辑设计、物理设计)和实施。

1. 需求分析阶段的基本任务

网络分析人员通过与用户和技术人员进行交流来全面获取用户对新的或者升级系统的商业和技术目标,总结出当前网络的特征,分析出当前与将来的网络通信流量、网络性能,包括流量、负载、协议行为和服务质量要求,主要包括功能需求、性能需求、安全需求、可靠性需求、维护及运行需求和管理需求等。

1) 功能需求

网络系统在用户环境、实际业务中所应提供的就是其功能需求。由于目前存在多种不同功能、类型、拓扑结构的网络,并且不同用户对网络功能的要求也不尽相同,因此在建设一个具体的网络系统之前,应切实按照用户对网络系统功能的需求、可扩展性、成本核算等重要因素进行综合评测。

2) 性能需求

性能需求用来评定现有网络系统的性能,明确用户对网络系统性能的具体要求,通过对网络带宽、响应时间、资源利用率、系统吞吐量和容错度等多种要素进行综合分析来确定所开发的网络系统应采纳的方案、措施和目标等。

3) 安全需求

安全需求是用户对信息资源安全性保障的要求。所开发的网络系统应用需要能确保网络内部的安全可靠,能防止外来或内部的入侵、攻击和非法访问等,保障关键和重要数据信息的安全及可靠。

4)可靠性需求

网络系统的可靠性可定义为在指定的条件和时间内能够实现规定功能的概率。整个系统的可靠性取决于该系统各个部件的可靠性。实际用户对网络系统的可靠性有不同的要求,可靠性指标一般有平均无故障时间(MTBF)、平均修复时间(MTTR)、可用性和故障率等。

5)维护及运行需求

维护及运行需求指根据网络系统的建设、运行情况和未来的发展等因素分析现有的系统,考虑和预算网络系统维护及运行的成本,选择合适的系统软件和应用软件等满足运行环境的要求。

6)管理需求

网络管理包含性能、故障、配置、计费和安全5个方面的功能。管理需求指根据具体的网络系统和业务需求等情况来制定管理方案,选择合适的网络管理软件、网络管理协议和应用软件等工具实时监视网络流量和运行状况。可管理性也是结构化布线系统中一个很显著的特点。

2. 网络设计内容

在网络系统的需求分析完成之后,需要将需求归纳、总结和抽象化,从而形成一个反映需求的具体模型,这便是网络系统的设计,也称概要设计或总体设计。具体的设计过程是依据需求分析文档,确定网络体系结构,构造综合布线系统,选择适当的系统软件、硬件,规划并制定出满足用户所需的高性价比的网络系统实施方案。

网络系统设计的基本目标和原则就是在满足用户需求的基础上规划并设计出高性价比的网络系统。设计出的网络系统要具有高度的安全性、可靠性和稳定性,同时又要容易诊断和排除网络故障;要确保子系统间及其他网络系统的互操作性;要具有前瞻性和可扩展性的网络系统结构。在确定了系统设计的目标和计划之后,就可以开始进行网络系统的设计了。

1)确定组网技术

网络系统设计人员首先要根据用户的计算机及网络应用水平、业务需求、技术条件和费用预算等因素选择合适的网络体系结构和协议族。当前占主导地位的是 TCP/IP 协议族,以及所对应的 TCP/IP 体系结构模型。局域网、接入网和广域网等的组网技术,选择的余地很多,如以太网、IEEE 802.11、ATM、ADSL 等,要根据实际需要来确定。在确定组网技术时应充分考虑以下几点:

(1)传输速率和带宽:不同类型的网络具有不同的特点,其传输速率和带宽等都可能不一样,设计师必须根据实际情况分析所建网络要承载的信息类型、最大量值和实时性等。若需要承载多媒体信息,则网络的通信量将会巨大,所采用的组网技术不可能是低速率、低带宽的 N-ISDN、PPP 等,而应是 B-ISDN、千兆以太网、ATM 等。

(2)传输距离:从地理范围考虑,网络系统必须覆盖整个用户分布区,这时的组网技术就要考虑网络的传输距离,确保数据信息能够到达每一个用户端。

(3)网络费用:网络的实施成本与传输速率和带宽成正比,不同网络的实施成本各不相同,所以要对性能和价格进行权衡,选择合适的网络。

（4）技术的生命周期：任何技术都有它的生命周期，过时或未成熟的技术都不宜采用，而必须选择成熟的、先进的和通用的技术。过时技术的设备及支持厂商不断减少，对系统的实施和维护都会产生极大的不利；而未成熟的技术本身就不确定，需要不断完善和修改，甚至改头换面，这必将导致网络系统的生命周期无法保障。

（5）技术的兼容性：由于用户需求的多样性，要用一种类型的网络协议来满足要求不太可能，因而需要根据实际状况适当地选择几种协议，并恰当地配置在同一个网络中，这就要求组网技术具有较好的兼容性。

2）确定拓扑结构

网络拓扑结构是结构化布线的基础。在确定组网技术之后，就要选择合适的网络拓扑结构。常见的拓扑结构有星状结构、环状结构、总线型结构、树状结构、网状结构、蜂窝状结构、星环结合型结构等。根据实际需求和所采用的组网技术，结合经济性、灵活性和可靠性，挑选几种合适的可兼容的拓扑结构。在选择拓扑结构时需要注意以下几个要点：

对网络系统做相应的分层（即所谓的三层架构：接入层、汇聚层和核心层），将不同的功能归属到不同的层次去实现，并为每一层安排特定的拓扑结构。三层网络架构如图 18.12 所示。

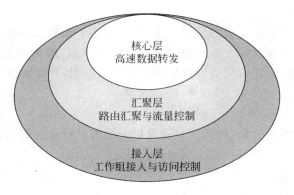

图 18.12　三层网络架构

3）确定冗余措施

可靠性是任何网络系统的一个十分重要的指标，在实际的网络系统中应尽可能提高系统的可靠性，以保证系统的正常运转、及时处理故障和应付突发事件等能力。在进行网络系统设计时，需要特意规划安排一些冗余措施，以提高整个系统的可靠性。常见的冗余措施有以下几种：

- 冗余线路
- 冗余设备或接口
- 备份系统和设备
- 设备保护措施
- 子网隔离
- 网络结构和线路容错

4）确定安全系统

网络安全是网络系统的一个最重要的组成部分，在设计网络系统时必须考虑系统在安全性上的要求。经过前面需求分析和网络节点的配置,大家对系统的服务类型和性质有了深入的把握,比如系统如何接入因特网、有几个接入点、需要访问哪些服务器、服务的类型、开放程度以及权限设置等。通过安全系统的确定,既要保证系统能够满足用户要求,又要避免提供过度服务,造成安全隐患,同时要减少开支并提高网络性能。网络安全系统的设计就是在原先系统设计的基础上加入一些安全性保护措施、监视设备,以及提供维护的工具和方法,主要包含以下 3 个方面。

(1) 网络安全体系设计:建立安全体系就是综合利用加密机制、访问控制、认证和数字签名等技术保证网络系统的安全运行,根据不同线路的安全要求,选择合适的传输介质,使用附加设备保护传输介质和网络设备的安全,防止恶意破坏,保证线路通信的保密性,防止传输的信息被窃取。

(2) 信息安全设计:对于系统的重要节点和服务器,部署防病毒和入侵防护软件,对系统传输的信息进行实时监控记录,实现数据备份和恢复功能,同时要对网络使用和流量信息做审计分析。

(3) 安全中心设计:设计负责安全管理的中心,包括地点、人员、设备和软、硬件工具等。该中心属于网络维护的一部分,确保网络在运行期间有专职部门及时处理网络安全问题。

5) 确定管理系统

维护管理是网络系统实施后的主要工作,但管理维护策略的制定应在系统设计阶段完成。确定管理系统的工作就是在系统中设置一些管理节点,配置相关的软、硬件,安排专职人员、办公地点和设备,制定人员培训计划和人员分工细则,并制定恰当的管理策略。

3. 组织实施

组织实施指编制实施计划,按照项目管理相关原则进行系统施工。

18.2 实训步骤

下面以某学院的网络建设情况为例制作一个校园网的网络规划方案。

18.2.1 案例背景介绍

1. 建筑物情况

所有建筑物都位于同一个园区内,校园面积不超过 2km²,各建筑物与第一主教学楼的直线距离不超过 1km。

第一主教学楼 6 层,第二主教学楼 7 层,图书馆总共 20 层;实验大楼全部为计算机机房,共 5 层;学生宿舍区位于一片区域内,共 10 栋,每栋楼 5 层;一个食堂,两层,位于学生宿舍区旁边。

2. 业务需求

各建筑物与第一主教学楼相连,需要接入教育网。主教学楼满足正常的接入 Internet 的相关业务,如访问 WWW、在线办公等。图书馆的主要业务包括接入教育网、在线电子检索等,要求全图书馆无线覆盖。实验大楼根据需要可控制各实验室接入 Internet。学生宿舍区主要接入 Internet,以在线娱乐为主。食堂接入主教学楼,业务以校园卡刷卡消费为主。

学院建筑物之间的网络连接情况如图 18.13 所示。

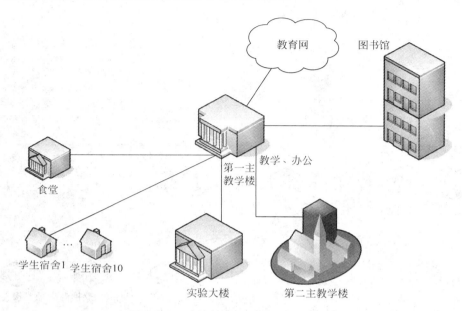

图 18.13　建筑物之间的网络连接情况图

18.2.2　网络逻辑拓扑设计

按照网络三层架构设计校园网的逻辑结构,网络三层逻辑架构如图 18.14 所示。

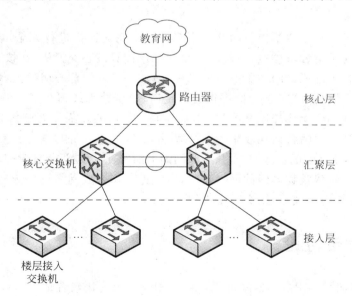

图 18.14　三层逻辑架构

根据建筑物情况、业务需求描述进一步设计出整个学院的顶层逻辑结构,整个网络的逻辑设计如图 18.15 所示。

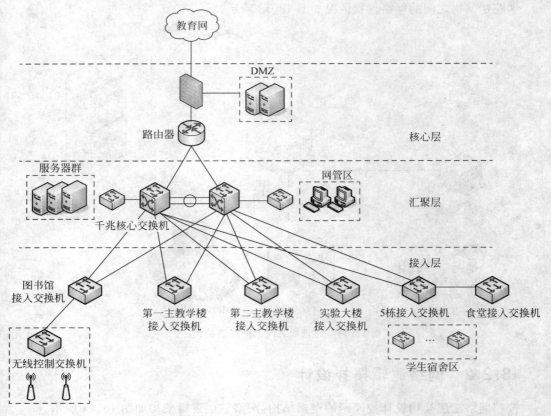

图 18.15　顶层逻辑结构

将网络中心设置在主教学楼。网络采用双核心千兆交换机进行冗余,以提高网络的可用性。各建筑物通过主教学楼接入到教育网,同时连接双核心交换机,在核心交换机上启用链路负载均衡。将内部要访问的服务器如 OA、FTP 等接入到核心交换机,将需要外网访问的服务器置于防火墙的 DMZ 区。图书馆有特定需求,全馆无线覆盖,故在图书馆的楼层接入交换机上再增加一台无线控制交换机,用来控制 AP 点的接入。网管区直接与核心交换机相连。因考虑到学生宿舍区比较集中,故学生宿舍区通过 5 栋与核心交换机相连,其他宿舍与 5 栋相连。由于食堂的业务单一,只有联网刷卡消费,所以就近将食堂与学生宿舍相连。

请完成接入层各建筑物楼内的网络逻辑设计,进一步完成网络设备选型、子网 IP 规划、VLAN、连接线缆等内容规划,提交一个规划方案。

18.3　思考与讨论

1. 请讨论实训案例中各建筑物之间联网采用什么线缆比较合适。
2. 各建筑物内部采用什么线缆比较合适?
3. 网络中如果还需要再接入其他 ISP(因特网服务供应商),比如电信,怎么接入?

第19章
三层交换机的入门配置实训

实训目的
- 掌握连接交换机进行配置的方法。
- 了解三层交换机的用户接口模式的类型与作用。
- 掌握三层交换机用户命令界面的使用。
- 掌握三层交换机配置的基本命令。

实训环境
- 运行 Windows 操作系统的计算机一台。
- Cisco 2950 交换机一台、RJ-45 转 DB-9 反接线一根。
- 超级终端应用程序。

19.1 实训原理

19.1.1 三层交换机简介

  三层交换机就是具有部分路由器功能的交换机,三层交换机的最主要目的是加快大型局域网内部的数据交换,所具有的路由功能也是为这个目的服务的,能够做到"一次路由,多次转发"。对于数据包转发等规律性的过程由硬件高速实现,而像路由信息更新、路由表维护、路由计算、路由确定等功能由软件实现。三层交换技术就是二层交换技术+三层转发技术。传统交换技术是在 OSI 网络标准模型第二层——数据链路层进行操作的,而三层交换技术是在网络模型中的第三层实现了数据包的高速转发,既可实现网络路由功能,又可根据不同网络状况做到最优网络性能。

  出于安全和管理方便的考虑,主要是为了减小广播风暴的危害,必须把大型局域网按功能或地域等因素划分成一个个小的局域网,这就使 VLAN 技术在网络中得以大量应用,而各个不同 VLAN 间的通信都要经过路由器来完成转发,随着网间互访的不断增加,单纯使用路由器来实现网间访问,不仅由于端口数量有限,而且路由速度较慢,从而限制了网络的规模和访问速度。基于这种情况三层交换机应运而生,三层交换机是为 IP 设计的,接口类型简单,拥有很强的二层包处理能力,非常适用于大型局域网内的数据路由与交换,它既可以工作在协议第三层替代或部分完成传统路由器的功能,同时又具有几乎第二层交换的速度,且价格相对便宜一些。

在企业网和教学网中,一般会将三层交换机用在网络的核心层,用三层交换机上的千兆端口或百兆端口连接不同的子网或 VLAN。不过大家应清楚地认识到三层交换机出现的最主要的目的是加快大型局域网内部的数据交换,所具备的路由功能也大多是围绕这一目的展开的,所以它的路由功能没有同一档次的专业路由器强。它毕竟在安全、协议支持等方面还有许多欠缺,并不能完全取代路由器工作。

在实际的应用过程中,典型的做法是处于同一个局域网中的各个子网的互联以及局域网中 VLAN 间的路由用三层交换机来代替路由器,而只有局域网与公网互联要实现跨地域的网络访问时才通过专业路由器。

19.1.2　三层交换机的应用场合

1. 网络骨干

三层交换机在诸多网络设备中的作用用“中流砥柱”形容并不为过。在校园网、城域教育网中,从骨干网、城域网骨干、汇聚层都有三层交换机的用武之地,尤其是核心骨干网一定要用三层交换机,否则整个网络的成千上万台的计算机都在一个子网中,不仅毫无安全可言,也会因为无法分割广播域而无法隔离广播风暴。

如果采用传统的路由器,虽然可以隔离广播,但是性能又得不到保障。而三层交换机的性能非常高,既有三层路由的功能,又具有二层交换的网络速度。二层交换是基于 MAC 寻址,三层交换则是转发基于第三层地址的业务流。除了必要的路由决定过程外,大部分数据转发过程由二层交换处理,提高了数据包转发的效率。

三层交换机通过使用硬件交换机构实现了 IP 的路由功能,其优化的路由软件使得路由过程效率提高,解决了传统路由器软件路由的速度问题。因此可以说,三层交换机具有“路由器的功能、交换机的性能”。

2. 连接子网

同一网络上的计算机如果超过一定数量(通常在 200 台左右,视通信协议而定),很可能会因为网络上大量的广播而导致网络的传输效率低下。为了避免在大型交换机上进行广播所引起的广播风暴,可将其进一步划分为多个虚拟网(VLAN)。但是这样做将导致一个问题:VLAN 之间的通信必须通过路由器来实现。传统路由器也难以胜任 VLAN 之间的通信任务,因为相对于局域网的网络流量来说,传统的普通路由器的路由功能太弱。

而且千兆级路由器的价格也是大家非常难以接受的。如果使用三层交换机上的千兆端口或百兆端口连接不同的子网或 VLAN,在保持性能的前提下经济地解决了子网划分之后子网之间必须依赖路由器进行通信的问题,因此三层交换机是连接子网的理想设备。

三层交换机还具有一些传统的二层交换机没有的特性,这些特性可以给校园网和城域教育网的建设带来许多好处,例如:

1) 高可扩充性

三层交换机在连接多个子网时,子网只是与第三层交换模块建立逻辑连接,不像传统外接路由器那样需要增加端口,从而保护了用户对校园网、城域教育网的投资,并满足了学校3～5 年网络应用快速增长的需要。

2）高性价比

三层交换机具有连接大型网络的能力，功能基本上可以取代某些传统路由器，但是价格却接近二层交换机。一台百兆三层交换机的价格只有几万元，与高端的二层交换机的价格差不多。

3）内置安全机制

三层交换机可以与普通路由器一样，具有访问列表的功能，可以实现不同 VLAN 间的单向或双向通信。如果在访问列表中进行设置，可以限制用户访问特定的 IP 地址，这样学校就可以禁止学生访问不健康的站点。

访问列表不仅可以用于禁止内部用户访问某些站点，也可以用于防止校园网、城域教育网外部的非法用户访问校园网、城域教育网内部的网络资源，从而提高网络的安全。

4）适合多媒体传输

教育网经常需要传输多媒体信息，这是教育网的一个特色。三层交换机具有 QoS（服务质量）的控制功能，可以给不同的应用程序分配不同的带宽。

例如，在校园网、城域教育网中传输视频流时，就可以专门为视频传输预留一定量的专用带宽，相当于在网络中开辟了专用通道，其他的应用程序不能占用这些预留的带宽，因此能够保证视频流传输的稳定性。而普通的二层交换机没有这种特性，因此在传输视频数据时就会出现视频忽快忽慢的抖动现象。

另外，视频点播（VOD）也是教育网中经常使用的业务。但是由于有些视频点播系统使用广播来传输，而广播包是不能实现跨网段的，这样 VOD 就不能实现跨网段进行；如果采用单播形式实现 VOD，虽然可以实现跨网段，但是支持的同时连接数非常少，一般几十个连接就占用了全部带宽。三层交换机具有组播功能，VOD 的数据包以组播的形式发向各个子网，既实现了跨网段传输，又保证了 VOD 的性能。

5）计费功能

在高校校园网及有些地区的城域教育网中很可能有计费的需求，因为三层交换机可以识别数据包中的 IP 地址信息，因此可以统计网络中计算机的数据流量，可以按流量计费，也可以统计计算机连接在网络上的时间，按时间进行计费，而普通的二层交换机难以同时做到这两点。

19.1.3　三层交换机的工作过程

对于传统的二层交换网络，整个网络就是一个广播域，当网络规模增大时，网络广播就会非常严重，效率下降，不利于管理。二层交换机示意如图 19.1 所示。

第三层交换机的一个重要作用是分割广播域，通过划分 VLAN 来建立多个子网。VLAN 隔离了二层广播域，也就严格地隔离了各个 VLAN 之间的任何流量，分属于不同 VLAN 的用户不能互相通信。三层交换机分割广播域示意如图 19.2 所示。

三层交换机与传统的二层交换机不同，它是直接根据第三层网络层的 IP 地址来完成端到端的数据交换的。数据包交换过程如图 19.3 所示。

下面举例介绍其工作过程，如图 19.4 所示。

比如 A 要给 B 发送数据，已知目的 IP，那么 A 就用子网掩码取得网络地址，判断目的 IP 是否与自己在同一网段。

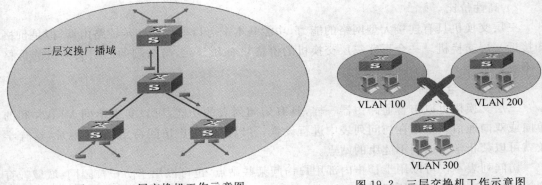

图 19.1　二层交换机工作示意图　　　　　图 19.2　三层交换机工作示意图

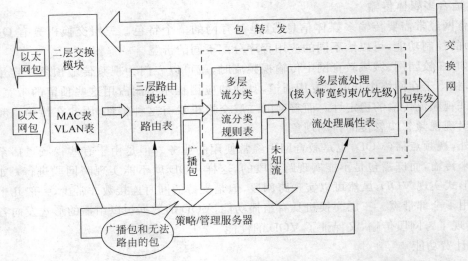

图 19.3　三层交换机包交换过程

图 19.4　三层交换机工作过程示例

　　如果在同一网段,但不知道转发数据所需的 MAC 地址,A 就发送一个 ARP 请求,B 返回其 MAC 地址,A 用此 MAC 封装数据包并发送给交换机,交换机启用二层交换模块查找 MAC 地址表,将数据包转发到相应的端口。

　　如果目的 IP 地址显示不是同一网段的,那么 A 要实现和 B 的通信,在流缓存条目中没有对应 MAC 地址的条目,就将第一个正常数据包发送到一个默认网关,这个默认网关一般在操作系统中已经设好,对应第三层路由模块,所以可见对于不是同一子网的数据,最先在 MAC 表中放的是默认网关的 MAC 地址;然后由三层模块接收到此数据包,查询路由表以确定到达 B 的路由,将构造一个新的帧头,其中以默认网关的 MAC 地址为源 MAC 地址,以主机 B 的 MAC 地址为目的 MAC 地址。通过一定的识别触发机制确立主机 A 与 B 的 MAC 地址及转发端口的对应关系,并记录到流缓存条目表,以后的 A 到 B 的数据就直接交由二层交换模块完成,这就是大家通常所说的一次路由多次转发。

从表面上看,第三层交换机是第二层交换器与路由器的合二为一,然而这种结合并非简单的物理结合,而是各取所长的逻辑结合。其重要的表现是,当某一信息源的第一个数据流进行第三层交换后,其中的路由系统将会产生一个 MAC 地址与 IP 地址的映射表,并将该表存储起来,当同一信息源的后续数据流再次进入交换环境时,交换机将根据第一次产生并保存的地址映射表直接从第二层由源地址传输到目的地址,不再经过第三路由系统处理,从而消除了路由选择时造成的网络延迟,提高了数据包的转发效率,解决了网间传输信息时路由产生的速率瓶颈。所以说,第三层交换机既可完成第二层交换机的端口交换功能,又可完成部分路由器的路由功能。即第三层交换机的交换机方案实际上是一个能够支持多层次动态集成的解决方案,虽然这种多层次动态集成功能在某些程度上也能由传统路由器和第二层交换机搭载完成,但这种搭载方案与采用三层交换机相比,不仅需要更多的设备配置、占用更大的空间、设计更多的布线和花费更高的成本,而且数据传输性能也要差得多,因为在海量数据传输中,搭载方案中的路由器无法克服路由传输速率瓶颈。

显然,第二层交换机和第三层交换机都是基于端口地址的端到端的交换过程,虽然这种基于 MAC 地址和 IP 地址的交换机技术能够极大地提高各节点之间的数据传输率,但无法根据端口主机的应用需求自主确定或动态限制端口的交换过程和数据流量,即缺乏第四层智能应用交换需求。

19.2　实训步骤

19.2.1　连接到三层交换机

使用反接线(RJ-45 到 DB-9)连接器连接交换机与配置计算机,RJ-45 端与交换机的 CONSOLE 口相连,DB-9 端与计算机的串行口(如 COM1 口)相连。这里以 Cisco 2950 交换机为例进行介绍,计算机与三层交换机的连接示意如图 19.5 所示(在图 19.5 中,将交换机放在主机箱之上,只是为了拍照方便)。

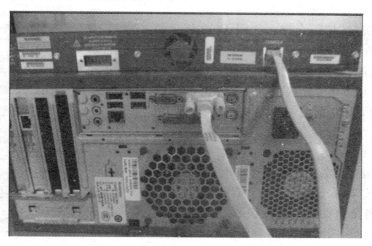

图 19.5　连接交换机示意图

1．安装超级终端仿真程序

在控制台(连接计算机)上通过交换机的 Console 口进行配置时需要用到仿真程序。在计算机上通过单击"开始"按钮，选择"程序"→"附件"→"通信"→"超级终端"命令启动。在 Windows 操作系统中一般已安装超级终端(Hyper Terminal)组件，如果未安装，可按照 Windows 中添加 Windows 组件的方法安装(单击"开始"按钮，选择"设置"→"控制面板"命令打开控制面板，然后双击"添加或删除程序"，单击"添加/删除 Windows 组件"，在弹出的对话框中双击"附件与工具"，再双击"通信"，选择"超级终端")。

2．建立超级终端会话

(1) 运行超级终端程序后会弹出"连接描述"对话框，在"名称"栏中输入名称，选择连接图标，如图 19.6 所示。

(2) 单击"确定"按钮，进入"连接到"对话框，在"连接时使用"下拉列表框中选择连接的 COM 端口，例如 COM1，如图 19.7 所示。

图 19.6 输入新建连接的名称

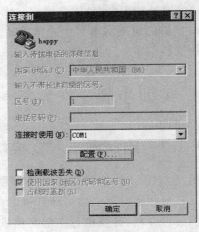

图 19.7 选择新建连接所用的 COM 端口

(3) 单击"确定"按钮会弹出如图 19.8 所示的对话框，在"端口设置"选项卡中提供了终端会话参数的设置，包括波特率(每秒位数)、数据位等。一般设置波特率为 9600、数据位为 8 位，无奇偶校验，1 位停止位，无数据流控制。单击"COM1 属性"对话框中的"确定"按钮，会返回"连接描述"对话框。

(4) 单击"确定"按钮进入到终端会话形式，在终端会话形式下，如果交换机已正常启动，则按回车键就可以进入到交换机的命令行状态，连接成功后提示符为"Switch＞"，如图 19.9 所示。

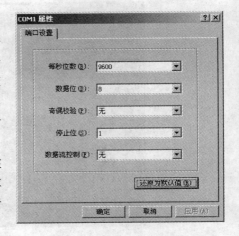

图 19.8 端口属性参数

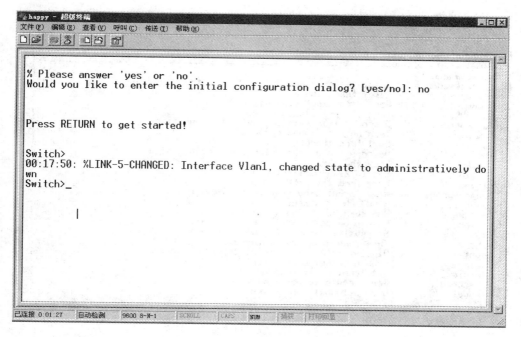

图 19.9　成功连接到交换机

19.2.2　三层交换机的工作模式

交换机有几种工作模式，在不同的工作模式下可进行的操作不一样。其所有的工作模式如表 19.1 所示。

表 19.1　交换机的各种工作模式

模式名称	提示符	模式名称	提示符
用户模式	Switch>	全局配置模式	Switch(config)#
特权模式	Switch#	接口配置模式	Switch(config-if)#
VLAN 配置模式	Switch(vlan)#	线路配置模式	Switch(config-line)#

下面进行交换机模式切换命令的练习。

1. 用户模式

用户配置模式的默认提示符为"Switch>"。

在用户配置模式下输入"?"可以查看该模式下所提供的所有命令及其功能，如图 19.10 所示。

"--More--"表示屏幕命令还未显示完，此时可按回车键或者空格键显示余下的命令，按回车键表示屏幕向下显示一行，按空格键表示屏幕向下显示一屏。

2. 特权模式

特权配置模式的默认提示符为"Switch#"。

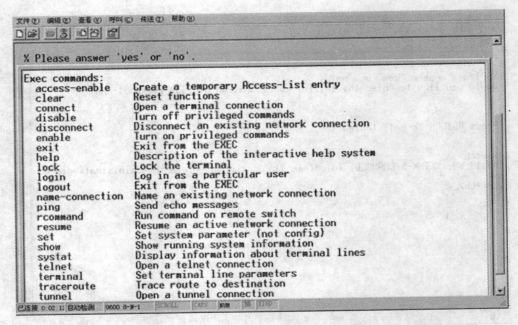

图 19.10　查看更多命令

　　在特权模式下输入"?"可以查看特权模式下所提供的所有命令及其功能。在特权模式下输入相应的命令可以查看交换机所有的配置信息。例如输入 show running-config,可以查看交换机当前正在运行的配置信息。

　　用户模式与特权模式的转换如下:

```
switch > enable                        //由用户模式进入特权模式
switch # disable                       //由特权模式返回到用户模式,或者输入 exit
```

3. 其他模式间的转换方法

命令如下:

```
Switch >                               //用户执行模式提示符
Switch > enable                        //进入特权模式
Switch #                               //特权模式提示符
Switch # configure terminal            //进入全局配置模式
Switch(config) #                       //全局配置模式提示符
Switch(config) # line console 0        //进入控制线路模式
Switch(config - line) #                //控制线路模式
Switch(config - line) # exit           //回到上一级模式
Switch(config) #                       //全局配置模式提示符
Switch(config) # interface fastethernet0/1   //进入接口配置模式,f0/1用于识别交换机的端
                                              口,其表示形式为"端口类型　模块/端口"
Switch(config - if) #                  //接口配置模式提示符
Switch(config - if) # ctrl + z         //直接返回到特权模式
Switch #                               //特权模式提示符
```

4. 命令历史功能的使用

terminal history size size-number　//用于设置历史命令的最大存储空间

在任意模式下可以使用以下历史命令：

```
Ctrl+P                          //向后查看命令
Ctrl+N                          //向前查看命令
键盘上的向上箭头                  //向后查看命令
键盘上的向下箭头                  //向前查看命令
```

5. 查看当前的交换机信息

在特权模式下可以使用相关查看命令显示交换机的相关信息，常用的查看命令如下：

```
show history                    //查看历史命令
show version                    //查看交换机软件的版本
show flash                      //查看交换机快速闪存及其内容
show running-config             //查看交换机当前正在运行的配置信息
show startup-config             //查看交换机备份的配置信息
show vlan                       //查看 VLAN 的相关信息
show ip interface brief         // 查看交换机各个接口的简要信息
```

19.2.3　对交换机进行基本的配置

1. 配置交换机的名称

命令如下：

```
Switch>                         //用户执行模式提示符
Switch>enable                   //进入特权模式
Switch#                         //特权模式提示符
Switch#configure terminal       //进入全局配置模式
Switch(config)#                 //全局配置模式提示符
Switch(config)#hostname S1      //配置交换机的名称为 S1
```

2. 配置交换机的 enable 口令

enable 口令的作用在于，登录到交换机后，如果进行相关配置操作，首先要输入口令才可以，这是一种安全机制。命令如下：

```
S1>                             //用户执行模式提示符
S1>enable                       //进入特权模式
S1#                             //特权模式提示符
S1# configure terminal          //进入全局配置模式
S1(config)#                     //全局配置模式提示符
S1(config)#enable password ncusc  //设置 enable password 为 ncusc
S1(config)#enable secret student  //设置 enable secret 为 student
S1(config)#exit                 //回到上一级模式
S1#                             //特权模式提示符
```

3. 配置交换机的控制终端密码

控制终端密码是指通过 console 口登录到交换机时需要输入的密码,这也是一种安全保护机制。命令如下:

```
S1 >                                    //用户执行模式提示符
S1 > enable                             //进入特权模式
S1 #                                    //特权模式提示符
S1 # configure terminal                 //进入全局配置模式
S1(config) #                            //全局配置模式提示符
S1(config) # line console 0             //进入 line 子模式
S1(config - line) # password ncusc      //设置控制终端登录密码为 ncusc
S1(config - line) # ctrl + Z            //返回到特权模式
S1 #                                    //特权模式提示符
```

4. 配置交换机的虚拟终端(VTY)密码

连接到交换机的方式除了通过 console 口外,如果配置了管理 IP,则可以通过远程 Telnet 登录到交换机。虚拟终端密码是指通过远程 Telnet 登录交换机时所要输入的密码,这也是一种安全保护机制。一般用"line vty 0 4"(开启 0~4 共 5 个虚拟通道),Cisco 支持的虚拟终端比较多,达上百个,一个通道可以提供一个用户接入。

命令如下:

```
S1 >                                    //用户执行模式提示符
S1 > enable                             //进入特权模式
S1 #                                    //特权模式提示符
S1 # configure terminal                 //进入全局配置模式
S1(config) #                            //全局配置模式提示符
S1(config) # line vty 0 15              //配置 VTY0 到 VTY15 的密码
S1(config - line) # password ncusc      //设置控制终端密码为 ncusc
S1(config - line) # exit                //回到上一级模式
S1(config) #                            //全局配置模式提示符
```

19.3 思考与讨论

1. 请讨论如何通过 Telnet 登录到交换机进行配置。
2. 如果忘记了交换机的配置密码,如何进行恢复?

第20章

虚拟局域网配置实训

实训目的
- 掌握 VLAN 的工作原理。
- 掌握 VLAN 的划分方式。
- 熟悉常用的 VLAN 配置命令。

实训环境
- 运行 Windows 操作系统的计算机 6 台。
- Cisco 2950 交换机两台、RJ-45 双绞线若干、RJ-45 转 DB-9 反接线一根。
- 超级终端应用程序。

20.1 实训原理

VLAN(Virtual Local Area Network)即虚拟局域网,它是一种通过将局域网内的设备逻辑地而不是物理地划分成一个个网段从而实现虚拟工作组的新兴技术。IEEE 于 1999年颁布了用于标准化 VLAN 实现方案的 IEEE 802.1Q 协议标准草案。VLAN 技术允许网络管理者将一个物理的 LAN 逻辑地划分成不同的广播域(或称虚拟 LAN,即 VLAN)。每一个 VLAN 都包含一组有着相同需求的计算机工作站,与物理上形成的 LAN 有着相同的属性。但由于它是逻辑地而不是物理地划分,所以同一个 VLAN 内的各个工作站无须被放置在同一个物理空间里,即这些工作站不一定属于同一个物理 LAN 网段。一个 VLAN 内部的广播和单播流量都不会转发到其他 VLAN 中,即使是两台计算机有着同样的网段,但是它们却没有相同的 VLAN 号,它们各自的广播流也不会相互转发,从而有助于控制流量、减少设备投资、简化网络管理、提高网络的安全性。

20.1.1 VLAN 的工作机制

VLAN 是为了解决以太网的广播问题和安全性而提出的,它在以太网帧的基础上增加了 VLAN 头,用 VLAN ID 把用户划分为更小的工作组,限制不同工作组间的用户二层互访,每个工作组就是一个虚拟局域网。虚拟局域网的好处是可以限制广播范围,并能够形成虚拟工作组动态管理网络。

VLAN 可以应用于交换机和路由器中,但主流应用还是在支持 VLAN 协议的第三层以上交换机中。图 20.1 所示为在单个交换机上配置 VLAN 的示意图,图 20.2 所示为在多个交换机上配置 VLAN 的示意图。既然 VLAN 隔离了广播风暴,同时也隔离了各个不同的 VLAN 之间的通信,所以不同的 VLAN 之间的通信是需要路由来完成的。

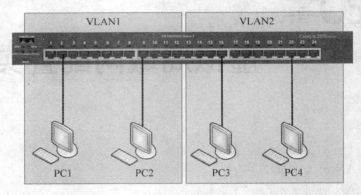

图 20.1　在单个交换机上配置 VLAN

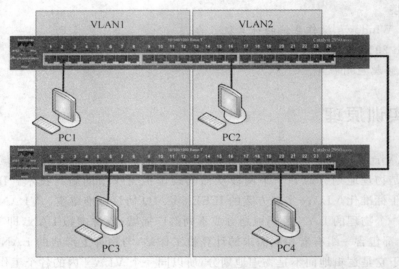

图 20.2　在多个交换机上配置 VLAN

20.1.2　VLAN 的划分方式

VLAN 常用的划分方式有 4 种,即根据端口、根据 MAC 地址、根据网络层、根据 IP 组播划分。基于端口的 VLAN 端口方式建立在物理层上;MAC 方式建立在数据链路层上;网络层和 IP 广播方式建立在第三层上。

1. 根据端口来划分 VLAN

许多 VLAN 厂商都利用交换机的端口来划分 VLAN 成员,被设定的端口都在同一个广播域中。例如,一个交换机的 1、2、3、4、5 端口被定义为虚拟网 AAA,同一交换机的 6、7、8 端口组成虚拟网 BBB。这样做允许各端口之间的通信,并允许共享型网络的升级,但是这种划分模式将虚拟网限制在了一台交换机上。第二代端口 VLAN 技术允许跨越多个交换机的多个不同端口划分 VLAN,不同交换机上的若干个端口可以组成同一个虚拟网。以交换机端口划分网络成员,其配置过程简单明了。因此,从目前来看,这种根据端口来划分 VLAN 的方式仍然是最常用的一种方式。

2. 根据 MAC 地址划分 VLAN

这种划分 VLAN 的方法是根据每个主机的 MAC 地址来划分,即对每个 MAC 地址的主机都配置它属于哪个组。这种划分 VLAN 的方法的最大优点就是当用户的物理位置移动时,即从一个交换机换到其他交换机时,VLAN 不用重新配置,所以可以认为这种根据 MAC 地址的划分方法是基于用户的 VLAN,这种方法的缺点是初始化时所有的用户都必须进行配置,如果有几百个甚至上千个用户,配置是非常累的。而且这种划分的方法也导致了交换机执行效率的降低,因为在每一个交换机的端口都可能存在很多个 VLAN 组的成员,这样就无法限制广播包了。另外,对于使用笔记本电脑的用户来说,他们的网卡可能经常更换,这样 VLAN 就必须不停地配置。

3. 根据网络层划分 VLAN

这种划分 VLAN 的方法是根据每个主机的网络层地址或协议类型(如果支持多协议)划分的,虽然这种划分方法是根据网络地址,比如 IP 地址,但它不是路由,与网络层的路由毫无关系。这种方法的优点是用户的物理位置改变了,不需要重新配置所属的 VLAN,而且可以根据协议类型来划分 VLAN,这对网络管理者来说很重要;另外,这种方法不需要附加的帧标签来识别 VLAN,这样可以减少网络的通信量。这种方法的缺点是效率低,因为检查每一个数据包的网络层地址是需要消耗处理时间的(相对于前面两种方法),一般的交换机芯片都可以自动检查网络上数据包的以太网帧头,但要让芯片能检查 IP 包头,需要更高的技术,同时也更费时。当然,这与各个厂商的实现方法有关。

4. 根据 IP 组播划分 VLAN

IP 组播实际上也是一种 VLAN 的定义,即认为一个组播组就是一个 VLAN,这种划分方法将 VLAN 扩大到了广域网,因此这种方法具有更大的灵活性,而且很容易通过路由器进行扩展,当然这种方法不适合局域网,主要是效率不高。

20.1.3　VLAN 配置命令

交换机 VLAN 配置的常用命令如下:

```
S> enable                          //进入特权模式
S# show vlan                       //查看当前 VLAN
S# vlan database                   //进入 VLAN 设置
S(vlan)# vlan vlan-num name vla    //创建 VLAN
S# configure terminal              //进入全局配置模式
S(config)# interface ethernet|fastethernet|gigabitethernet slot_#/port_#
                                   //进入接口子配置模式
S(config-if)# switchport mode access|trunk      //设置该端口为 access 模式或 trunk 模式
S(config-if)# switchport access vlan vlan-num   //把一个 Access 接口指派给一个 VLAN
```

```
                                    //使用 no 选项可以把接口指派到默认 VLAN 中
    S(config - if)♯ switchport trunk allowed vlan vlan - list|all //设置 trunk 端口允许通过的 VLAN
                                    //使用 no 选项恢复默认值
    exit                            //返回上层模式,end 返回到特权模式
```

其中,交换机的端口可以配置为 Access、Trunk、Hybrid 3 种类型之一。Access 类型的端口只能属于一个 VLAN,一般用于连接计算机的端口。Trunk 类型的端口可以属于多个 VLAN,可以接收和发送多个 VLAN 的报文,一般用于交换机之间连接的端口。Hybrid 类型的端口可以属于多个 VLAN,可以接收和发送多个 VLAN 的报文,可以用于交换机之间的连接,也可以用于连接用户的计算机。

20.2 实训步骤

20.2.1 网络配置

用双绞线连接两台交换机和 6 台主机,网络结构如图 20.3 所示,设置主机 A~F 的 IP 地址(子网掩码 255.255.255.0)。

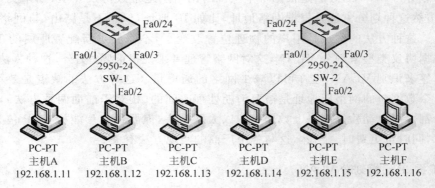

图 20.3 网络结构五

20.2.2 创建 VLAN

在交换机 SW-1 和 SW-2 上各创建 3 个 VLAN,ID 和名称分别为 101 group1、102 group2、103 group3。以交换机 SW-1 为例,配置方法如下:

```
SW - 1 > enable
SW - 1♯ vlan database
SW - 1(vlan)♯ vlan 101 name group1
SW - 1(vlan)♯ vlan 102 name group2
SW - 1(vlan)♯ vlan 103 name group3
SW - 1(vlan)♯ exit
```

查看交换机 SW-1 和 SW-2 当前的 VLAN,命令如"SW-1♯ show vlan",分别查看交换机 SW-1 和 SW-2 当前的 VLAN 信息。

20.2.3　给 VLAN 添加 Access 端口

在交换机 SW-1 和 SW-2 上将 Fa0/1、Fa0/2 和 Fa0/3 三个端口设置加入 3 个 VLAN，即 101、102、103。以交换机 SW-1 为例，配置方法如下：

```
SW－1♯conf t
SW－1(config)♯interface fastethernet 0/1
SW－1(config－if)♯switchport mode access
SW－1(config－if)♯switchport access vlan 101
SW－1(config－if)♯exit
SW－1(config)♯interface fastethernet 0/2
SW－1(config－if)♯switchport mode access
SW－1(config－if)♯switchport access vlan 102
SW－1(config－if)♯exit
SW－1(config)♯interface fastethernet 0/3
SW－1(config－if)♯switchport mode access
SW－1(config－if)♯switchport access vlan 103
SW－1(config－if)♯end
```

查看交换机 SW-1 和 SW-2 当前的 VLAN，命令如"SW-1♯show vlan"，分别查看交换机 SW-1 和 SW-2 当前的 VLAN 信息。

20.2.4　给 VLAN 添加 Trunk 端口

在交换机 SW-1 和 SW-2 上将 Fa0/24 端口设置为允许所有 VLAN 通过。以交换机 SW-1 为例，配置方法如下：

```
SW－1♯conf t
SW－1(config)♯interface fastethernet 0/24
SW－1(config－if)♯switchport mode trunk
SW－1(config－if)♯switchport trunk allowed vlan all
SW－1(config－if)♯end
```

20.2.5　测试 VLAN

从主机 A 分别 ping 主机 B、C、D、E、F，观察哪台主机能 ping 通？请解释原因。

20.3　思考与讨论

1. 在交换机上配置 VLAN 有什么作用？
2. 如果要使 VLAN 之间可以互相通信，还需要什么设备？怎样连接？

第21章
路由器的入门配置实训

实训目的
- 了解路由器物理接口的类型与功能。
- 理解路由器的开机启动过程。
- 掌握路由器初始化配置命令的使用。

实训环境
- 运行 Windows 操作系统的计算机一台。
- Cisco 1841 路由器一台、RJ-45 转 DB-9 反接线一根。
- 超级终端应用程序。

21.1 实训原理

21.1.1 路由器简介

路由器相当于一台计算机,它的组成结构类似于任何其他计算机(包括计算机)。路由器中含有许多其他计算机中常见的硬件和软件组件,包括 CPU、RAM、ROM、操作系统等。例如思科的 1841 路由器,如图 21.1 所示。

图 21.1　Cisco 1841 路由器

　　路由器是网络的核心,普通用户可能不知道他们自己的网络或 Internet 中有大量的路由器存在。用户只希望能够访问 Web 网页、发送电子邮件以及下载音乐,不管所访问的服务器是位于自己的网络,还是位于世界上其他地方的网络。但网络工程师知道,负责在网络间将数据包从初始源位置转发到最终目的地的正是路由器。

　　路由器可用来连接多个网络,这意味着它具有多个接口,每个接口属于不同的 IP 网络。当路由器从某个接口收到 IP 数据包时,它会确定使用哪个接口将该数据包转发到目的地。路由器用于转发数据包的接口可以位于数据包的最终目的网络(即具有该数据包目的 IP 地址的网络),也可以位于连接到其他路由器的网络(用于送达目的网络)。

　　路由器连接的每个网络通常需要单独的接口,这些接口用于连接局域网(LAN)和广域网(WAN)。LAN 通常为以太网,其中包含各种设备,如计算机、打印机和服务器。WAN用于连接分布在广阔地域中的网络。例如,WAN 连接通常用于将 LAN 连接到 Internet 服务提供商(ISP)网络。

　　路由器经常会收到以某种类型的数据链路帧(例如以太网帧)封装的数据包,当转发这种数据包时,路由器可能需要将其封装为另一种类型的数据链路帧,如点对点协议(PPP)帧。数据链路封装取决于路由器接口的类型及其连接的介质类型。路由器可连接多种不同的数据链路技术,包括 LAN 技术(例如以太网)、WAN 串行连接(例如使用 PPP 的 T1 连接)、帧中继以及异步传输模式(ATM)。路由器使用静态路由和动态路由协议来获知远程网络和构建路由表。

21.1.2　路由器的内部构造

　　尽管路由器类型和型号多种多样,但每种路由器都具有相同的通用硬件组件。根据型号的不同,这些组件在路由器内部的位置有所差异。与计算机一样,路由器也包含中央处理器(CPU)、随机访问存储器(RAM)、只读存储器(ROM)。

1. CPU

CPU 执行操作系统指令,例如系统初始化、路由功能和交换功能。

2. RAM

RAM 存储 CPU 所需执行的指令和数据,RAM 用于存储以下组件。

　　(1) 操作系统:启动时,操作系统会将 IOS (Internetwork Operating System)复制到RAM 中。

　　(2) 运行配置文件:这是存储路由器 IOS 当前所用的配置命令的配置文件。除几个特例外,路由器上配置的所有命令均存储于运行配置文件,此文件也称为 running-config。

　　(3) IP 路由表:此文件存储着直连网络以及远程网络的相关信息,用于确定转发数据包的最佳路径。

　　(4) ARP 缓存:此缓存包含 IPv4 地址到 MAC 地址的映射,类似于计算机上的 ARP缓存。ARP 缓存用在有 LAN 接口(例如以太网接口)的路由器上。

　　(5) 数据包缓冲区:数据包到达接口之后以及从接口送出之前,都会暂时存储在缓冲区中。

RAM 是易失性存储器,如果路由器断电或重新启动,RAM 中的内容就会丢失。但是,路由器也具有永久性存储区域,例如 ROM、闪存和 NVRAM。

3. ROM(只读存储器)

ROM 是一种永久性存储器,它存储以下内容:

- bootstrap 指令
- 基本诊断软件
- 精简版 IOS

ROM 使用的是固件,即内嵌于集成电路中的软件。固件包含一般不需要修改或升级的软件,例如启动指令。如果路由器断电或重新启动,ROM 中的内容不会丢失。

4. 闪存

闪存是非易失性计算机存储器,可以用电子的方式存储和擦除。闪存用作操作系统 IOS 的永久性存储器。在大多数路由器型号中,IOS 是永久性存储在闪存中的,在启动过程中才复制到 RAM,然后再由 CPU 执行。某些较早的路由器型号则直接从闪存运行 IOS。如果路由器断电或重新启动,闪存中的内容不会丢失。

5. NVRAM

NVRAM(非易失性 RAM)在电源关闭后不会丢失信息,这与大多数普通 RAM 不同,后者需要持续的电源才能保持信息。NVRAM 被 IOS 用作存储启动配置文件(startup-config)的永久性存储器。所有配置更改都存储于 RAM 的 running-config 文件中(有几个特例除外),并由 IOS 立即执行。要保存这些更改以防止路由器重新启动或断电,必须将 running-config 复制到 NVRAM,并在其中存储为 startup-config 文件。即使路由器重新启动或断电,NVRAM 也不会丢失其内容。

Cisco 路由器采用的操作系统软件称为 Cisco Internetwork Operating System (IOS)。与计算机上的操作系统一样,Cisco IOS 会管理路由器的硬件和软件资源,包括存储器分配、进程、安全性和文件系统。Cisco IOS 属于多任务操作系统,集成了路由、交换、网际网络及电信等功能。

虽然许多路由器中的 Cisco IOS 看似相同,但实际上却是不同类型的 IOS 映像。IOS 映像是一种包含相应路由器完整 IOS 的文件。Cisco 根据路由器型号和 IOS 内部的功能创建了许多不同类型的 IOS 映像。通常,IOS 内部的功能越多,IOS 映像越大,因此需要越多的闪存和 RAM 来存储和加载 IOS。

与其他操作系统一样,Cisco IOS 也有自己的用户界面。尽管有些路由器提供图形用户界面(GUI),但命令行界面(CLI)是配置 Cisco 路由器的最常用的方法。

路由器启动时,NVRAM 中的 startup-config 文件会复制到 RAM,并存储为 running-config 文件。IOS 接着会执行 running-config 中的配置命令。网络管理员输入的任何更改均存储于 running-config 中,并由 IOS 立即执行。

21.1.3　路由器的工作原理

在 ISO/OSI 网络协议模型中,路由器工作在第 1 层、第 2 层和第 3 层。路由器在第 3 层主要做出转发决定,但它也参与第 1 层和第 2 层的过程。路由器检查收到的数据包中的 IP 地址,查询自己的路由表,然后做出转发决定,它可以将该数据包从相应接口朝着目的地转发出去。路由器会将第 3 层 IP 数据包封装到对应送出接口的第 2 层数据链路帧的数据部分。帧的类型可以是以太网、HDLC 或其他第 2 层封装,即对应特定接口上所使用的封装类型。第 2 层数据帧会编码成第 1 层物理信号,这些信号用于表示物理链路上传输的位,如图 21.2 所示。

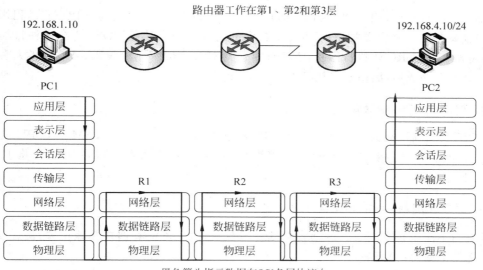

图 21.2　路由器的工作原理示意图

在图 21.2 中,PC1 计算机工作在所有 7 个层次,它会封装数据,并把帧作为编码后的比特流发送到默认网关 R1。

R1 在相应接口接收编码后的比特流。比特流经过解码后上传到第 2 层,在此由 R1 将帧解封。路由器会检查数据链路帧的目的地址,确定其是否与接收接口(包括广播地址或组播地址)匹配。如果与帧的数据部分匹配,则 IP 数据包将上传到第 3 层,在此由 R1 做出路由决定。然后 R1 将数据包重新封装到新的第 2 层数据链路帧中,并将它作为编码后的比特流从出站端口转发出去。

R2 收到比特流,然后重复上一过程。R2 帧解封,再将帧的数据部分(IP 数据包)传递给第 3 层,在此 R2 做出路由决定。然后 R2 将数据包重新封装到新的第 2 层数据链路帧中,并将它作为编码后的比特流从出站端口转发出去。

路由器 R3 再次重复这一过程,它将封装到数据链路帧中且编码成比特流的 IP 数据包转发到 PC2。

从源到目的地这一路径中,每个路由器都执行相同的过程,包括解封、搜索路由表、再次封装。此过程对于读者理解路由器如何参与网络非常重要。

21.1.4 路由器的启动过程

路由器的启动过程分为 4 个主要阶段：

* 执行 POST
* 加载 bootstrap 程序
* 查找并加载 Cisco IOS 软件
* 查找并加载配置文件，或进入设置模式

1. 执行 POST

加电自检（POST）几乎是每台计算机启动过程中必经的一个过程。POST 过程用于检测路由器硬件。当路由器加电时，ROM 芯片上的软件便会执行 POST。在这种自检过程中，路由器会通过 ROM 执行诊断，主要针对包括 CPU、RAM 和 NVRAM 在内的几种硬件组件。POST 完成后，路由器将执行 bootstrap 程序。

2. 加载 bootstrap 程序

POST 完成后，bootstrap 程序将从 ROM 复制到 RAM。进入 RAM 后，CPU 会执行 bootstrap 程序中的指令。bootstrap 程序的主要任务是查找 Cisco IOS 并将其加载到 RAM。

3. 查找并加载 Cisco IOS 软件

查找 Cisco IOS 软件。IOS 通常存储在闪存中，但也可能存储在其他位置，例如 TFTP（简单文件传输协议）服务器上。

如果不能找到完整的 IOS 映像，则会从 ROM 将精简版的 IOS 复制到 RAM 中。这种版本的 IOS 一般用于帮助用户诊断问题，也可将完整版的 IOS 加载到 RAM。

注意：TFTP 服务器通常用作 IOS 的备份服务器，但也可充当存储和加载 IOS 的中心点。

4. 查找并加载配置文件

IOS 加载后，bootstrap 程序会搜索 NVRAM 中的启动配置文件（也称为 startup-config）。此文件含有先前保存的配置命令以及参数，其中包括：

* 接口地址
* 路由信息
* 口令
* 网络管理员保存的其他配置

如果启动配置文件 startup-config 位于 NVRAM，则会将其复制到 RAM 作为运行配置文件 running-config。如果 NVRAM 中不存在启动配置文件，则路由器可能会搜索 TFTP 服务器。如果在 NVRAM 中找到启动配置文件，则 IOS 会将其加载到 RAM 作为 running-config，并以一次一行的方式执行文件中的命令。running-config 文件包含接口地址，并可启动路由过程以及配置路由器的口令和其他特性。

如果不能找到启动配置文件,路由器会提示用户进入设置模式。设置模式包含一系列问题,提示用户一些基本的配置信息。设置模式不适于复杂的路由器配置,网络管理员一般不会使用该模式。

当启动不含启动配置文件的路由器时,用户会在 IOS 加载后看到以下提示:Would you like to enter the initial configuration dialog? [yes/no]:no。当提示进入设置模式时,请始终回答 no。如果回答 yes 并进入设置模式,可随时按 Ctrl+C 组合键终止设置过程。

不使用设置模式时,IOS 会创建默认的 running-config。默认的 running-config 是基本配置文件,其中包括路由器接口、管理接口以及特定的默认信息。默认的 running-config 不包含任何接口地址、路由信息、口令或其他特定配置信息。

根据平台和 IOS 的不同,路由器可能会在显示提示符前询问以下问题:

```
Would you like to terminate autoinstall?[yes]:<Enter>
Press the Enter key to accept the default answer.
Router>
```

如果找到启动配置文件,则 running-config 还可能包含主机名,提示符处会显示路由器的主机名。一旦显示提示符,路由器便开始以当前的运行配置文件运行 IOS,而网络管理员也可开始使用此路由器上的 IOS 命令。

21.1.5 路由器接口

路由器上的每个接口都是不同 IP 网络的成员或主机,每个接口必须配置一个 IP 地址以及对应网络的子网掩码。Cisco IOS 不允许同一路由器上的两个活动接口属于同一网络。

路由器接口主要可分为下面两组。

- LAN 接口:例如以太网接口和快速以太网接口。
- WAN 接口:例如串行接口、ISDN 接口和帧中继接口。

1. LAN 接口

顾名思义,LAN 接口用于将路由器连接到 LAN,如同计算机的以太网网卡用于将计算机连接到以太网 LAN 一样。类似于计算机以太网网卡,路由器以太网接口也有第 2 层 MAC 地址,且其加入以太网 LAN 的方式与该 LAN 中的任何其他主机相同。例如,路由器以太网接口会参与该 LAN 的 ARP 过程。路由器会为对应接口提供 ARP 缓存、在需要时发送 ARP 请求,以及根据要求以 ARP 回复作为响应。

路由器以太网接口通常使用支持非屏蔽双绞线(UTP)网线的 RJ-45 接口。当路由器与交换机连接时,使用直通电缆。当两台路由器直接通过以太网接口连接,或计算机网卡与路由器以太网接口连接时,使用交叉电缆。一般充当 LAN 口的是路由器上的 E、F 口,现在新的路由器上 E 口基本没有了。

2. WAN 接口

WAN 接口用于连接路由器与外部网络,这些网络通常分布在距离较为遥远的地方。WAN 接口的第 2 层封装可以是不同的类型,例如 PPP、帧中继和 HDLC(高级数据链路控制）。与 LAN 接口一样,每个 WAN 接口都有自己的 IP 地址和子网掩码,这些可将接口标识为特定网络的成员。WAN 口也可以解析广域网上运行的相关协议,比如 ATM。一般充当 WAN 口的是路由器上的 S、F、G 口。

MAC 地址用在 LAN 接口(例如以太网接口)上,而不用在 WAN 接口上。但是,WAN接口使用自己的第 2 层地址(视技术而定)。

每个接口都有第 3 层 IP 地址和子网掩码,表示该接口属于特定的网络。以太网接口还会有第 2 层以太网 MAC 地址。

21.2　实训步骤

21.2.1　连接路由器

连接路由器的方法有多种,可以通过路由器的 console 端口连接,也可以通过网络使用Telnet 连接。通常,路由器的初始配置都是通过 console 端口连接进行配置的。在给定了相应端口 IP 地址并进行配置后可以通过 Telnet 连接来配置,下面以 console 端口连接为例进行路由器连接配置。如图 21.3 所示,用一根 RJ-45 转 DB-9 的反接线,DB-9 头连接计算机的 RS-232 端口,另一头用 RJ-45 水晶头接路由器的 console 端口,可具体参照第 19 章中关于三层交换机配置接线的过程。

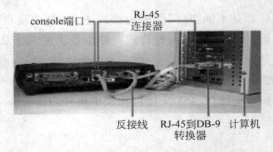

图 21.3　路由器配置接线示意图

启动 Windows,单击"开始"按钮,选择"程序"→"附件"→"通信"→"超级终端"命令,或双击 Hypertrm,在弹出的对话框中新建连接并在连接端口输入 COM 口,端口属性选择如下。

- 波特率:9600。
- 数据位:8。
- 奇偶校验:无。
- 停止位:1。
- 数据流控制:无。

配置路由器时,本实训需要执行一些基本任务,包括以下任务:

- 命名路由器。
- 设置口令。
- 配置接口。

- 保存路由器更改。

21.2.2　路由器的工作模式

路由器有多种工作模式,在不同的模式下可进行的操作不一样,第一个提示符出现在用户模式下。用户模式可让用户查看路由器状态,但不能修改其配置。注意,请不要将用户模式中使用的"用户"一词与网络用户相混淆。用户模式中的"用户"是指网络技术人员、操作员和工程师等负责配置网络设备的人员。路由器的工作模式如表 21.1 所示。

表 21.1　路由器的各种工作模式

模 式 名 称	提 示 符	模 式 名 称	提 示 符
用户模式	Router>	路由配置模式	Router(config-router)#
特权模式	Router#	接口配置模式	Router(config-if)#
全局配置模式	Router(config)#	线路配置模式	Router(config-line)#

enable 命令用于进入特权模式。在此模式下,用户可以更改路由器的配置。路由器提示符在此模式下将从">"更改为"#":

```
Router > enable
Router #
```

21.2.3　路由器的基本配置

1. 配置路由器的全局参数

配置如下:

```
Router >                              //用户模式提示符
Router > enable                       //进入特权模式
Router #                              //特权模式提示符
router # config terminal              //进入全局配置模式
router(config) #                      //全局配置模式提示符
router(config) # hostname R1          //配置路由器的名称为 R_A
R1 (config) # banner motd # welcome # //配置路由器的登录提示信息为 welcome
```

2. 配置路由器的 enable 口令,用于控制进入特权模式

配置如下:

```
R1 >                                  //用户执行模式提示符
R1 > enable                           //进入特权模式
R1 #                                  //特权模式提示符
R1 # configure terminal               //进入全局配置模式
R1(config) #                          //全局配置模式提示符
R1(config) # enable password ncusc    //设置 enable password 为 ncusc
R1(config) # enable secret cisco      //设置 enable secret 为 cisco
R1(config) # exit                     //回到上一级模式
R1 #
```

password 与 secret 口令的区别主要在于,从用户模式输入 enable 命令进入特权模式时,password 的口令在屏幕上明文显示,secret 口令在输入时屏幕上不显示。

3. 配置路由器的控制终端密码

控制终端密码是用户通过路由器的 console 端口访问时需要输入的密码。其配置过程如下:

```
R1 >                                    //用户执行模式提示符
R1 > enable                             //进入特权模式
R1 #                                    //特权模式提示符
R1 #  configure terminal                //进入全局配置模式
R1(config) #                            //全局配置模式提示符
R1(config) # line console 0             //进入 line 子模式
R1(config - line) # login               //设置登录
R1(config - line) # password network    //设置控制终端密码为 network
R1(config - line) # ctrl + Z            //返回到特权模式
R1 #                                    //特权模式提示符
```

4. 配置路由器的虚拟终端(VTY)密码

VTY 密码是用户通过虚拟终端(Telnet)访问交换机时需要输入的密码,其配置过程如下:

```
R1 >                                    //用户执行模式提示符
R1 > enable                             //进入特权模式
R1 #                                    //特权模式提示符
R1 #  configure terminal                //进入全局配置模式
R1(config) #                            //全局配置模式提示符
R1(config) # line vty 0 5               //配置 VTY0 到 VTY5 的密码
R1(config - line) # login               //设置登录
R1(config - line) # password network    //设置控制终端密码为 network
R1(config - line) # end                 //直接回到特权模式
R1 #                                    //全局配置模式提示符
```

5. 配置路由器的接口

路由器要正常工作,需要给路由器的接口配置 IP 地址和其他信息。首先指定接口类型和编号以进入接口配置模式,然后配置 IP 地址和子网掩码,比如串口(Serial 口)的配置。其配置过程如下:

```
R1 >                                    //用户执行模式提示符
R1 > enable                             //进入特权模式
R1 #                                    //特权模式提示符
R1 #  configure terminal                //进入全局配置模式
R1(config) #
R1(config) # interface Serial0/0        //进入 S0/0 口的配置
R1(config - if) # ip address 192.168.2.1 255.255.255.0    //给 S 口配置 IP 与子网掩码
R1(config - if) # clock rate 64000      //如果是在思科模拟器上进行配置,S 口需要配置时钟速
```

率,这里配置时钟速率为 64000

```
R1(config-if)#no shutdown
                            //端口默认是不启用的,要用 no shutdown 命令来启用端口
R1(config-if)#end
R1#
```

注意:在实训室环境中进行点对点串行链路布线时,电缆的一端标记为 DTE,另一端标记为 DCE。对于串行接口连接到电缆 DCE 端的路由器,其对应的串行接口上需要使用 clock rate 命令配置。

如果需要配置其他端口,请重复使用接口配置命令。例如配置快速以太网接口(FastEthernet 接口),配置如下:

```
R1>                               //用户执行模式提示符
R1>enable                         //进入特权模式
R1#                               //特权模式提示符
R1# configure terminal            //进入全局配置模式
R1(config)#                       //全局配置模式提示符
R1(config)# interface FastEthernet0/0   //进入 F0/0 口的配置
R1(config-if)# ip address 192.168.1.1 255.255.255.0    //配置 F0/0 口的 IP 与子网掩码
R1(config-if)# no shutdown        //启用端口
```

在此请注意,路由器的每个接口必须属于不同的网络;两台路由器相连时,同侧相连的两个端口必须是同一网络的 IP。

值得一提的是,在路由器上有本地环回口 loopback,它是一个虚接口,通常作为一台路由器的管理地址,类似于 Windows 系统计算机的 127.0.0.1。系统管理员完成网络规划之后,为了方便管理,会为每一台路由器创建一个 loopback 接口,并在该接口上单独指定一个 IP 地址作为管理地址,管理员会使用该地址对路由器远程登录(Telnet),该地址实际上起到了类似设备名称一类的功能。

但是,通常每台路由器上存在众多接口和地址,为何不从当中随便挑选一个呢? 原因是如果只指定路由器的某一个物理接口作为管理接口,当此物理接口由于故障 down 掉时,也就无法再登录去管理了。如果配置了虚接口 loopback,只要路由器其他的接口仍旧能通,就可以用 Telnet 登录管理。由于此类接口没有与对端互联互通的需求,所以为了节约地址资源,loopback 接口的地址通常指定为 32 位掩码。

6. 保存配置信息

在特权模式输入以下命令,这样就算是路由器断电,重启配置信息还在。

```
R1# copy running-config startup-config
```

查看路由器配置的几个常用命令如下:

- R1# show ip route

此命令会显示 IOS 当前在选择到达目的网络的最佳路径时所使用的路由表。此处,R1 只包含经过自身接口到达直连网络的路由。

- R1# show interfaces

此命令会显示所有的接口配置参数和统计信息。

- R1# show ip interface brief

此命令会显示简要的接口配置信息,包括 IP 地址和接口状态。此命令是排除故障的实用工具,也可以快速确定所有路由器的接口状态。

21.3　思考与讨论

请讨论路由器的接口,如 F 口、S 口、G 口通常接什么网络。

第22章
静态路由与默认路由配置实训

实训目的
- 掌握路由器的工作原理。
- 熟悉静态路由与默认路由的配置命令。
- 熟悉 tracert 路由跟踪命令。

实训环境
- 运行 Windows 操作系统的计算机一台。
- Cisco Packet Tracer 模拟软件。

或
- Cisco 1841 路由器三台。
- 运行 Windows 操作系统的计算机三台。
- 路由器串口线两根、RJ-45 转 DB-9 反接线一根、RJ-45 双绞线若干。
- 超级终端应用程序。

22.1 实训原理

路由器属于网络层设备,能够根据 IP 包头的信息选择一条最佳路径将数据包转发出去,以实现不同网段的主机之间的互相访问。选择最佳路径的策略(即路由算法)是路由器的关键所在。

22.1.1 路由器的工作原理

为了完成路由选择工作,在路由器中保存着各种传输路径的相关数据——路由表(Routing Table),供路由选择时使用。打个比方,路由表就像我们平时使用的地图一样,标识着各种路线,路由表中保存着子网的标志信息、网上路由器的个数和下一个路由器的名字等内容。路由表可以是由系统管理员固定设置好的,也可以由系统动态修改,可以由路由器自动调整,也可以由主机控制。

路由表的项目一般含有 5 个基本字段,即目的地址、网络掩码、下一跳地址、接口、度量。在进行路由选择时,路由器按照直接路由→特定主机路由→特定网络路由→默认路由的顺序将 IP 包头与路由表项进行匹配。

- 直接路由：该表项的"目的地址"所在的网络与路由器直接相连。
- 间接路由：该表项的"目的地址"所在的网络与路由器非直接相连。
- 特定主机路由：该表项的"目的地址"字段是某台特定主机的 IP 地址。
- 特定网络路由：该表项的"目的地址"字段是另一个网络的地址。
- 默认路由：一种特殊的静态路由，当路由表中没有与数据包的目的地址匹配的项时路由器做出的选择，该路由表项目的"目的地址"字段是 0.0.0.0 0.0.0.0。

22.1.2　静态路由与默认路由的配置

生成路由表主要有两种方法，即手工配置（静态配置）和动态配置。配置静态路由和默认路由的常用命令如下：

```
Router # configure terminal                                      //进入全局配置模式
Router(config) # ip route 0.0.0.0 0.0.0.0 serialnumber/ipaddress  //配置默认路由
Router(config) # ip route destip mask serialnumber/ipaddress     //配置静态路由
Router # show ip route                                           //查看路由表
```

22.1.3　tracert 路由跟踪命令

配置好路由表后，可以使用 tracert 命令来检验配置。Tracert 是路由跟踪实用程序，用于确定 IP 数据报访问目标所采取的路径。通常用 IP 生存时间（TTL）字段和 ICMP 错误消息来确定从一个主机到网络上其他主机的路由。命令格式如下：

```
tracert [ - d] [ - h maximum_hops] [ - j computer - list] [ - w timeout] target_name
```

- -d：指定不将 IP 地址解析到主机名称。
- -h maximum_hops：指定跃点数，以跟踪到被称为 target_name 的主机的路由。
- -j host-list：指定 Tracert 实用程序数据包所采用路径中的路由器接口列表。
- -w timeout：等待 timeout 为每次回复所指定的毫秒数。
- target_name：目标主机的名称或 IP 地址。

22.2　实训步骤

22.2.1　网络配置

使用网络仿真软件 Cisco Packet Tracer 模拟图 22.1 所示的网络（或者用双绞线和串行线连接 3 台路由器和 3 台主机），设置路由器和主机的 IP 地址（子网掩码 255.255.255.0）以及主机的默认网关。本次实训在思科模拟器上和实际物理环境中都能配通。

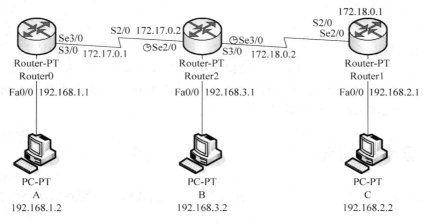

图 22.1　网络结构六

22.2.2　配置默认路由

在路由器 Router0 上配置一条默认路由,所有数据包从 Serial3/0 端口转发出去,配置方法如下:

```
Router0#configure terminal
Router0(config)#ip route 0.0.0.0 0.0.0.0 serial 3/0
Router0(config)#end
```

查看 Router0 的路由表:

```
Router0#show ip route
```

类似地,在路由器 Router1 上配置一条默认路由,所有数据包从 Serial2/0 端口转发出去。查看 Router1 的路由表信息。

22.2.3　配置静态路由

在路由器 Router2 上配置两条静态路由,发往主机 A 所在网络的数据包转发给 Router0 的 Serial3/0 端口,发往主机 C 所在网络的数据包转发给 Router1 的 Serial2/0 端口,配置方法如下:

```
Router2#configure terminal
Router2(config)#ip route 192.168.1.0 255.255.255.0 172.17.0.1
Router2(config)#ip route 192.168.2.0 255.255.255.0 172.18.0.1
Router2(config)#end
```

查看 Router2 的路由表信息。

22.2.4　测试路由

在主机 A 的命令行环境下使用 tracert 命令跟踪到主机 B 和主机 C 的路由:

```
PC> tracert 192.168.3.2
PC> tracert 192.168.2.2
```

查看跟踪路由的结果,并对结果作出解释。

类似的,在主机 B 的命令行环境下使用 tracert 命令跟踪到主机 A 和主机 C 的路由,解释说明跟踪路由的结果;在主机 C 的命令行环境下使用 tracert 命令跟踪到主机 A 和主机 B 的路由,解释说明跟踪路由的结果。

22.3 思考与讨论

路由器的默认路由有什么作用? 可配置多条默认路由吗? 不配置默认路由会怎样?

第23章

RIP路由协议配置实训

实训目的

- 深入了解 RIP 协议的工作原理。
- 学会配置 RIP 协议网络。
- 掌握 RIP 协议配置错误的排除。

实训环境

- 运行 Windows 操作系统的计算机一台。
- Cisco Packet Tracer 模拟软件。

或

- Cisco 1841 路由器两台。
- 普通交换机三台。
- 运行 Windows 操作系统的计算机三台。
- 路由器串口线一根、RJ-45 转 DB-9 反接线一根、RJ-45 双绞线若干。
- 超级终端应用程序。

23.1 实训原理

23.1.1 RIP 协议简介

路由信息协议(Routing Information Protocol, RIP)是一种内部网关协议(IGP),是一种动态路由选择协议,用于自治系统(AS)内的路由信息的传递。RIP 协议基于距离矢量算法(Distance Sector Algorithms),使用"跳数"(即 metric)来衡量到达目的地址的路由距离。这种协议的路由器只关心自己周围的世界,只与自己相邻的路由器交换信息,范围限制在 15 跳(15 度)之内,再远它就不关心了。RIP 应用于 OSI 网络七层模型的网络层。

在默认情况下,RIP 使用一种非常简单的度量制度,距离就是通往目的站点所需经过的链路数,取值为 1~15,数值 16 表示无穷大。RIP 进程使用 UDP 的 520 端口来发送和接收 RIP 分组。RIP 分组每隔 30s 以广播的形式发送一次,为了防止出现"广播风暴",其后续的分组将做随机延时后发送。在 RIP 中,如果一个路由在 180s 内未被刷,则相应的距离就被设定成无穷大,并从路由表中删除该表项。

RIP 协议是最早的路由协议,现在仍然发挥"余热",对于小型网络,RIP 就所占的带宽而言开销小,易于配置、管理和实现。它有下面两个版本。

- RIPv1 协议:有类路由协议。
- RIPv2 协议:无类路由协议,需手工关闭路由自动汇总。

另外,为了兼容 IPv6 的应用,RIP 协议也发布了 IPv6 下的应用协议 RIPng(Routing Information Protocol next generation)。

有类与无类的区别如下:

有类路由在路由更新时不会将子网掩码一同发送出去,路由器收到更新后会假设子网掩码。子网掩码的假设基于 IP 的分类,很明显,有类路由只会机械地支持 A、B、C 这样的 IP 地址。在 IPv4 地址日益枯竭的情况下,只支持有类路由明显不再适合。而无类路由支持可变长子网掩码(VISM),在网络 IP 的应用上可以缓解 IP 利用的问题。

例如,有一个 B 类的 IP 地址 172.16.1.1/16,默认的子网掩码是 16 位长,如果再进一步划分子网,采用 24 位长的子网掩码,可划出 4 个子网(当然不止 4 个),将 4 个子网分配出去就提高了 IP 的利用。如果是有类路由,则不能支持可变的子网掩码,只会机械地发送 16 位长的掩码,这样也就不能区分出子网。在运行 RIPv1 这样的网络中,如果划分了子网,则路由更新时会丢失子网,数据就不知道从哪里转发出去,如图 23.1 所示。

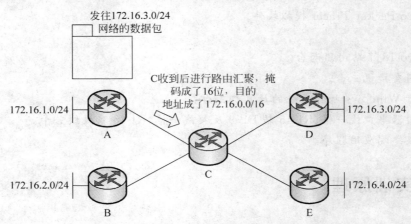

图 23.1　路由汇聚造成丢包示意图

在图 23.1 中,网络运行 RIPv1 这样的有类路由协议,路由 A 发送一个数据包到目的地 172.16.1.3.0/24,但是 C 路由收到后会自动汇总,将目的地 IP 汇聚成了 172.16.0.0/16,这样的数据包可以转发的方面有 3 个,分别是 B、C、D 路由,C 就不知道数据包怎么转发了,可能的结果是随机选一个方向转发,造成丢包现象。

RIP 协议的优点在于实现简单、配置容易、维护简单,可以支持 IP、IPX 等多种网络层协议。当然,它也存在问题,主要体现在路由收敛速度慢、以跳数(hop)标记的 metric 值不能真实反映路由开销、16 跳的限制不适合大规模的网络、周期性广播链路开销比较大。

所以,RIP 协议只适合网络规模小的场合,这样其运行效率越好。RIP 协议适合采用相同网络结构的中小型网络,适用于校园网、网络结构变化缓慢的地区性网络。

RIPv2 增强了 v1 版的一些不支持的功能,主要体现在以下几个方面:

- 支持外部路由标签(Route Tag)。
- 报文中带 mask,支持 CIDR(无类别域间路由)。

- 支持多播路由更新(多播地址：224.0.0.9),减少资源消耗。
- 支持指定下一跳地址。
- 支持协议报文验证、MD5 和明文方式,加强安全性。
- Route Tag 支持。

RIPv2 的路由器协议报文目的地址为 224.0.0.9,这样减少了广播报文,减轻了网络负担。

23.1.2 RIP 协议的工作原理

RIP 路由协议使用 UDP 收发报文,端口号为 520,广播的目的地址为 255.255.255.255 (RIPv2 使用的是 224.0.0.9 组播地址)。在网络中每台路由器维护一张路由表,所谓路由表,指的是路由器或者其他互联网网络设备上存储的表,该表中存有到达特定网络终端的路径。

1. RIP 路由的启动

(1)路由器启动 RIP 后向周围路由器发送请求报文(Request message)。

(2)周围的 RIP 路由器收到请求报文后响应该请求,回送包含本地路由表信息的响应报文(Response message)。

(3)路由器收到邻居路由器响应报文后修改本地路由表。

2. RIP 路由计算

(1)路由器收到响应报文后,如果本地路由表中不存在收到的路由,则修改本地路由表,同时向相邻路由器发送触发修改报文,广播路由修改信息。如果收到的路由在本地路由表中已经存在,则作比较,若比本地路由表中的记录更新,则修改本地路由表,再转发更新;如果收到的路由过旧,直接丢弃。

(2)相邻路由器收到触发修改报文后,又向其各自的相邻路由器发送触发修改报文。在一连串的触发修改广播后,各个路由器都能够得到并保持最新的路由信息。

(3)RIP 采用老化机制对超时的路由进行老化处理,以保证路由的实时性和有效性。因此,RIP 每隔一定的时间周期性地向邻居路由器发布本地的路由表,相邻路由器收到报文后,对其本地路由进行更新。除此之外,为了加快网络收敛时间,在网络发生变化时会立即发送更新。在下面两种情况下会发生更新:

(1)定时更新发送,每隔 30s 发送全部路由,以保证路由信息在全网的同步;

(2)触发更新发送,在路由发生变化的情况下立刻向外发送变化路由,加快网络的收敛,减少环路出现的几率。

路由更新时会启动计时,防止更新包超时,以动态地掌握网络的变化情况。

(1)定时更新时间(Periodic Update):每隔 30s 向外发送一次本地的全部路由。

(2)超时时间(Timeout):路由在 Timeout 超时时间内没有更新,该路由被认为不可达,默认为 180s。

如果一条路由在 180s 未收到更新报文,RIP 就标识该网络为不可达,同时启动抑制定时器(180s),在抑制期内,该路由的更新被忽略。抑制期满后,如果在 60s 内没有收到它的更新,该路由项被删除,所以路由删除时间默认为 240s。

3．数据转发

路由器收到数据包后，根据协议采用的路由算法在路由表中选择一条最佳路径将数据包转发出去。如果收到的数据包目的地不可达，则丢弃数据包，并向源端发送抑制信息。

在网络中通常存在多条路径，可能会产生回路，在网络中出现回路的后果很严重，数据包在网内来回震荡，带宽耗尽后会造成网络不可用。RIP 路由防止回路的方法有以下几种：

1）触发更新（Trigger Update）

路由信息发生变化时，立即向邻居路由器发送触发更新报文，通知变化的路由信息。

2）计数到无穷（Count to infinity）

为避免路由环收敛时间过长，将 Cost＝16 表示不可达，在出现坏消息的情况下计算到 16 后，该坏消息被认为不可达路由。

3）水平分割（Split Horizon）

RIP 从某个接口学到的路由不再从该接口发布给其他路由器，防止路由循环、防止计数到无穷、发布更少的路由信息，减少带宽消耗。

4）毒性逆转（Poison Reverse）

对于 RIP 从某个接口学到的路由，将该路由的 Cost 变成 16，然后发送回该接口，可以清除对方路由表中的无用信息。

23.2　实训步骤

23.2.1　网络配置

在 Cisco Packet Tracer 软件中配置好实训的拓扑，在模拟器上先练习实训中的相关配置。本次实训在思科模拟器上和实践物理环境中都能配通。本次实训的拓扑如图 23.2 所示。

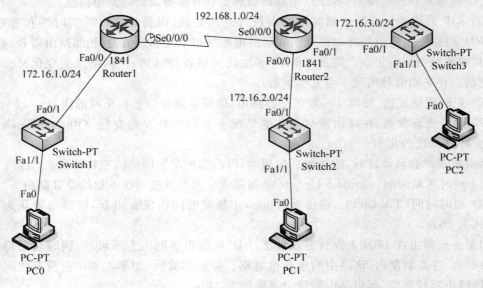

图 23.2　RIP 实训拓扑图

实训任务：

（1）根据实训环境配置路由器，配置 RIPv1 协议。

（2）根据实训环境配置路由器，配置 RIPv2 协议，使得实训环境中的所有网络通过 RIPv2 协议学习路由，最终能彼此通信。

实训环境路由器的配置参数如表 23.1 所示。

表 23.1　实训路由器参数表

路由器	F0/0	F0/1	S0/0/0
Router1	172.16.1.1/24		192.168.1.1/24
Router2	172.16.2.1/24	172.16.3.1/24	192.168.1.2/24

在网络中存在 3 个子网，即 172.16.1.0/24、172.16.2.0/24 和 172.16.3.0/24，此 3 个子网被路由分开，不连续。我们知道这是 B 类的子网 IP，B 类 IP 默认的子网掩码为 16 位，即 255.255.0.0。在有类路由中只支持这种标准的子网掩码，在无类路由中才支持可变子网掩码，如本例中全用了 24 位长的掩码，为 255.255.255.0。这样设置主要在于观察 RIPv1 和 RIPv2 路由协议工作时路由汇总的不同。

有关的配置命令如表 23.2 所示。

表 23.2　RIP 协议有关的配置命令

任　务	命　令	任　务	命　令
指定使用 RIP 协议	router rip	指定与该路由器相连的网络	network *network*
指定 RIP 版本	version {1|2}		

23.2.2　进行 RIPv1 的配置

RIP 路由协议配置的主要命令有 router rip 和 network。network 命令在于给运行 RIP 协议的路由器通告你路由。其方法格式为"network network-number"，network-number 是主网络号，即网络地址。注意，其后没有跟子网掩码。各接口的 IP 地址与子网掩码配置命令略。

1. 在路由器 1 上配置 RIPv1

```
Router1#                                        //特权模式提示符
Router1#config terminal                         //进入全局配置模式
Router1(config)#                                //全局配置模式提示符
Router1(config)# router rip                     //配置 RIP 协议，默认是 v1 版本
Router1(config-router)#                         //进入路由协议配置
Router1(config-router)#network 192.168.1.0      //把路由更新通告给 192.168.1.0 网络
Router1(config-router)#network 172.16.1.0       //把路由更新通告给 172.16.1.0 网络
Router1(config-router)#ctrl+z                   //直接返回到特权模式
Router1#                                        //特权模式提示符
```

2. 在路由器 2 上配置 RIPv1

```
Router2#                                            //特权模式提示符
Router2#config terminal                             //进入全局配置模式
Router2(config)#                                    //全局配置模式提示符
Router2(config)#router rip                          //配置 RIP 协议
Router2(config-router)#                             //进入路由协议配置
Router2(config-router)#network 192.168.1.0          //把路由更新通告给 192.168.1.0 网络
Router2(config-router)#network 172.16.2.0           //把路由更新通告给 172.16.2.0 网络
Router2(config-router)#network 172.16.3.0           //把路由更新通告给 172.16.3.0 网络
Router2(config-router)#ctrl+z                       //直接返回到特权模式
Router2#                                            //特权模式提示符
```

3. 测试主机连通性

在全网的各个子网上都选择一台计算机主机进行主机的网络配置(设置其 IP 地址、子网掩码、默认网关。注意,IP 的网络号必须与默认网关的网络号相同,默认网关为与网络物理相连的路由器的接口的 IP 地址),并在确保计算机能与默认网关连通的前提下用 ping 命令检查彼此间的连通性。

Router2 上的路由表如图 23.3 所示。

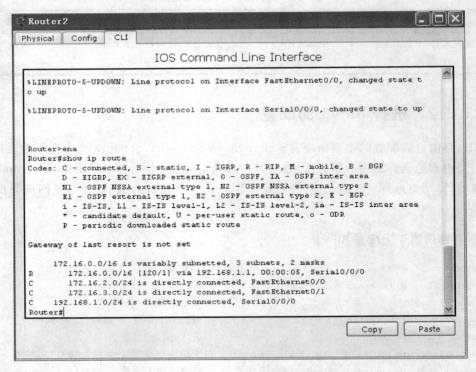

图 23.3　Router2 上的路由表

在 Rourter2 上并没有学习两个路由器通告的带 R 标记的路由,为什么呢? 因为网络中运行的是 RIPv1 协议,当它收到从 Router1 上发来的路由信息时,会将 172.16.1.0、

172.16.2.0 和 172.16.3.0 自动汇总成 172.16.0.0,所以在 Router2 上查看路由表时只看到一条带 R 标记的路由,内容为"R 172.16.0.0/16 [120/1] via 192.168.1.1,00:00:07,Serial0/0/0",意思是通往 172.16.0.0 网络的出口的 IP 为 192.168.1.1,从 S0/0/0 端口转发。然而,在 Router1 上根本没有学习到路由,两台路由器之间就不能通信了,所以到此时计算机能 ping 通网关,但是 ping 不通对方的子网。要解决这个问题,只能 3 个子网用标准的分类地址,不能使用变长的子网掩码。Router1 上的路由表如图 23.4 所示。

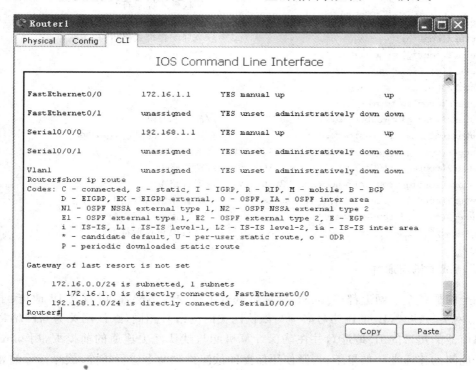

图 23.4 Router1 上的路由表

23.2.3 进行 RIPv2 的配置

下面在网络中将路由运行 RIPv2 协议,并关掉自动汇总功能试一试。有必要指出,在运行 RIPv1 的路由上,就算关掉自动汇总也不起作用,因为 RIPv1 不支持无类路由。

1. 在路由器 Router1 上配置 RIPv2 协议

```
Router1 #                                    //特权模式提示符
Router1 # config terminal                    //进入全局配置模式
Router1(config) #                            //全局配置模式提示符
Router1(config) # no router rip              //禁用 RIPv1 协议
Router1(config) # end
Router1 # config terminal
Router1(config) # router rip                 //配置 RIP 协议
Router1(config - router) # version 2         //指定 RIP 的版本为 RIPv2
Router1(config - router) # network 192.168.1.0   //通告路由
```

Router1(config - router)♯network 172.16.1.0	//通告路由
Router1(config - router)♯no auto - summary	//关掉路由的自动汇总
Router1(config - router)♯ctrl + z	//直接返回到特权模式
Router1♯	//特权模式提示符

2. 在路由器 Router2 上配置 RIPv2 协议

Router2♯	//特权模式提示符
Router2♯config terminal	//进入全局配置模式
Router2(config)♯	//全局配置模式提示符
Router2(config)♯ no router rip	//禁用 RIP 协议
Router2(config)♯ end	
Router2♯	
Router2♯config terminal	
Router2(config)♯router rip	//配置 RIP 协议
Router2(config - router)♯version 2	//指定 RIP 的版本为 RIPv2
Router2(config - router)♯network 192.168.1.0	//通告路由
Router2(config - router)♯network 172.16.2.0	//通告路由
Router2(config - router)♯network 172.16.3.0	//通告路由
Router2(config - router)♯no auto - summary	//关掉路由的自动汇总
Router2(config - router)♯end	//直接返回到特权模式
Router2♯	//特权模式提示符

3. 测试主机连通性

在全网的各个子网上都选择一台计算机进行主机的网络配置(设置其 IP 地址、子网掩码、默认网关。注意,IP 的网络号必须与默认网关的网络号相同,默认网关为与网络物理相连的路由器的接口的 IP 地址),并在确保计算机能与默认网关连通的前提下,用 ping 命令检查彼此间的连通性。如果不通,则使用后面的故障排除命令进行排除,故障排除的相关命令如表 23.3 所示(查看命令都是在特权模式下使用)。

表 23.3　故障排除的相关命令

命令名	功能描述
Show ip route	显示路由表的内容
Show ip protocols	显示与路由器协议相关的参数与定时器信息
Show ip interface	显示与接口有关的配置与状态信息
Show running-config	查看路由配置信息
Debug ip rip	实时调试路由器所收到、发送的路由更新信息
Undebug all	debug 调试

配置了 RIPv2 协议并关掉自动汇总后,网络中的两台路由就学习到了各个子网的路由信息,各子网之间能够相互 ping 通。Router1、Router2 上的路由表信息如图 23.5 所示。

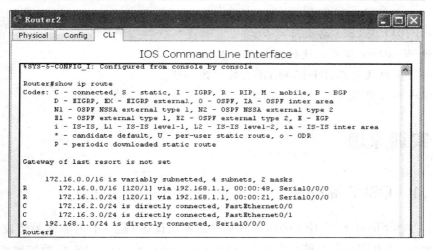

图 23.5 Router1 和 Router2 上的路由表

23.3 思考与讨论

请深入讨论有类和无类路由，以及路由汇聚过程。

第24章
OSPF路由协议配置实训

实训目的

- 了解链路状态路由协议与距离矢量路由协议的异同。
- 掌握 OSPF 的基本特点。
- 掌握 OSPF 协议的配置与管理。

实训环境

- 运行 Windows 操作系统的计算机一台。
- Cisco Packet Tracer 模拟软件。

或

- Cisco 1841 或 2811 路由器 4 台。
- 运行 Windows 操作系统的计算机一台。
- 路由器串口线 3 根、RJ-45 转 DB-9 反接线一根。
- 超级终端应用程序。

24.1 实训原理

24.1.1 OSPF 简介

OSPF(Open Shortest Path First,开放式最短路径优先)是一个内部网关协议(Interior Gateway Protocol,IGP),用在单一自治系统(Autonomous System,AS)内决策路由,应用笛卡斯加(Dijkstra)算法来计算最短路径树。与 RIP 相比,OSPF 是链路状态协议,而 RIP 是距离矢量协议。

链路(link)就是路由器上的接口,指运行在 OSPF 进程下的接口。链路状态(LSA)是一个参数,一般带宽、时延、费用等都可做状态参数,也就是 OSPF 接口上的描述信息,例如接口上的 IP 地址、子网掩码、网络类型、cost 值等。OSPF 路由器之间交换的并不是路由表,而是链路状态(LSA),OSPF 通过获得网络中所有的链路状态信息计算出到达每个目标的精确的网络路径。OSPF 路由器会将自己所有的链路状态毫不保留地全部发给邻居,邻居将收到的链路状态全部放入链路状态数据库(Link-State Database),邻居再发给自己的所有邻居,并且在传递过程中绝对不会有任何更改。通过这样的过程,最终,网络中所有的 OSPF 路由器都拥有网络中所有的链路状态,并且所有路由器的链路状态应该能描绘出相同的网络拓扑。链路开销 cost 是主要描述链路状态的一个参数。

OSPF 使用接口的带宽来计算开销(cost),与接口带宽成反比,带宽越高,cost 值越小,例如一个 10Mb/s 的接口,计算 cost 的方法为将 10Mb 换算成 b,为 10 000 000b,然后用 100 000 000 除以该带宽,结果为 100 000 000/10 000 000=10,所以一个 10Mb/s 的接口,OSPF 认为该接口的 metric 值为 10。需要注意的是,在计算中,带宽的单位取 b/s,而不是 kb/s。

例如一个 100Mbit/s 的接口,cost 值为 100 000 000/100 000 000=1,因为 cost 值必须为整数,所以即使是一个 1000Mbit/s(1Gbit/s)的接口,cost 值和 100Mbit/s 一样为 1。如果路由器要经过两个接口才能到达目标网络,那么很显然,两个接口的 cost 值要累加起来,这才算是到达目标网络的度量(metric)值,所以 OSPF 路由器计算到达目标网络的 metric 值,必须将沿途中所有接口的 cost 值累加起来,在累加时,同 EIGRP 一样,只计算出接口,不计算进接口。OSPF 会自动计算接口上的 cost 值,但也可以通过手工指定该接口的 cost 值,手工指定的值优先于自动计算的值。

常见链路的默认 OSPF 开销如表 24.1 所示。

表 24.1　常见链路的默认开销

接口类型	默认开销	接口类型	默认开销
56kbit/s 串行链路	1785	以太网 10Mbit/s	10
64kbit/s 串行链路	1562	快速以太网 100Mbit/s	1
T1 1.544Mbit/s 串行链路	64	FDDI 100Mbit/s	1
E1 2.048Mbit/s 串行链路	48	ATM	1

大多数路由协议的度量值计算方法不同,不能兼容。管理距离就是一个很好的可以给种种协议参考的度量值。思科路由器填充自己的路由表时,将根据管理距离来选择最佳路径(声明:在不引起混乱的情况下,路径与路由是同一个意思)。管理距离是 0～255 之间的一个整数。常见的路由协议的管理距离如表 24.2 所示。

表 24.2　常见路由协议的管理距离

路由源	管理距离	路由源	管理距离
直连接口	0	IS-IS	115
静态路由	1	RIPv1、RIPv2	120
EIGRP 汇总路由	5	外部 EIGRP	170
外部 BGP	20	内部 GBP	200
内部 EIGRP	90	未知	255
OSPF	110		

OSPF 运行笛卡斯加(Dijkstra)算法来计算路径,对计算过程概括如下:

每台运行 OSPF 的路由器都会维持一个链路状态数据库,其中包含来自其他所有路由器的 LSA。一旦路由器收到所有 LSA 并建立其本地链路状态数据库,OSPF 就使用 Dijkstra 的最短路径优先(SPF)算法创建一个 SPF 树,根据 SPF 树,将通向每个网络的最佳路径填充到路由表。OSPF 的计算过程示意如图 24.1 所示。

OSPF 可以应用到下面 6 种网络类型。

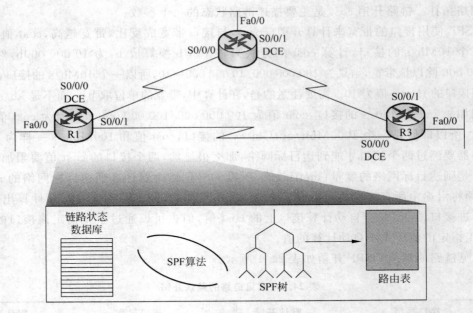

图 24.1　路由计算示意图

1. 点到点网络（point-to-point）

点到点网络是由 Cisco 提出的网络类型，自动发现邻居，不选举 DR/BDR，hello 时间为 10s。比如 T1 线路是连接单独的一对路由器的网络，点到点网络上的有效邻居总是可以形成邻接关系，在这种网络上，OSPF 包的目标地址使用的是 224.0.0.5。

2. 广播型网络（broadcast）

广播型网络由 Cisco 提出的网络类型，自动发现邻居，选举 DR/BDR，hello 时间为 10s。比如以太网、Token Ring 和 FDDI，在这样的网络上会选举一个 DR 和 BDR，DR/BDR 发送的 OSPF 包的目标地址为 224.0.0.5，运载这些 OSPF 包的帧的目标 MAC 地址为 0100.5E00.0005，而除了 DR/BDR 以外发送的 OSPF 包的目标地址为 224.0.0.6。

3. 非广播型（NBMA）网络（non-broadcast）

非广播型网络是由 RFC 提出的网络类型，手工配置邻居，选举 DR/BDR，hello 时间为 30s。比如 X.25、Frame Relay 和 ATM，不具备广播的能力，因此邻居要人工来指定，在这样的网络上要选举 DR 和 BDR，OSPF 包采用 unicast（单播）的方式。

4. 点到多点网络（point-to-multipoint）

点到多点网络由 RFC 提出，自动发现邻居，不选举 DR/BDR，hello 时间为 30s。它是 NBMA 网络的一个特殊配置，可以看成是点到点链路的集合，在这样的网络上不选举 DR 和 BDR。

5. 点到多点非广播型网络

点到多点非广播型网络是由 Cisco 提出的网络类型,手工配置邻居,不选举 DR/BDR,hello 时间间隔为 30 秒。

6. 虚链接

OSPF 包以 unicast 的方式发送。

OSPF 协议的优点如下:

(1) 收敛速度快,能够在最短的时间内将路由变化传递到整个自治系统。

(2) 提出区域(area)划分的概念,将自治系统划分为不同区域后,通过对区域之间的路由信息的摘要大大减少了需传递的路由信息数量,也使得路由信息不会随网络规模的扩大而急剧增加。

(3) 良好的安全性,OSPF 支持基于接口的明文及 MD5 验证。

(4) OSPF 适应各种规模的网络,最多可达数千台。

24.1.2　OSPF 路由的工作原理简介

为了确保网络中所有的 OSPF 路由器做出一致的路由决策,每台路由器需要记录以下信息:

- 直接相连的邻接路由器

有关邻居的信息存储在邻居表中,这个表称为邻接关系数据库,也可简称为邻居表。

- 网络或区域内的其他路由器及其连接的网络

路由器通过 LSA 获悉其他路由器和网络,LSA 会扩散到整个网络,它存储在拓扑表中(LSDB),也称拓扑数据库。

- 前往每个目的地的最佳路径

每台路由器都使用 Dijkstra(SPF)算法独立计算前往网络中每个目的地的最佳路径,所有路径都存储在 LSDB,而最佳路径被加入到路由表中(也称转发数据库)。

OSPF 路由通电启动后经历 4 个阶段与邻居路由建立邻接关系。

(1) 邻居发现阶段。

(2) 双向通信阶段:hello 报文列出了对方的路由 ID。

(3) 数据库同步阶段:主从协商、DD 交换、LSA 请求、LSA 传播、LSA 应答。

(4) 完全邻接阶段(full adjacency)。

OSPF 路由器在完全邻接之前经过以下几个状态:

1. Down

此状态还没有与其他路由器交换信息。首先从其 OSPF 接口向外发送 hello 分组,此时还并不知道 DR(若为广播网络)和任何其他路由器。发送 hello 分组(默认是 10s)使用组播地址 224.0.0.5。

2. Attempt

Attempt 只适于 NBMA 网络(如帧中继),在 NBMA 网络中邻居是手动指定的,在该状态下,路由器将使用轮询间隔来发送 hello 包,以便与邻居取得联系。

3. Init

表明在 hello 包的失效间隔内(默认是 hello 间隔的 4 倍,即 40s)收到了 hello 包,但是 two-way 通信仍然没有建立起来。

4. two-way

双向会话建立,路由 ID 出现在对方的邻居列表中(若为广播网络,例如以太网,在这个时候应该选举 DR、BDR)。为减小多路访问网络中的 OSPF 流量,OSPF 会选举一个指定路由器(DR)和一个备用指定路由器(BDR)。

(1) 指定路由器(DR):DR 负责使用该变化信息更新。

(2) 备用指定路由器(BDR):BDR 会监控 DR 的状态,并在当前 DR 发生故障时接替其角色。其他所有的 OSPF 路由器称为 DROther。

5. ExStart

信息交换初始状态,在这个状态下,本地路由器和邻居将建立主从(Master/Slave)关系,路由器 ID 大的成为主路由(Master)DD。

6. Exchange

信息交换状态,本地路由器和邻居交换一个或多个 DBD 分组(也称 DDP),DBD 包含有关 LSDB 中 LSA 条目的摘要信息。

7. Loading

信息加载状态,收到 DBD 后,将收到的信息和 LSDB 中的信息进行比较。如果 DBD 中有更新的链路状态条目,则向对方发送一个 LSR,用于请求新的 LSA。

8. Full

完全邻接状态,邻居间的链路状态数据库同步完成,通过邻居链路状态请求列表为空且邻居状态为 Loading 来判断。

在整个过程中会使用到 5 种数据分组,如表 24.3 所示。

表 24.3　OSPF 的 5 种数据分组

类　型	名　　称	说　　明
1	hello	发现邻居并建立相邻关系
2	数据库描述(DBD)	检查路由器的数据库之间是否同步
3	链路状态请示(LSR)	向另一台路由器请求特定的链路状态记录
4	链路状态更新(LSU)	发送所请求的链路状态记录
5	链路状态确认(LSAck)	对其他类型的分组进行确认

24.1.3 OSPF 的 DR 与 DBR

在广播网(如以太网)和 NBMA(如 ATM)网络中,任意两台路由器之间都要交换路由信息,这使得任何一台路由器的路由变化都会导致多次传递,浪费了带宽资源。为解决这一问题,OSPF 协议定义了指定路由器 DR(Designated Router),所有路由器都只将信息发送给 DR,由 DR 将网络链路状态发送出去。在一个 OSPF 的网络中,所有的路由器分为两类,即指定路由器(DR/BDR)和非指定路由器(DROTHER)。

所有的非指定路由器都要和指定路由器建立邻居关系,并且把自己的 LAS 发送给 DR,而其他的 OSPF 路由器不会相互之间建立邻居关系。也就是说,在 OSPF 网络中,DR 和 BDR 的 LSDB(链路状态数据库)会包含整个网络的完整拓扑。DR 和 BDR 之外的路由器之间将不再建立邻接关系,也不再交换任何路由信息,这样就减少了广播网和 NBMA 网络上各路由器之间邻接关系的数量。

如果 DR 由于某种故障失效,则网络中的路由器必须重新选举 DR,再与新的 DR 同步。这需要较长的时间,在这段时间内,路由的计算是不正确的。为了能够缩短这个过程,OSPF 提出了 BDR(Backup Designated Router,备份指定路由器)的概念。当失去 DR 后,将由 DBR 来泛洪网络的 LSDB。另外,在一个网络中路由 ID 最大者为 DR,次大者为 DBR,当有新的路由器加入到网络中后,就算是其 ID 比当前的 DR、DRB 更大,也不会发生新的路由选举,只有当 DR 失效后才会再一次启动选举。

OSPF 的邻接一旦形成,会通过交换 LSA 来同步 LSDB,LSA 将进行可靠的洪泛。在选举 DR/BDR 的时候要比较 hello 包中的优先级 priority(设置命令: route(config-if)♯ip ospf cost {priority} 0~255),优先级最高的为 DR,次高的为 BDR。如果不做修改,默认端口上的优先级都为 1,在优先级相同的情况下比较 Router ID,RID 最高者为 DR,次高者为 BDR,当把相应端口的优先级设为 0 时,OSPF 路由器将不能再成为 DR/BDR,只能为 DROTHER。在使用默认优先级的 OSPF 的 DR 选举中,所有路由器之间会交换自己的 Router ID 来确定 DR。

Router ID 可以手工指定,如果没有手工指定 Router ID,那么路由器会先看自己有没有环回接口(Loopback)。如果有环回接口,则使用环回接口上的 IP 地址作为自己的 Router ID。如果没有环回接口,则会去比较自己所有物理接口上的 IP 地址,并从中选择最大的一个 IP 地址作为自己的 Router ID 来参与 DR 的选举。

DR 和 BDR 的选举可以用以下方式来决定:

(1) 如果有手工指定的 Router ID,则使用该 Router ID 参与选举;

(2) 如果没有手工指定的 Router ID,则使用 Loopback 接口上的 IP 作为 Router ID 参与选举;

(3) 如果没有 Loopback 接口,则使用物理接口中最大的 IP 作为 Router ID 参与选举;

(4) 所有的 OSPF 路由器交换自己的 Router ID,具有所有 Router ID 中最大一个的路由器将作为 DR,具有次大 Router ID 的路由器则成为 BDR。

24.2　实训步骤

24.2.1　网络配置

在 Cisco Packet Tracer 软件中配置好实训的拓扑,在模拟器上先练习实训中的相关配置。本次实训在思科模拟器上和实践物理环境中都能配通,使用的网络拓扑如图 24.2 所示。

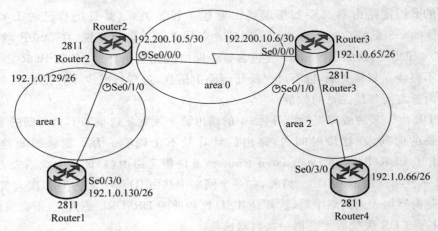

图 24.2　OSPF 实训拓扑图

实训环境中各路由器的配置参数如表 24.4 所示。

表 24.4　路由器的配置参数

路由器	S0/0/0	S0/1/0	S0/3/0
Router1			192.1.0.130/26
Router2	192.200.10.5/30	192.1.0.129/26	
Router3	192.200.10.6/30	192.1.0.65/26	
Router4			192.1.0.66/26

根据实训环境中路由器的配置参数配置好实训环境中的路由器的相关 IP 地址,并配置好 OSPF 协议,使得实训环境中的所有子网通过 OSPF 协议学习路由,最终能彼此通信。OSPF 配置的有关命令如表 24.5 所示。

表 24.5　与 OSPF 协议有关的配置命令

任　务	命　令
指定使用 OSPF 协议	router ospf *process-id*
指定与该路由器相连的网络	network *address wildcard-mask* area *area-id*

注:1. OSPF 路由进程 process-id 必须指定范围在 1～65 535,多个 OSPF 进程可以在同一个路由器上配置,但最好不要这样做。多个 OSPF 进程需要多个 OSPF 数据库的副本,必须运行多个最短路径算法的副本。process-id 只在路由器内部起作用,不同路由器的 process-id 可以不同。

2. wildcard-mask 是子网掩码的反码,网络区域 ID area-id 是在 0～4 294 967 295 内的十进制数,也可以是带有 IP 地址格式的 x.x.x.x。当网络区域 ID 为 0 或 0.0.0.0 时为主干域。不同网络区域的路由器通过主干域学习路由信息。

24.2.2　进行 OSPF 配置

下面介绍 OSPF 配置,对路由器上各接口的 IP 地址与子网掩码配置命令略。

1. 在路由器 Router1 上配置 OSPF

配置过程如下:

```
Router1#                                    //特权模式提示符
Router1#config terminal                     //进入全局配置模式
Router1(config)#                            //全局配置模式提示符
Router1(config)# router ospf 100            //启动 OSPF 协议,其进程号为 100
Router1(config-router)#network 192.1.0.128 0.0.0.63 area 1
                        //指定与 Router1 相连的网络为 192.1.0.128/26,此端口加入区域 1
Router1(config-router)#ctrl+z               //直接返回到特权模式
```

2. 在路由器 Router2 上配置 OSPF

配置过程如下:

```
Router2#                                    //特权模式提示符
Router2#config terminal                     //进入全局配置模式
Router2(config)#                            //全局配置模式提示符
Router2(config)# router ospf 200            //启动 OSPF 协议,其进程为 200
Router2(config-router)# network 192.200.10.4 0.0.0.3 area 0
                        //指定与 Router2 相连的网络为 192.200.10.4/30,此端口加入区域 0
Router2(config-router)# network 192.1.0.128 0.0.0.63 area 1
                        //指定与 Router2 相连的网络为 192.1.0.128/26,此端口加入区域 1
Router2(config-router)#ctrl+z               //直接返回到特权模式
Router2#                                    //特权模式提示符
```

3. 在路由器 Router3 上配置 OSPF

配置过程如下:

```
Router3#                                    //特权模式提示符
Router3#config terminal                     //进入全局配置模式
Router3(config)#                            //全局配置模式提示符
Router3(config)# router ospf 300            //启动 OSPF 协议,其进程为 300
Router3(config-router)# network 192.200.10.4 0.0.0.3 area 0
                        //指定与 Router3 相连的网络为 192.200.10.4/30,此端口加入区域 0
Router3(config-router)# network 192.1.0.64 0.0.0.63 area 2
                        //指定与 Router3 相连的网络为 192.1.0.64/26,此端口加入区域 2
Router3(config-router)#ctrl+z               //直接返回到特权模式
Router3#                                    //特权模式提示符
```

4. 在路由器 Router4 上配置 OSPF

配置过程如下:

```
Router4#                                    //特权模式提示符
Router4#config terminal                     //进入全局配置模式
```

```
Router4(config)#                                        //全局配置模式提示符
Router4(config)# router ospf 400                        //启动 OSPF 协议,其进程号为 400
Router4(config-router)# network 192.1.0.64 0.0.0.63 area 2
                                                        //指定与 Router4 相连的网络为 192.1.0.64/26,此端口加入区域 2
Router4(config-router)#ctrl+z                           //直接返回到特权模式
Router4#                                                //特权模式提示符
```

5. 测试连通性

在全网的各个子网上都选择一台计算机主机,进行主机的网络配置(设置其 IP 地址、子网掩码、默认网关,注意,IP 的网络号必须与默认网关的网络号相同,默认网关为与网络物理相连的路由器的接口的 IP 地址),并在确保计算机能与默认网关连通的前提下,用 ping 命令检查彼此间的连通性。如果不通,则使用后面的故障排除命令进行排除。

其他与 OSPF 操作相关的命令如下。

(1) show ip protocols:显示与路由协议相关的参数与定时器信息,注意将路由更新时间设为 0,表明路由更新不是在固定时间间隔上被发送的。

(2) show ip ospf neighbor:显示已知的 OSPF 邻居,包括它们的路由器 ID、接口地址和毗邻地址。

(3) show ip ospf neighbor detail:显示已知的 OSPF 邻居,包括它们的路由器 ID、接口地址和毗邻地址,还可以显示哪台路由器是该网络的 DR。

(4) show ip ospf interface type number:显示接口的优先级值和其他关键信息。

(5) debug ip ospf:实时显示路由器所收到的可发送的路由更新信息。

(6) show ip route:显示 IP 路由表的内容。

(7) clear ip route:清空路由表。

(8) no router ospf pocess-id:禁用 OSPF 协议,在全局模式下使用。

完成实训配置后,在路由器上使用 show ip route 命令可以查看到路由表,Router1 上显示的路由表如图 24.3 所示。同时可以查看路由器上运行的路由协议以及邻居相关信息,如图 24.4 和图 24.5 所示。

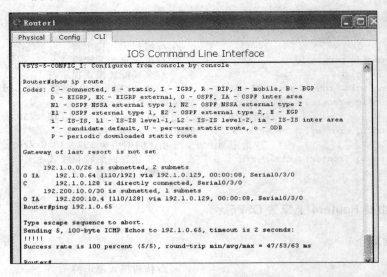

图 24.3　查看 Router1 上的路由表

```
Router#show ip protocol

Routing Protocol is "ospf 100"
  Outgoing update filter list for all interfaces is not set
  Incoming update filter list for all interfaces is not set
  Router ID 192.1.0.130
  Number of areas in this router is 1. 1 normal 0 stub 0 nssa
  Maximum path: 4
  Routing for Networks:
    192.1.0.128 0.0.0.63 area 1
  Routing Information Sources:
    Gateway          Distance      Last Update
    192.1.0.130        110         00:01:32
    192.200.10.5       110         00:01:32
  Distance: (default is 110)
```

图 24.4 查看 Router1 上的路由协议

```
Router#show ip ospf neighbor detail
 Neighbor 192.200.10.5, interface address 192.1.0.129
    In the area 1 via interface Serial0/3/0
    Neighbor priority is 0, State is FULL, 6 state changes
    DR is 0.0.0.0 BDR is 0.0.0.0
    Options is 0x00
    Dead timer due in 00:00:38
    Neighbor is up for 00:02:12
    Index 1/1, retransmission queue length 0, number of retransmission 0
    First 0x0(0)/0x0(0) Next 0x0(0)/0x0(0)
    Last retransmission scan length is 0, maximum is 0
    Last retransmission scan time is 0 msec, maximum is 0 msec
Router#
```

图 24.5 查看 Router1 的邻居信息

24.3 思考与讨论

1. 请构造一个简单的广播型网络,广播型以太网的网络拓扑如图所示 24.6 所示。在拓扑图中规划好 IP,在网络中设置路由器的 loopback 后观察 DR 与 DBR 的选举,参照本章 OSPF 的配置方法在 Router1 和 Rouer2 上配置 OSPF。

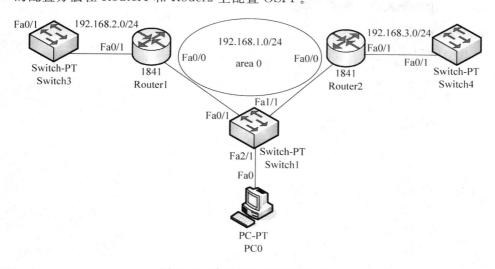

图 24.6 建议的以太网网络拓扑

2. 清除网络中配置的 OSPF,清除路由表,然后配置路由接口的优先级(priority),在 Router1 和 Router2 上配置 OSPF,观察 DR 与 DBR 的选举。

(1) 配置 OSPF,单域。

Router1 上的配置命令参考下面:

```
Router ospf 100
Network 192.168.2.0 0.0.0.255 area 0
Network 192.168.1.0 0.0.0.255 area 0
End
```

Router2 上的配置命令参考下面:

```
Router ospf 200
Network 192.168.3.0 0.0.0.255 area 0
Network 192.168.1.0 0.0.0.255 area 0
```

(2) 在路由器上配置 loopback。

Router1 上的配置命令参考下面:

```
Interface loopback 0
Ip address 10.0.0.1 255.255.255.255
```

Router2 上的配置命令参考下面:

```
Interface loopback 0
Ip address 10.0.0.2 255.255.255.255
```

(3) 在路由器上配置接口优先级。

Router1 上的配置命令参考下面:

```
Interface f0/0
Ip ospf priority 50
```

Router2 上的配置命令参考下面:

```
Interface f0/0
Ip ospf priority 100
```

第25章

访问控制列表配置实训

实训目的

- 掌握标准 IP 访问控制列表的格式。
- 掌握扩展 IP 访问控制列表的格式。
- 熟悉常用的 IP 访问控制列表配置命令。

实训环境

- 运行 Windows 操作系统的计算机一台。
- Cisco Packet Tracer 模拟软件。

或

- Cisco 1841 或 2811 路由器两台。
- 普通交换机两台。
- 运行 Windows 操作系统的计算机 4 台、HTTP 服务器一台。
- 路由器串口线一根、RJ-45 转 DB-9 反接线一根、RJ-45 双绞线若干。
- 超级终端应用程序。

25.1 实训原理

　　对于许多网管员来说,配置路由器的访问控制列表是经常性的工作,可以说,路由器的访问控制列表是网络安全保障的第一道关卡。访问列表提供了一种机制,它可以控制和过滤通过路由器的不同接口去往不同方向的信息流。这种机制允许用户使用访问表来管理信息流,以制定公司内部网络的相关策略。这些策略可以描述安全功能,并且可以反映流量的优先级别。例如,某个组织可能希望允许或拒绝 Internet 对内部 Web 服务器的访问,或者允许内部局域网上一个或多个工作站能够将数据流发到广域网上。对于这些情况,以及其他一些功能都可以通过访问表来达到目的。

　　目前的路由器一般都支持两种类型的访问表,即标准访问控制列表和扩展访问控制列表。标准访问控制列表控制基于网络地址的信息流,且只允许过滤源地址。扩展访问控制列表通过网络地址和传输中的数据类型进行信息流控制,允许过滤源地址、目的地址和上层应用数据。

25.1.1　标准 IP 访问控制列表

标准 IP 访问控制列表的格式如下：

access - list listnumber permit|deny [host] sourceaddress|any [wildcardmask] [log]

其中：

- listnumber：表号范围，标准 IP 访问表的表号为 1～99。
- permit/deny：允许或拒绝，permit 表示允许匹配报文通过接口，而 deny 表示匹配报文要被丢弃掉。
- sourceaddress：源地址，例如 198.78.46.8。
- wildcardmask：通配符屏蔽码，与子网屏蔽码的方式刚好相反，二进制的 0 表示一个"匹配"条件，二进制的 1 表示一个"不关心"条件。
- host/any：指定单个主机和所有主机。
- log：日志记录。

25.1.2　扩展的 IP 访问控制列表

扩展 IP 访问控制列表的格式如下：

access - list listnumber permit | deny protocol [host] sourceaddress | any [wildcardmask]
[sourceport] [host] destinationaddress|any [wildcardmask] [destinationport] [log] [option]

其中：

- listnumber：表号范围，扩展 IP 访问表的表号为 100～199。
- protocol：需要被过滤的协议，例如 IP、TCP、UDP、ICMP。
- sourceport 和 destinationport：源端口和目的端口，用 eq、lt、gt portnumber 指定，表示等于、小于或大于某个端口。
- option：扩展选项，例如 established 表示过滤 ACK 或 RST 位已设置的 TCP 报文。

25.1.3　IP 访问控制列表的配置命令

在一个路由器接口上配置一对一的访问控制列表一般按以下 3 个步骤进行：

（1）在全局配置模式下定义访问表，采用 access-list …命令。

（2）指定访问表所应用的接口，进入接口子配置模式，采用 interface ethernet | fastethernet|serial slot_♯/port_♯命令。

（3）定义访问表作用于接口上的方向，采用 ip access-group listnumber in|out 命令。

除此之外，还可以采用 no access-list listnumber 命令删除访问控制列表；采用 show access-list [listnumber]查看访问控制列表。

25.2　实训步骤

25.2.1　网络配置

使用网络仿真软件 Cisco Packet Tracer 模拟图 25.1 所示的网络(或者用双绞线和串行线连接两台路由器、两台交换机、4 台主机和一台 HTTP 服务器),设置路由器、主机 A-D 和 HTTP 服务器的 IP 地址(子网掩码为 255.255.255.0)以及主机和服务器的默认网关。本次实训在思科模拟器上和实际物理环境中都能配通。

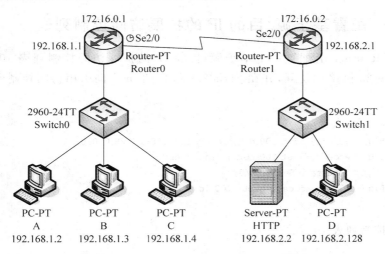

图 25.1　网络结构七

25.2.2　配置默认路由

在路由器 Router0 和 Router1 上各配置一条默认路由,默认情况下,数据包从 Serial2/0 端口转发出去。然后使用 ping 命令测试主机 A、B、C、D 和 HTTP 服务器之间的连通性,确保两两互通。

25.2.3　配置标准访问控制列表

在路由器 Router1 上配置一个标准 IP 访问控制列表 1,只禁止主机 C 发起的访问,并在 Serial2/0 端口的 in 方向引用访问控制列表 1。配置方法如下:

```
Router # configure terminal
Router(config) # access - list 1 deny host 192.168.1.4
Router(config) # access - list 1 permit any
Router(config) # interface Serial 2/0
Router(config - if) # ip access - group 1 in
Router(config - if) # end
```

查看访问控制列表 1:

```
Router # show access - list 1
```

在主机 A、B、C 上分别 ping HTTP 服务器和主机 D,观察能否 ping 通,填写表 25.1。如果不能 ping 通,请解释理由。

表 25.1 标准访问控制列表测试

主机	ping HTTP 服务器的结果	ping 主机 D 的结果
A		
B		
C		

25.2.4 配置基于源/目的 IP 的扩展访问控制列表

在路由器 Router1 上配置一个基于源/目的 IP 的扩展访问控制列表 100,只禁止对 192.168.2.128/25 网络的访问,并在 Serial2/0 端口的 in 方向引用访问控制列表 100。配置方法如下:

```
Router # configure terminal
Router(config) # access - list 100 deny ip any 192.168.2.128 0.0.0.127
Router(config) # access - list 100 permit ip any any
Router(config) # interface Serial 2/0
Router(config - if) # ip access - group 100 in
Router(config - if) # end
```

查看访问控制列表 100:

```
Router # show access - list 100
```

在主机 A、B、C 上分别 ping HTTP 服务器和主机 D,观察能否 ping 通,填写表 25.2。如果不能 ping 通,请解释理由。

表 25.2 基于源/目的 IP 的访问控制列表测试

主机	ping HTTP 服务器的结果	ping 主机 D 的结果
A		
B		
C		

25.2.5 配置基于应用业务的扩展访问控制列表

在路由器 Router1 上配置一个基于应用业务的扩展访问控制列表 101,只允许对 HTTP 服务器的 80 端口的访问,并在 Serial2/0 端口的 in 方向引用访问控制列表 101。配置方法如下:

```
Router # configure terminal
Router(config) # access - list 101 permit tcp any host 192.168.2.2 eq 80
Router(config) # access - list 101 deny ip any any
```

```
Router(config)♯interface Serial 2/0
Router(config-if)♯ip access-group 101 in
Router(config-if)♯end
```

查看访问控制列表 1：

```
Router♯show access-list 101
```

在主机 A、B、C 上分别使用 Web 浏览器访问 http://192.168.2.2,观察是否能看到 packet tracer 欢迎页面。如果能看到,请解释理由。

在主机 A、B、C 上分别 ping HTTP 服务器和主机 D,观察能否 ping 通,填写表 25.3。如果不能 ping 通,请解释理由。

表 25.3　基于应用业务的访问控制列表测试

主机	ping HTTP 服务器的结果	ping 主机 D 的结果
A		
B		
C		

25.3　思考与讨论

1. 简述访问控制列表的作用。

2. 在访问控制列表中,为什么总是要放一条"permit ip any any"或"deny ip any any"规则在其他规则的后面? 放在前面会怎样?

第26章

网络地址转换配置实训

实训目的

- 理解 NAT 的转换机制。
- 理解 NAT 转换表的作用。
- 理解 NAT 静态地址和动态地址的转换方式。
- 熟悉常用的 NAT 地址转换命令。

实训环境

- 运行 Windows 操作系统的计算机一台。
- Cisco Packet Tracer 模拟软件。

或

- Cisco 1841 或 2811 路由器两台。
- 普通交换机两台。
- 运行 Windows 操作系统的计算机两台、HTTP 服务器一台。
- 路由器串口线一根、RJ-45 转 DB-9 反接线一根、RJ-45 双绞线若干。
- 超级终端应用程序。

26.1 实训原理

NAT(Network Address Translation,网络地址转换)是通过将专用网络地址(如企业内部网 Intranet)转换为公用地址(如互联网 Internet),从而对外隐藏内部管理的 IP 地址;通过在内部使用非注册的 IP 地址,并将它们转换为一小部分外部注册的 IP 地址,减少 IP 地址注册的费用以及节省目前越来越缺乏的地址空间(即 IPv4)。同时也隐藏了内部网络结构,从而降低内部网络受到攻击的风险。

26.1.1 NAT 的工作原理

NAT 的基本工作原理是,当私有网主机和公共网主机通信的 IP 包经过 NAT 网关时,将 IP 包中的源 IP 或目的 IP 在私有 IP 和 NAT 的公共 IP 之间进行转换,利用路由器操作系统提供的 NAT 地址转换功能将内部网的私有地址转换成互联网上的合法地址,使私有 IP 地址的用户可以通过 NAT 访问外部 Internet。

NAT 功能通常集成到路由器、防火墙、单独的 NAT 设备中,NAT 设备(或软件)维护一个状态表，用来把内部网络的私有 IP 地址映射到外部网络的合法 IP 地址上。每个包在 NAT 设备（或软件）中都被翻译成正确的 IP 地址发往下一级。与普通路由器不同的是，NAT 设备实际上对包头进行修改，将内部网络的源地址变为 NAT 设备自己的外部网络地址，而普通路由器仅在将数据包转发到目的地之前读取源地址和目的地址。

26.1.2　NAT 转换表

NAT 使用转换表来转发报文，完成专用地址和外部地址的映射，当多个内部本地地址映射到同一个全局地址时，端口号用来区别不同的本地地址。转换表的基本格式如图 26.1 所示。

传输协议	内部本地地址	内部全局地址	外部本地地址	外部全局地址

图 26.1　NAT 转换表的基本格式

（1）传输协议：报文使用的传输协议。

（2）Inside Local Address（内部本地地址）：一个网络内部分配给网上主机的 IP 地址，此地址通常不是 Internet 上的合法地址，即不是网络信息中心（NIC）或 Internet 服务提供商（ISP）所分配的 IP 地址。

（3）Inside Global Address（内部全局地址）：用来代替一个或者多个内部本地 IP 地址的、对外的、Internet 上合法的 IP 地址。

（4）Outside Local Address（外部本地地址）：一个外部主机相对于内部网所用的 IP 地址。此地址通常与外部全局地址相同。

（5）Outside Global Address（外部全局地址）：由主机拥有者分配给外部网上主机的 IP 地址。此地址是从一个全局可路由的地址或网络空间中分配的。

26.1.3　NAT 的转换方式

NAT 的转换方式可以分为静态地址转换、动态地址转换和复用动态地址转换 3 种。

1. 静态地址转换

静态地址转换是指将一个内部本地的 IP 地址转换成为唯一的内部全局地址，即私有地址和合法地址之间的静态一一映射。这种转换通常用在内部网上的主机需要对外提供服务（如 Web、E-mail 服务等）的情况下。

2. 动态地址转换

在动态地址转换的方式下，一组内部本地地址与一个内部全局地址池之间建立起动态的一一映射关系。在这种地址转换形式下，内部主机可以访问外部网络，外部主机也能对内部网络进行访问，但必须是在内网 IP 地址与内部全局地址之间存在映射关系时才能成功，并且这种映射关系是动态的。

3. 复用动态地址转换

复用动态地址转换首先是一种动态地址转换,但是它允许多个内部私有地址共用一个合法公用地址。这种方式适合局域网的计算机访问 Internet。

当地址复用被启用时,路由器在高层协议(如 TCP 或 UDP 端口号)维持有关的信息,将全局地址转换为本地地址。当多个内部本地地址映射到同一个全局地址时,端口号用来区别不同的本地地址。复用内部全局地址的技术也称为 PAT(Port AddressTranslation,端口地址转换)。

26.1.4　NAT 的配置命令

NAT 配置中的常用命令如下:

ip nat {inside|outside} //接口配置命令,在至少一个内部和一个外部接口上启用 NAT

ip nat inside source static local – ip global – ip //全局配置命令,在对内部局部地址使用静态地址转换时,用该命令进行地址定义

access – list access – list – number {permit|deny} local – ip – address any //使用该命令为内部网络定义一个标准的 IP 访问控制列表

ip nat pool pool – name start – ip end – ip netmask netmask [type rotary] //使用该命令为内部网络定义一个 NAT 地址池

ip nat inside source list access – list – number pool pool – name [overload] //使用该命令定义访问控制列表与 NAT 内部全局地址池之间的映射

ip nat outside source list access – list – number pool pool – name [overload] //使用该命令定义访问控制列表与 NAT 外部局部地址池之间的映射

ip nat inside destination list access – list – number pool pool – name //使用该命令定义访问控制列表与终端 NAT 地址池之间的映射

show ip nat translations　　　　　　　　　//显示当前存在的 NAT 转换信息
show ip nat statistics　　　　　　　　　　//查看 NAT 的统计信息
show ip nat translations verbose　　　　　//显示当前存在的 NAT 转换的详细信息
debug ip nat　　　　　　　　　　　　　　　//跟踪 NAT 操作,显示出每个被转换的数据包
clear ip nat translation *　　　　　　　　//删除 NAT 映射表中的所有内容

26.2　实训步骤

26.2.1　网络配置

使用网络仿真软件 Cisco Packet Tracer 模拟图 26.2 所示的网络(或者用双绞线和串行线连接两台路由器、两台交换机、两台主机和一台 HTTP 服务器),设置路由器、主机和HTTP 服务器的 IP 地址(子网掩码为 255.255.255.0)。本次实训在思科模拟器上和实际物理环境中都能配通。

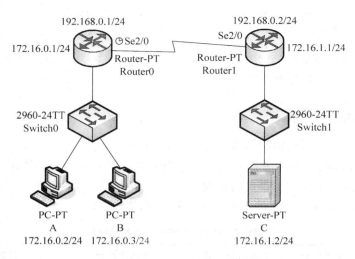

图 26.2　网络结构八

26.2.2　配置静态地址转换

在路由器 Router0 和 Router1 分别实现 NAT。Router0 将主机 A、B 的内部地址(172.16.0.2、172.16.0.3)分别转换为外部地址(192.168.0.4、192.168.0.5),Router1 将服务器 C 的内部地址(172.16.1.2)转换为外部地址(192.168.0.3),并且,主机 A、B 和服务器 C 能够通信。

1. 路由器 Router0 进入全局设置模式,增加静态 NAT 映射

配置方法如下:

```
Router > en
Router # conf t
Router(config) # ip nat inside source static 172.16.0.2 192.168.0.4
Router(config) # ip nat inside source static 172.16.0.3 192.168.0.5
Router(config) # int f0/0
Router(config - if) # ip nat inside
Router(config) # int s2/0
Router(config - if) # ip nat outside
```

2. 查看路由器 Router0 的 NAT 映射表

在路由器 Router0 的命令行中输入配置命令"Router # show ip nat translations",观察 NAT 映射表由几项组成。

3. 路由器 Router1 进入全局设置模式,增加静态 NAT 映射

配置方法如下:

```
Router > en
Router # conf t
```

```
Router(config)♯ip nat inside source static 172.16.1.2 192.168.0.3
Router(config)♯int f0/0
Router(config-if)♯ip nat inside
Router(config)♯int s2/0
Router(config-if)♯ip nat outside
```

4. 检验静态 NAT 配置

Packet Tracer 进入仿真模式,设置过滤条件为"ICMP"。

主机 A 发送 ping 包给服务器 C 的全局地址(192.168.0.3),观察数据包从 A 到 C 其源 IP 和目标 IP 经过几次变化? 都是何种变化?

再次查看路由器 Router0 的 NAT 映射表,填写表 26.1。

表 26.1　Router0 的静态 NAT 映射表

传输协议	内部本地地址	内部全局地址	外部本地地址	外部全局地址

26.2.3　配置动态地址转换

在路由器 Router0 上将主机 A、B 的内部地址(172.16.0.2、172.16.0.3)转换为外部地址池(192.168.0.100～192.168.0.110)中的任意地址,主机 A、B 和服务器 C 要能够通信。

1. 路由器 Router0 进入全局设置模式,删除静态 NAT 映射,增加动态地址池映射

配置方法如下:

```
Router>en
Router♯clear ip nat translation *
Router♯conf t
Router(config)♯no ip nat inside source static 172.16.0.2 192.168.0.4
Router(config)♯no ip nat inside source static 172.16.0.3 192.168.0.5
Router(config)♯access-list 110 permit ip 172.16.0.0 0.0.0.255 any
Router(config)♯ip nat pool myippool 192.168.0.100 192.168.0.110 netmask 255.255.255.0
Router(config)♯ip nat inside source list 110 pool myippool
```

2. 检验动态 NAT 配置

Packet Tracer 进入仿真模式,设置过滤条件为"ICMP"。

主机 A 发送 ping 包给服务器 C 的全局地址(192.168.0.3),观察数据包从 A 到 C 其源 IP 和目标 IP 经过几次变化?

主机 B 发送 ping 包给服务器 C 的全局地址(192.168.0.3),观察数据包从 B 到 C 其源 IP 和目标 IP 经过几次变化?

再次查看路由器 Router0 的 NAT 映射表,填写表 26.2。

表 26.2 Router0 的动态 NAT 映射表

传输协议	内部本地地址	内部全局地址	外部本地地址	外部全局地址

26.3 思考与讨论

1. 简述 NAT 的作用。
2. 怎样配置动态 NAT，使外部网络上的主机可以向内部网络发起通信？

第四单元

网络编程篇

第27章

Winsock套接字的使用实训

实训目的

- 理解套接字的概念。
- 熟悉套接字的基本使用方法和 API 函数。

实训环境

- 运行 Windows XP/Windows Server 2003/Windows 7 操作系统的计算机一台。
- Visual C++ 6.0/Visual Studio 2005/Visual Studio 2010 开发环境。

27.1 实训原理

套接字是应用程序通信的基石,是支持 TCP/IP 协议的网络通信应用的基本操作单元。用户可以将套接字看作是不同主机间的进程进行双向通信的端点:网络中两台通信的主机各自在自己机器上建立通信的端点——套接字,然后使用套接字进行数据通信。

27.1.1 Winsock 套接字简介

套接字是如下描述的一个结构:{协议,本地地址,本地端口,远程地址,远程端口}。操作系统会为本地建立的套接字分配一个唯一的套接字标识号,应用程序按该标识号使用套接字进行网络通信。

根据网络通信的特征,套接字主要分为两类,即流套接字(SOCK_STREAM)和数据报套接字(SOCK_DGRAM)。流套接字是面向连接的,它提供双向的、有序的、无差错、无重复并且无记录边界的数据流服务,适用于处理大量数据,提供可靠的服务。数据报套接字是无连接的,它支持双向的数据传输,具有开销小、数据传输效率高的特点,但不保证数据传输的可靠性、有序性和无重复性,适合少量数据传输以及时间敏感的音/视频多媒体数据传输。此外,还有一种较少使用的套接字——原始套接字(SOCK_RAW),用户可以使用它对底层协议(如 IP 或 ICMP)直接访问,在通信与协议开发时有时会用到。

Winsock 是 Microsoft Windows 平台上使用套接字的设施。它实际上是一组可供应用程序进行 TCP/IP 通信的 API 应用编程接口。Winsock 分 1.1 版和 2.x 版,从 Windows 98 开始使用 2.x 版。

Winsock 2 提供了一组编写网络应用程序的基本 API 函数,例如创建套接字、地址绑定、侦听连接请求、发出连接请求、接受连接请求、发送和接收数据、关闭套接字等。这些

Winsock 2 所用 API 函数的声明、常数等均在头文件 winsock2.h 内定义,用 VC++ 6.0 开发网络应用程序时,需要在主程序开头使用♯include ＜winsock2.h＞语句,以便编译时和主程序一起参加编译。

　　Winsock 2 所用的 API 函数代码的实体包含在动态链接库 ws2_32.dll 中。Winsock 2 网络应用程序.exe 运行时,在动态加载系统目录中的动态链接库 ws2_32.dll 后即可调用这些动态进驻到内存的 Winsock 2 API 函数代码实体。为了能这样做,网络应用程序.exe 中需要 ws2_32.dll 的符号信息及相应的符号表,这些信息应在网络应用程序做链接时链接进来,从静态链接函数库 ws2_32.lib 中得到。所以,开发 Winsock 2 网络应用程序时,在 VC++ 6.0 中选择"项目"→"设置"命令,将弹出的对话框切换到"连接"选项卡,在"对象/库模块"中添加静态链接函数库 ws2_32.lib 才能成功编译运行。

　　Windows 套接字程序执行 API 函数的 I/O 操作时有阻塞和非阻塞两种模式。在阻塞模式下,执行 I/O 操作的 Winsock 函数(如 accept、send、recv 等)在 I/O 操作完成前会一直等下去,不会立即返回程序(将控制权交还给程序);而在非阻塞模式下,调用 Winsock 函数进行 I/O 操作时,不管 I/O 有没有完成会立即返回。Socket 在初始化后默认工作在阻塞模式下,可以通过 ioctlsocket()函数改变 Socket 的工作模式。

　　一般情况下,网络应用程序在阻塞模式下使用 Winsock 2 的 API 库函数进行流套接字和数据报套接字编程的过程如图 27.1 所示。服务器如果要支持并发客户的访问,还可以使用多线程技术进行程序设计。

27.1.2　Winsock 套接字的基本 API 函数

1. WSAStartup

WSAStartup 为 WSA(Windows Sockets Asynchronous,Windows 异步套接字)的启动命令,是连接应用程序与 winsock.dll 的第一个函数。

1) 格式

```
int WSAStartup(WORD wVersionRequested,LPWSADATA lpWSAData)
```

2) 参数

- wVersionRequested:使用的 Windows Sockets API 版本。
- lpWSAData:指向 WSADATA 资料的指针。

WSADATA 结构的定义如下:

```
# define WSADESCRIPTION_LEN      256
# define WSASYS_STATUS_LEN       128
typedef struct WSAData {
    WORD         wVersion;                              //将使用的 Winsock 版本号
    WORD         wHighVersion;                          //Winsock 动态库支持的最高版本
    char szDescription[WSADESCRIPTION_LEN + 1];         //Winsock 描述
    char szSystemStatus[WSASYS_STATUS_LEN + 1];         //系统状态
    unsigned short   iMaxSockets;                       //最多打开的 Socket 数量
    unsigned short   iMaxUdpDg;                         //最大数据报文大小
    char *           lpVendorInfo;                      //厂商信息
} WSADATA;
```

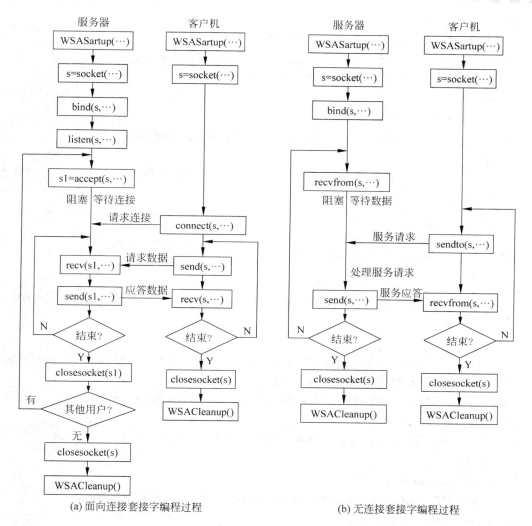

(a) 面向连接套接字编程过程　　　　　　(b) 无连接套接字编程过程

图 27.1　面向连接套接字编程过程与无连接套接字编程过程

3）传回值

• 成功：0。

• 失败：WSASYSNOTREADY / WSAVERNOTSUPPORTED / WSAEINVAL。

4）说明

此函数必须是应用程序调用到 Windows Sockets DLL 函数中的第一个函数，调用成功后才可以再调用其他 Windows Sockets DLL 的函数。此函数也让使用者可以指定要使用的 Windows Sockets API 版本以及获取设计者的一些信息。

2. socket

建立 Socket 的函数。

1）格式

```
SOCKET socket(int af,int type,int protocol)
```

2) 参数

- af：目前只提供 PF_INET(AF_INET)。
- type：Socket 的类型(SOCK_STREAM、SOCK_DGRAM)。
- protocol：通信协定(如果使用者不指定则设为 0)。

3) 传回值

- 成功：Socket 的识别码。
- 失败：INVALID_SOCKET(调用 WSAGetLastError()可得知原因)。

4) 说明

此函数用来建立一个 Socket，并为此 Socket 建立其使用的资源。Socket 的类型可为 Stream Socket 或 Datagram Socket。

3. WSASocket

建立 Socket(Winsock 2 版本)的函数。

1) 格式

```
SOCKET WSASocket(int af, int type, int protocol, LPWSAPROTOCOL_INFO lpProtocolInfo, GROUP g,
DWORD dwFlags);
```

2) 参数

- type：Socket 的类型(流式套接字 SOCK_STREAM、数据报套接字 SOCK_DGRAM、原始套接字 SOCK_RAW)。
- lpProtocolInfo：指向 WSAPROTOCOL_INFO 结构的 Socket 特性。
- g：保留。
- dwFlags：socket 属性标识(WSA_FLAG_OVERLAPPED 等)。

3) 传回值

- 成功：Socket 的识别码。
- 失败：INVALID_SOCKET(调用 WSAGetLastError()可得知原因)。

4) 说明

此函数用来建立一个 Socket，并为此 Socket 建立其使用的资源。Socket 的类型可为 Stream Socket、Datagram Socket 或 Raw Socket。SOCK_STREAM 提供有序的、可靠的、双向的和基于连接的字节流，使用 TCP 协议。SOCK_DGRAM 支持无连接的、不可靠的和使用固定大小缓冲区的数据报服务，使用 UDP 协议。

4. setsockopt

设置 Socket 的各种选项参数。

1) 格式

```
int setsockopt(SOCKET s, int level, int optname, const char * optval, int optlen);
```

2) 参数

- s：指向用 Socket 函数生成的 Socket Descriptor。
- level：选项的层次(SOL_SOCKET、IPPROTO_TCP 等)。
- optname：选项名称(SO_RCVTIMEO、SO_SNDTIMEO 等)。

- optval：选项的值。
- optlen：选项值的长度。

3）传回值

- 成功：0。
- 失败：SOCKET_ERROR（调用 WSAGetLastError()可得知原因）。

4）说明

此函数用来设置已建立 Socket 的选项。

5．closesocket

关闭某一 Socket 的函数。

1）格式

```
int closesocket(SOCKET s);
```

2）参数

- s 为 Socket 的识别码。

3）传回值

- 成功：0。
- 失败：SOCKET_ERROR（调用 WSAGetLastError()可得知原因）。

4）说明

此函数用来关闭某一 Socket。

6．WSACleanup

结束 Windows Sockets DLL 的使用的函数。

1）格式

```
int WSACleanup(void);
```

2）参数

无

3）传回值

- 成功：0。
- 失败：SOCKET_ERROR（调用 WSAGetLastError()可得知原因）。

4）说明

当应用程序不再需要使用 Windows Sockets DLL 时，需调用此函数注销使用，以释放其占用的资源。

27.2 实训步骤

27.2.1 需求分析

使用 Winsock 套接字编写程序，要求：

（1）输出 Winsock 当前版本号和最高版本号。

（2）输出 Winsock 描述。

（3）输出系统状态。

（4）输出最多打开的 socket 数量。

（5）输出最大数据报文大小。

27.2.2　创建工程

采用 VC 编程时，在编写程序代码之前通常需要创建项目工程。在此以 VS 2010 开发环境为例，介绍创建一个新工程的方法。

（1）选择"文件"→"新建"→"项目"命令，如图 27.2 所示。

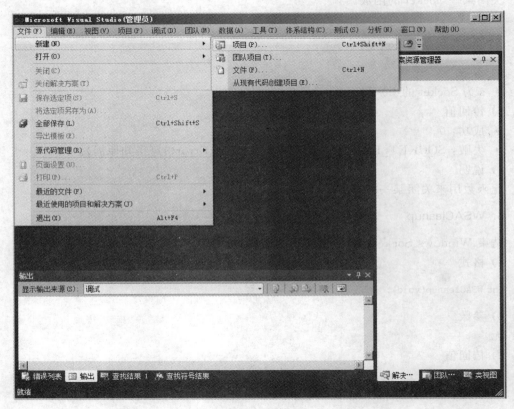

图 27.2　新建项目

（2）进入"新建项目"对话框，输入项目工程的名称，在此输入"winsockinit"，如图 27.3 所示。

（3）单击"确定"按钮，进入如图 27.4 所示的界面，可以看到在右边的解决方案窗口中列出了该项目中的头文件、源文件、资源文件等文件夹。

（4）单击解决方案窗口中的"源文件"，然后右击，在弹出的菜单中选择"添加"→"新建项"命令，如图 27.5 所示。

（5）此时弹出如图 27.6 所示的对话框，选择"C++ 文件"类型，然后在下方输入 C++ 源文件名，例如"winsockinit"，单击"确定"按钮，将显示空白的源文件窗口等待用户输入代码，在该窗口中输入适当的代码，如图 27.7 所示。

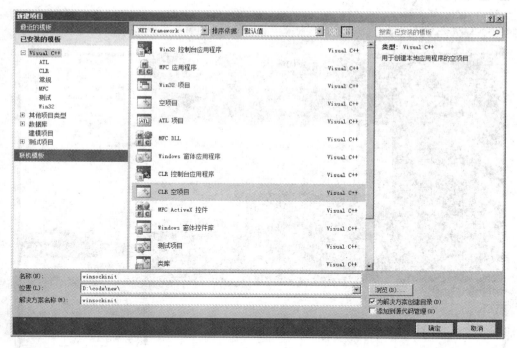

图 27.3 创建 CLR 空项目

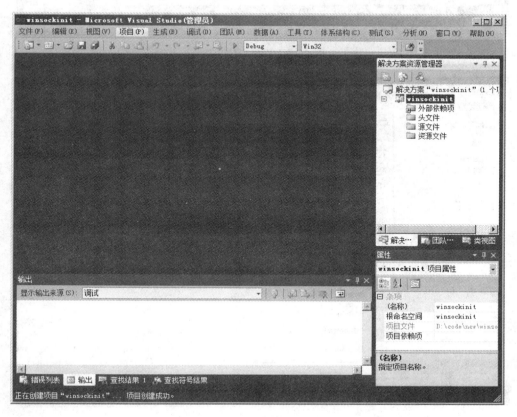

图 27.4 所创建的工程

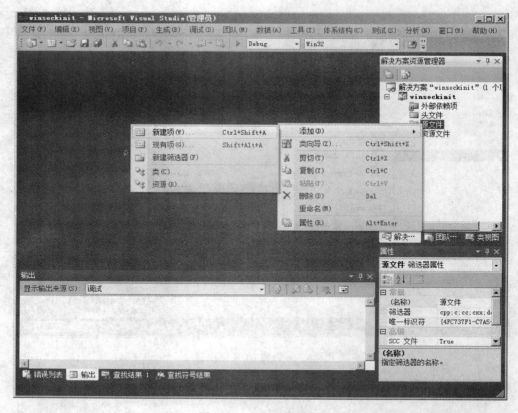

图 27.5 添加新的文件

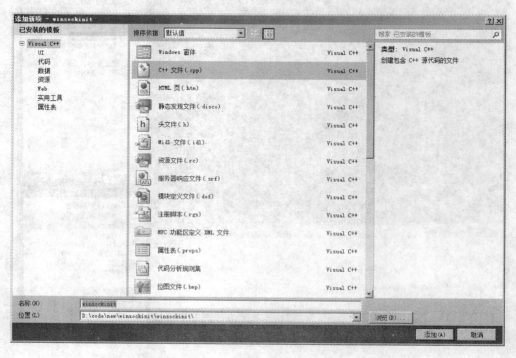

图 27.6 新建 CPP 源文件

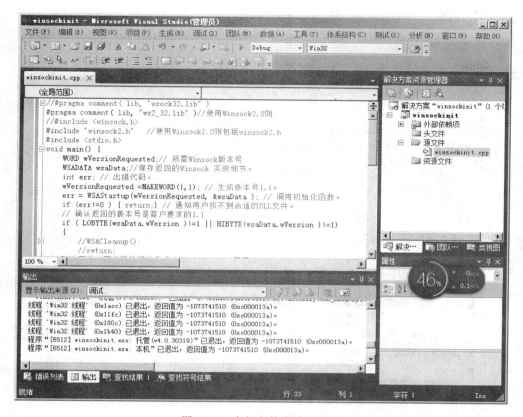

图 27.7　在新文件中输入代码

在代码输入完毕后,单击工具栏中绿色的"运行"按钮或按 F5 键,运行程序并查看运行结果。

27.2.3　代码实现

阅读以下程序,按注释的要求在下划线的空白处填写代码。

```
# include <winsock.h>                                //使用 Winsock 2,包括 Winsock 2.h
void main() {
    WORD wVersionRequested;                          // 所需 Winsock 版本号
    WSADATA wsaData;                                 //保存返回的 Winsock 实现细节
    int err;                                         //出错代码
    wVersionRequested = MAKEWORD(1,1);               //生成版本号 1.1
    err = WSAStartup(wVersionRequested,&wsaData);    //调用初始化函数
    if (err!= 0) { return;}                          //通知用户找不到合适的 DLL 文件
                                                     //确认返回的版本号是客户要求的 1.1
    if (LOBYTE(wsaData.wVersion)!= 1 || HIBYTE(wsaData.wVersion)!= 1)
    {
        WSACleanup();
        return;
    }//至此,可以确认初始化成功,wsock32.dll 可用
```

```
    //输出 Winsock 当前版本号和最高版本号
    printf("First version: %d. %d. Second version: %d. %d\n",        ①    ,
        ②    ,    ③    ,    ④    );
    //输出 Winsock 描述
    printf("Winsock description: %s\n",    ⑤    );
    //输出系统状态
    printf("System status: %s\n",    ⑥    );
    //输出最多打开的 socket 数量
    printf("Maxmum sockets: %d\n",    ⑦    );
    //输出最大数据报文大小
    printf("Maxmum datagram size: %d\n",    ⑧    );
}
```

27.2.4　执行程序

执行程序，检验程序功能的正确性，程序运行窗口如图 27.8 所示。

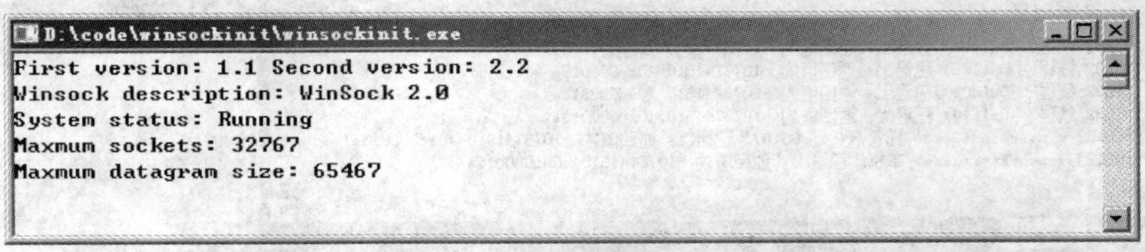

```
D:\code\winsockinit\winsockinit.exe
First version: 1.1 Second version: 2.2
Winsock description: WinSock 2.0
System status: Running
Maxmum sockets: 32767
Maxmum datagram size: 65467
```

图 27.8　套接字初始化程序的运行界面

27.3　思考与讨论

Winsock 2 与 Winsock 1.1 两个版本向后兼容，既然如此，那么编程时头文件和链接库是否可以都使用 Winsock 2 的头文件和链接库，而不论 MAKEWORD 中设定的是何版本？

第 28 章

ping程序的设计与实现实训

实训目的
- 加深对 ICMP 协议的理解。
- 熟悉原始套接字的使用方法。
- 掌握 ping 程序的实现流程。

实训环境
- 运行 Windows XP/Windows Server 2003/Windows 7 操作系统的计算机一台。
- Visual C++ 6.0/Visual Studio 2005/Visual Studio 2010 开发环境。

28.1 实训原理

ping 程序通过使用 Winsock 原始套接字发送或接收 ICMP 报文来实现。

28.1.1 原始套接字的使用方法与 API 函数

Winsock 原始套接字编程的过程中,服务器端/客户端的编程都按照以下步骤:
(1) 初始化套接字(WSAStartup);
(2) 创建套接字(socket 或 WSASocket);
(3) 与服务器通信(sendto/recvfrom);
(4) 关闭套接字(closesocket);
(5) 结束使用套接字(WSACleanup)。
其中,主要函数定义如下:

1. sendto

利用 Socket 发送数据,用于无连接通信。
1) 格式

int sendto (SOCKET s,const char FAR * buf,int len,int flags,const struct sockaddr FAR * to,int token);

2) 参数
- s:指向用 socket 函数生成的 Socket Descriptor。
- buf:接受数据的缓冲区(数组)的指针。

- len：缓冲区的大小。
- flag：调用方式(MSG_DONTROUTE,MSG_OOB)。
- to：指向发送方 SOCKET 地址的指针。
- token：发送方 SOCKET 地址的大小。

3) 传回值

成功时返回已经发送的字节数,失败时返回 SOCKET_ERROR。

4) 说明

Winsock 地址结构有 3 种,即通用的 Winsock 地址结构 sockaddr(针对各种通信域的套接字,存储它们的地址信息)、专门针对 Internet 通信域的 Winsock 地址结构 sockaddr_in、专门用于存储 IP 地址的结构 in_addr。3 种结构的声明如下:

```
struct sockaddr {
    u_short sa_family;                        //地址家族
    char sa_data[14];                         //协议地址
}
struct sockaddr_in {
    short       sin_family;                   //地址家族,一定是 AF_INET
    u_short     sin_port;                     //指定将要分配给套接字的传输层端口号
    struct      in_addr sin_addr;             //指定套接字的主机的 IP 地址
    char        sin_zero[8];                  //全置为 0,是一个填充数
}
typedef struct in_addr {
    union {
            struct { UCHAR s_b1,s_b2,s_b3,s_b4; } S_un_b;
            struct { USHORT s_w1,s_w2; } S_un_w;
            ULONG S_addr;
    } S_un;
#define s_addr    S_un.S_addr                 /* can be used for most tcp & ip code */
#define s_host    S_un.S_un_b.s_b2            // host on imp
#define s_net     S_un.S_un_b.s_b1            // network
#define s_imp     S_un.S_un_w.s_w2            // imp
#define s_impno   S_un.S_un_b.s_b4            // imp #
#define s_lh      S_un.S_un_b.s_b3            // logical host
} IN_ADDR, * PIN_ADDR,FAR * LPIN_ADDR;
```

2. recvfrom

接收一个数据报并保存源地址的函数。

1) 格式

```
int PASCAL FAR recvfrom(SOCKET s,char FAR * buf,int len,int flags,
struct sockaddr FAR * from,int FAR * fromlen);
```

2) 参数

- s：标识一个已连接套接口的描述字。
- buf：接收数据缓冲区。
- len：缓冲区长度。

- flags：调用操作方式，MSG_PEEK 表示查看当前数据，数据将被复制到缓冲区中，但并不从输入队列中删除；MSG_OOB 表示处理带外数据。
- from：（可选）指针，指向装有源地址的缓冲区。
- fromlen：（可选）指针，指向 from 缓冲区长度值。

3）传回值

- 成功：recvfrom()返回读入的字节数，如果连接已中止，返回 0。
- 失败：返回 SOCKET_ERROR 错误，应用程序可通过 WSAGetLastError()获取相应的错误代码。

4）说明

本函数用于从套接口上接收数据，并捕获数据发送源的地址。

3. inet_addr

把形如"xxx.xxx.xxx.xxx"的十进制的 IP 地址转换为 32 位整数表示方法。

1）格式

```
unsigned long inet_addr (const char FAR * cp);
```

2）参数

cp 为指向用"xxx.xxx.xxx.xxx"的十进制来表示的 IP 地址字符串的指针。

3）传回值

当函数成功调用时返回用 32 位整数表示的 IP 地址（按网络字节排列顺序），失败时返回 INADDR_NONE。

4）说明

在进行网络套接字程序设计时，有时要将网络字节顺序的 u_long IP 地址和以点分隔的十进制字符串 IP 地址互相转换。

4. net_ntoa

把 in_addr 结构的 IP 地址转换为"xxx.xxx.xxx.xxx"形式的字符串。

1）格式

```
char * FAR inet_ntoa(struct in_addr in);
```

2）参数

in 为主机的 IP 地址。

3）传回值

当函数成功调用时返回指向 IP 地址字符串的指针，失败时返回 NULL。

28.1.2 ping 程序的实现流程

ping 程序通过使用 Winsock 原始套接字发送或接收 ICMP 报文来实现，Winsock 实现 ping 的参考流程如图 28.1 所示。

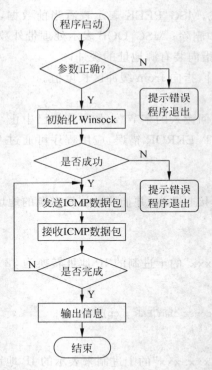

图 28.1　Winsock 实现 ping 的参考流程

28.2　实训步骤

28.2.1　需求分析

使用 Winsock 原始套接字编写 ping 程序,要求实现以下功能:

(1) 可以指定 ping 的目标主机 IP。

(2) 每次发送 4 个 ICMP 回送请求报文,每个请求报文的数据大小为 32B,将发送超时和接收超时时间设为 1000ms。

(3) 对于发出的每个 ICMP 回送请求报文,若收到应答报文,显示每个应答报文的数据大小(B)、源 IP、序号、响应时间(ms);若发送超时或接收超时,显示"Request time out."。

(4) 最后显示用户名和 ping 的统计信息,统计信息包括发出的请求报文个数、收到的应答报文个数、丢包个数和丢包率。

28.2.2　代码实现

阅读以下程序,按注释的要求在下划线的空白处填写代码。

```
# pragma pack(4)
# pragma comment(lib,"ws2_32.lib")
```

```
# include "winsock2.h"
# include "stdlib.h"
# include "stdio.h"

# define ICMP_ECHO 8                              //ICMP ECHO 请求报文类型
# define ICMP_ECHOREPLY 0                         //ICMP ECHO 响应报文类型
# define ICMP_MIN 8                               //最小 ICMP 报文大小为 8B(只有 ICMP 首部)

# define ICMP_PACKET_SIZE 32                      //ICMP 报文数据大小
# define ICMP_PACKET_NUMBER 4                     //发送 ICMP 报文的个数
# define MAX_PACKET 1024                          //最大 ICMP 报文数据长度
# define ICMP_TIMEOUT 1000                        //ICMP 超时时间

# define xmalloc(s) HeapAlloc(GetProcessHeap(),HEAP_ZERO_MEMORY,(s))
# define xfree(p) HeapFree (GetProcessHeap(),0,(p))

/* 定义结构体: IP 首部 */
typedef struct iphdr {
    unsigned int h_len:4;                         //首部长度,占 4 个二进制位
    unsigned int version:4;                       //IP 版本
    unsigned char tos;                            //服务类型
    unsigned short total_len;                     //报文总长度
    unsigned short ident;                         //IP 报文标识符
    unsigned short frag_and_flags;                //分片标记和片偏移
    unsigned char ttl;                            //生存时间
    unsigned char proto;                          //报文数据的协议类型
    unsigned short checksum;                      //首部校验和
    unsigned int sourceIP;                        //源 IP
    unsigned int destIP;                          //目的 IP
}IpHeader;

/* 定义结构体: ICMP 首部 */
typedef struct icmphdr {
    BYTE i_type;                                  //ICMP 报文类型
    BYTE i_code;                                  //代码
    USHORT i_cksum;                               //报文校验和
    USHORT i_id;                                  //ICMP 报文标识符
    USHORT i_seq;                                 //报文序号
    ULONG timestamp;                              //时间戳,不是 ICMP 报文首部的标准组成部分
}IcmpHeader;

void fill_icmp_data(char * ,int);                 //ICMP 请求报文填充函数
USHORT checksum(USHORT * ,int);                   //校验和计算函数
int decode_resp(char * ,int,struct sockaddr_in * );   //ICMP 应答报文解析函数

int main(int argc,char * * argv){
    WSADATA wsaData;                              //套接字信息
    SOCKET sockRaw;                               //原始套接字
    char dest_ip[16];                             //目的 IP(字符串)
    unsigned int addr = 0;                        //目的 IP(整型)
```

```
struct sockaddr_in dest;                //目的 IP(sockaddr_in 结构)
struct sockaddr_in from;                //源 Socket 地址
int fromlen = sizeof(from);             //源 Socket 地址的长度
int datasize;                           //报文总长度( = 首部大小 + 数据大小)
//int bwrote,bread;                     //实际发送和接收数据的大小
int timeout = ICMP_TIMEOUT;             //超时时间
USHORT seq_no = 0;                      //报文序号从 0 开始递增
int statistic = 0;                      //成功接收报文的个数
char * icmp_data;                       //指向发送缓冲区的指针
char * recvbuf;                         //指向接收缓冲区的指针

/* 输入目标 IP */
memset(dest_ip,'\0',sizeof(dest_ip));
if (argc < 2) {
    printf("Please input destination host IP:");
    scanf("% s",dest_ip);
}
else
    memcpy(dest_ip,argv[1],strlen(argv[1]));

/* 初始化套接字函数 */
if (     ①     (MAKEWORD(2,2),&wsaData) != 0){
    printf("WSAStartup failed: % d\n",GetLastError());
    return - 1;
}

/* 创建传输 ICMP 协议数据的原始套接字 */
sockRaw = WSASocket(AF_INET,     ②     ,     ③     ,
        NULL,0,WSA_FLAG_OVERLAPPED);
if (sockRaw == INVALID_SOCKET) {
    printf("WSASocket() failed: % d\n",WSAGetLastError());
    return - 1;
}

/* 设置套接字的接收超时选项(即设置 SO_RCVTIMEO) */
if(setsockopt(sockRaw,SOL_SOCKET,SO_RCVTIMEO,
        (char * )&timeout,sizeof(timeout)) == SOCKET_ERROR){
    printf("failed to set recv timeout: % d\n",WSAGetLastError());
    return - 1;
}
/* 设置套接字的发送超时选项(即设置 SO_SNDTIMEO) */
if(setsockopt(sockRaw,SOL_SOCKET,SO_SNDTIMEO,
        (char * )&timeout,sizeof(timeout)) == SOCKET_ERROR){
    printf("failed to set send timeout: % d\n",WSAGetLastError());
    return - 1;
}

/* 转换指定的目的 IP 为 Winsock 地址结构 */
addr = inet_addr(     ④     );
dest.sin_addr.s_addr = addr;
```

```
dest.sin_family = AF_INET;

/* 创建发送缓冲区,分配内存 */
icmp_data = (char * )xmalloc(MAX_PACKET);
if (!icmp_data) {
    printf("HeapAlloc failed %d\n",GetLastError());
    return - 1;
}
/* 创建接收缓冲区,分配内存 */
recvbuf = (char * )xmalloc(MAX_PACKET);
if (!recvbuf) {
    printf("HeapAlloc failed %d\n",GetLastError());
    return - 1;
}

/* 计算 ICMP 请求报文长度 */
datasize = ICMP_PACKET_SIZE + sizeof(IcmpHeader);

/* 填充待发送的 ICMP 请求报文 */
memset(icmp_data,0,MAX_PACKET);
fill_icmp_data(icmp_data,datasize);

/* 显示 ping 提示信息 */
printf("\nPinging %s...\n\n",dest_ip);

/* 发送 4 个 ICMP 请求报文,并接收应答报文 */
for(int i = 0;i < ICMP_PACKET_NUMBER;i++)
{
    int bwrote = 0,bread = 0;                    //实际发送和接收数据的大小
    ((IcmpHeader * )icmp_data) -> i_cksum = 0;   //校验和字段置 0
    ((IcmpHeader * )icmp_data) -> timestamp = GetTickCount();
                                                 //时间戳字段置为当前系统时间
    ((IcmpHeader * )icmp_data) -> i_seq = seq_no++;   //序号字段每次递增 1
    ((IcmpHeader * )icmp_data) -> i_cksum =
                checksum ((USHORT * )icmp_data,datasize); //计算校验和

    /* 发送 ICMP 请求报文 */
    bwrote = sendto(  ⑤  ,  ⑥  ,datasize,0,(struct sockaddr * )&dest,sizeof(dest));
    if (bwrote == SOCKET_ERROR){
        if (WSAGetLastError() == WSAETIMEDOUT) {
            printf("Request timed out.\n");
            continue;
        }
        printf("sendto failed: %d\n",WSAGetLastError());
        return - 1;
    }

    /* 接收 ICMP 应答报文 */
    bread =    ⑦    (sockRaw,recvbuf,MAX_PACKET,0,(struct sockaddr * )&from,&fromlen);
```

```
        if (bread == SOCKET_ERROR){
            if (WSAGetLastError() == WSAETIMEDOUT) {
                printf("Request timed out.\n");
                continue;
            }
            printf("recvfrom failed: %d\n",WSAGetLastError());
            return -1;
        }
        /*如果解析成功,递增成功接收的数目*/
        if(!decode_resp(recvbuf,bread,&from))
            statistic++;

        Sleep(1000); //间隔1000ms后再发下一个请求报文
    }

    /*显示用户名和统计结果*/
    printf("\nPing statistics collected by   ⑧   for %s \n",dest_ip);
    printf(" Packets: Sent = %d,Received = %d,Lost = %d (%2.0f%% loss)\n",
    ICMP_PACKET_NUMBER,                      //发送报文的个数
    statistic,                               //接收报文的个数
    (ICMP_PACKET_NUMBER-statistic),          //丢失报文的个数
    (float)(ICMP_PACKET_NUMBER-statistic)/ICMP_PACKET_NUMBER*100);   //丢包率

    /*关闭套接字*/
        ⑨    ;
    /*注销套接字函数*/
    WSACleanup();
    return 0;
}

/*ICMP回送请求报文填充函数*/
void fill_icmp_data(char * icmp_data,int datasize){
    IcmpHeader * icmp_hdr;
    char * datapart;
    icmp_hdr = (IcmpHeader * )icmp_data;
    icmp_hdr->i_type = ICMP_ECHO;
    icmp_hdr->i_code = 0;
    icmp_hdr->i_id = (USHORT)GetCurrentProcessId();
    icmp_hdr->i_cksum = 0;
    icmp_hdr->i_seq = 0;
    datapart = icmp_data + sizeof(IcmpHeader);
    memset(datapart,'E',datasize - sizeof(IcmpHeader));
}

/*ICMP回送应答报文解析函数*/
int decode_resp(char * buf,int bytes,struct sockaddr_in * from)
{
    IpHeader * iphdr;
    IcmpHeader * icmphdr;
    unsigned short iphdrlen;
    iphdr = (IpHeader * )buf;
    iphdrlen = (iphdr->h_len) * 4 ;
    if (bytes < iphdrlen + ICMP_MIN) {
```

```
        printf("Too few bytes from % s\n",inet_ntoa(from->sin_addr));
        return -1;
    }
    icmphdr = (IcmpHeader * )(buf + iphdrlen);
    if (icmphdr->i_type != ICMP_ECHOREPLY) {
        printf("non-echo type % d recvd\n",icmphdr->i_type);
        return -1;
    }
    if (icmphdr->i_id != (USHORT)GetCurrentProcessId()) {
        printf("someone else''s packet!\n");
        return -1;
    }
    printf(" % d bytes from % s:",bytes-iphdrlen-sizeof(IcmpHeader),inet_ntoa(from->sin_
addr));
    printf(" icmp_seq = % d. ",icmphdr->i_seq);
    printf(" time: % d ms ",    ⑩    );        //输出从发出请求报文到收到应答报文所花费的时间
    printf("\n");
    return 0;
}

/* 校验和计算函数 */
USHORT checksum(USHORT * buffer,int size) {
    unsigned long cksum = 0;
    while(size>1) {
        cksum += * buffer++;
        size -= sizeof(USHORT);
    }
    if(size) {
        cksum += * (UCHAR * )buffer;
    }
    cksum = (cksum >> 16) + (cksum & 0xffff);
    cksum += (cksum >> 16);
    return (USHORT)(~cksum);
}
```

28.2.3　执行程序

检验程序功能的正确性,程序运行窗口如图28.2所示。

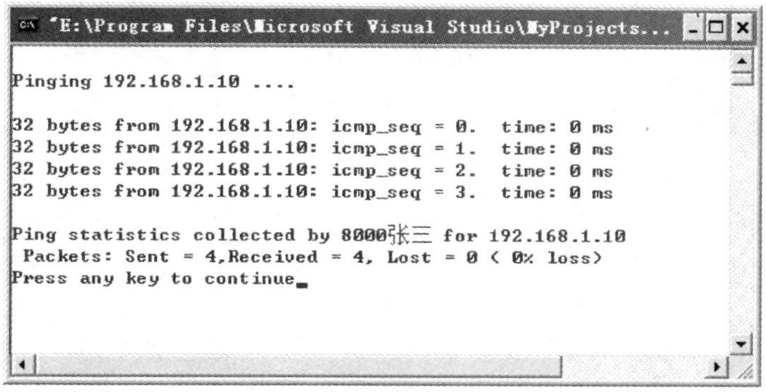

图28.2　ping程序运行的例子

28.3 思考与讨论

1. 发送方在计算校验和时,开始校验位上的数据是 0,然后将整个包的数据(包括校验位)进行计算,最后将结果填充在校验位上,那么接收方如何判断整个包的数据是否有错?

2. 在此例中,ICMP 包中的数据内容是可以自定义的,长度也是可变的,那么如何改变数据包的长度? 如何测试系统允许发送的最大数据长度?

第29章 局域网聊天工具的设计与实现实训

实训目的
- 加深对 UDP 协议的理解。
- 熟悉数据报套接字的使用方法与 API 函数。
- 掌握局域网聊天工具的实现流程。

实训环境
- 运行 Windows XP/Windows Server 2003/Windows 7 操作系统的计算机一台。
- Visual C++ 6.0/Visual Studio 2005/Visual Studio 2010 开发环境。

29.1 实训原理

局域网聊天工具通过使用无连接的 Winsock 数据报套接字发送或接收 UDP 报文来实现聊天功能。

29.1.1 无连接的数据报套接字的使用方法与 API 函数

在无连接的 Winsock 数据报套接字的使用过程中,服务器端/客户端的编程分别按以下步骤进行。

服务器端:

(1) 创建套接字(Socket);

(2) 将套接字绑定到一个特定的 IP 和 PORT;

(3) 用返回的套接字和客户端进行通信(sendto/recv/recvfrom);

(4) 关闭套接字。

客户端:

(1) 创建套接字(Socket);

(2) 向服务器通信(sendto/recvfrom);

(3) 关闭套接字。

无连接的 Winsock 数据报套接字的主要函数如下:

1. bind

指定 Socket 的 Local 地址(Address)。

1) 格式

```
int bind(SOCKET s,const struct sockaddr FAR * name,int namelen);
```

2) 参数

- s：Socket 的识别码。
- name：Socket 的地址值。
- namelen：name 的长度。

3) 传回值

- 成功：0。
- 失败：SOCKET_ERROR（调用 WSAGetLastError()可得知原因）。

4) 说明

此函数用于指定 Local 地址及 Port 给某一未定名的 Socket。使用者若不在意地址或 Port 的值，那么他可以设定地址为 INADDR_ANY，设置 Port 为 0，则 Winsock 会自动将其设定为适当地址及 Port（1024～5000 之间的值），使用者可以在此 Socket 真正连接完成后调用 getsockname()来获知被设定的值。

2. sendto

利用 Socket 发送数据，用于无连接，见第 28 章。

3. recvfrom

接收一个数据报并保存源地址，见第 28 章。

4. recv

从 Socket 接收资料。

1) 格式

```
int recv(SOCKET s,char FAR * buf,int len,int flags);
```

2) 参数

- s：Socket 的识别码。
- buf：存放接收到的资料的暂存区。
- len：buf 的长度。
- flags：此函数被调用的方式。

3) 传回值

- 成功：接收到的资料长度（若对方 Socket 已关闭，则为 0）
- 失败：SOCKET_ERROR（调用 WSAGetLastError()可得知原因）

4) 说明

此函数用来接收连接的（或无连接但已绑定的）套接字数据。若是 Stream Socket，可以接收到目前 input buffer 内有效的资料，但其数量不超过 len 的大小。

5. htons

把一个无符号短整型数（2B）从主机字节顺序转换为网络字节顺序。

1）格式

u_short htons(u_short hostshort);

2）参数

hostshort 为主机字节顺序的无符号短整型数。

3）传回值

网络字节顺序的数。

4）说明

在进行多字节数据处理时，有网络字节顺序和主机字节顺序之分，需要在这两种字节顺序之间进行转换。类似地，有把一个无符号短整型数从网络字节顺序转换为主机字节顺序的函数 u_short ntohs(u_short netshort)，还有把一个无符号长整型数(4B)从主机字节顺序转换为网络字节顺序的函数 u_long htonl(u_long hostlong)，从网络字节顺序转换为主机字节顺序的函数 u_long ntohl(u_long netlong)。

29.1.2　局域网聊天工具的实现流程

采用 Winsock 实现聊天工具的参考流程如图 29.1 所示。主程序启动后进行 Socket 初

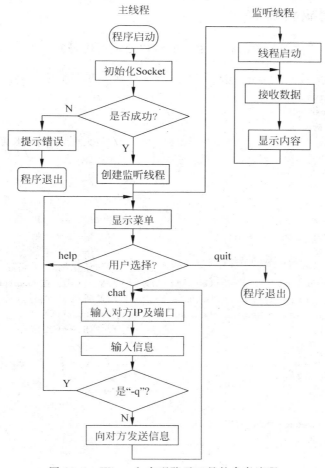

图 29.1　Winsock 实现聊天工具的参考流程

始化,若初始化成功则创建并启动监听线程。监听线程随时监听收到的信息,并将内容显示在屏幕的当前位置。如果要向对方发送聊天信息,则选择菜单进入聊天子程序。根据提示输入对方的 IP 及端口号,输入要发送的信息,按回车键后,信息立即发出。另外,允许连续向对方发送信息,也可以由监听线程显示对方发送的文字,以达到相互聊天的效果。如果要终止聊天,可以在下一次输入聊天信息时输入"-q",系统会自动检测该信息。当发现所输入的字符是"-q"时,退出聊天循环,随后返回。

29.2　实训步骤

29.2.1　需求分析

使用 Winsock 数据报套接字编写基于 UDP 协议的局域网聊天工具,要求实现以下功能:

(1) 可以指定本地端口,在这个端口接收 UDP 数据报。

(2) 可以指定目标主机 IP 和目标端口,向目标主机的指定端口发送 UDP 数据报。

29.2.2　代码实现

阅读以下程序,按注释的要求在下划线的空白处填写代码。

```cpp
# pragma comment(lib,"wsock32.lib")
# include < iostream >
# include "winsock.h"
using namespace std;
const int MAXBUFFER = 4096;                    //最大数据缓存区长度


class CChat
{
private:
    SOCKET m_sockListen;                       //本地 Socket,用于指定端口发送、接收数据
    SOCKADDR_IN m_sockLocalAddr;               //本地 Socket 地址
public:
    BOOL Init();                               //初始化 Socket 函数
    BOOL Listen(unsigned short sListeningPort);  //监听函数,在 sListeningPort 端口监听
    static void * ListenThread(void * data);   //监听线程,循环监听接收数据
    BOOL SendMsg(char * szMsg,int nLen,unsigned long szHost,short lPort); //数据发送函数
    void Clear();                              //关闭 Socket 函数
};

/ * 初始化 Socket 函数 * /
BOOL CChat::Init()
{
    WORD wVersionRequested = MAKEWORD(1,1);
    WSADATA wsaData;
```

```
        WSAStartup(wVersionRequested,&wsaData);
        return true;
}


/* 监听函数,在 sListeningPort 端口监听 */
BOOL CChat::Listen(unsigned short sListeningPort)
{
        HANDLE hThreadID; //监听线程句柄
        DWORD thread; //监听线程 ID

        m_sockListen = socket(_____①_____,_____②_____,0); //创建本地的数据报 Socket

        //填充本地 Socket 的地址
        m_sockLocalAddr.sin_family = AF_INET;
        m_sockLocalAddr.sin_port = htons(_____③_____);
        m_sockLocalAddr.sin_addr.s_addr = htonl(0);
        //将本地 Socket 绑定到已填充的地址
        ___④___(m_sockListen,(sockaddr * )&m_sockLocalAddr,sizeof(SOCKADDR));

        //创建监听线程
        hThreadID = CreateThread(NULL,0,(LPTHREAD_START_ROUTINE)(CChat::ListenThread),
                                (void * )this,0,&thread);
        return TRUE;
}

/* 监听线程,循环监听接收数据 */
void * CChat::ListenThread(void * data)
{
        SOCKADDR_IN sockRemoteAddr;                      //远程 Socket 地址
        int sockRemoteAddrlen = sizeof(sockRemoteAddr);     //远程 Socket 地址长度
        char szBuf[MAXBUFFER];                           //接收缓冲区
        CChat * pChat = (CChat * )data;                   //指向主线程传递来的 CChat 对象的指针

        while (TRUE)                                     //循环监听接收数据
        {
            int recvbytes = recvfrom(pChat-> m_sockListen,szBuf,sizeof(szBuf),
                            0,(sockaddr * )&sockRemoteAddr,&sockRemoteAddrlen);
            if(recvbytes > 0)
            {
                szBuf[ recvbytes ] = 0;
                cout << "收到从主机" << inet_ntoa(_____⑤_____);      //输出远程主机 IP
                cout << "的端口" << ntohs(_____⑥_____);             //输出远程主机端口
                cout << "发来的消息: " << szBuf << endl;            //输出接收到的消息
            }
            Sleep(1000);
        }
        return NULL;
}
```

```
/*数据发送函数*/
BOOL CChat::SendMsg(char * szMsg, int nLen, unsigned long szHost, short lPort)
{

    SOCKADDR_IN dest; //目标 Socket 地址
    dest.sin_addr.s_addr = szHost;
    dest.sin_family = AF_INET;
    dest.sin_port = htons(lPort);

    //使用本地 Socket 发送消息 szMsg 给目标 Socket
    int sendbytes = sendto(____⑦____, szMsg, nLen, 0, (SOCKADDR * )&dest, sizeof(SOCKADDR));
    if(sendbytes > 0)
        return true;
    else
        return false;
}

/*关闭本地 Socket 并且注销*/
void CChat::Clear(void)
{
    closesocket(m_sockListen);
    WSACleanup();
}

/*显示帮助信息*/
void Usage(void)
{
    cout << " ************************************************************ \n";
    cout << "局域网聊天工具____⑧____\n"; //用户名
    cout << "输入命令:\n";
    cout << "help 帮助\n";
    cout << "quit 退出\n";
    cout << "chat 聊天\n";
    cout << " ************************************************************ \n";
}

int main(int argc, char * argv[ ])
{
    char instruction[10];          //指令字符串
    char szBuffer[MAXBUFFER];      //发送数据缓存区
    unsigned short sLocalPort;     //本地监听端口
    unsigned short sRemotePort;    //远程目标端口
    char szDestHost[30];           //远程 IP 地址

    cout << "初始化...\n";
    CChat myChat;
    myChat.Init();

    cout << "请输入本地端口:";
    cin >> sLocalPort;
```

```cpp
myChat.Listen(sLocalPort); //在指定端口监听

Usage();

memset(instruction,'\0',sizeof(instruction));
while (cin >> instruction)
{
    //输入 help,显示帮助
    if (strcmp(instruction,"help") == 0)
    {
        Usage();
        continue;
    }

    //输入 quit,退出程序
    if (strcmp(instruction,"quit") == 0)
    {
        break;
    }

    //输入 chat,开始聊天
    if (strcmp(instruction,"chat") == 0)
    {
        memset(szDestHost,'\0',sizeof(szDestHost));
        cout << "请输入目标主机 IP:";
        cin >> szDestHost;

        cout << "请输入远程端口:";
        cin >> sRemotePort;
        cin.get();       //将输入缓冲区中多余的字符读取掉,若无此句可能导致其后 while
                         循环中的数据读取错误

        memset(szBuffer,'\0',sizeof(szBuffer));
        cout << "请输入消息\n";

        while(1)
        {
            cin.getline(szBuffer,MAXBUFFER);

            if (strcmp(szBuffer,"-q") == 0) //聊天时输入"-q"退出聊天
            {
                cout << "您已退出聊天\n";
                Usage();
                break;
            }
            else
            {
                //发送消息
```

```
                    BOOL result = myChat.SendMsg(szBuffer,strlen(szBuffer),inet_addr
(      ⑨     ),     ⑩     );

                    if(!result) cout << "消息发送失败!\n";
                }
            }
        }
        memset(instruction,'\0',sizeof(instruction));
    }

    myChat.Clear();
    return 0;
}
```

29.2.3 执行程序

为检验程序功能的正确性,需要在两台计算机上分别运行 udptest.exe 程序,两台计算机分别作为 A 端和 B 端,A 端设置本地监听端口为 3002,如图 29.2 所示。

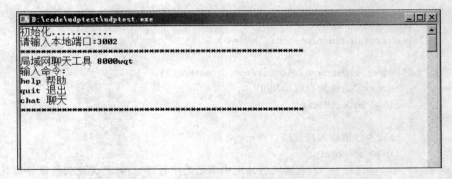

图 29.2 聊天工具 A 端程序设置端口

B 端同样输入自己的监听端口 3000,并输入菜单命令"chat"进入聊天过程。此时按提示输入对方的 IP 及端口号,并输入聊天消息,如图 29.3 所示。

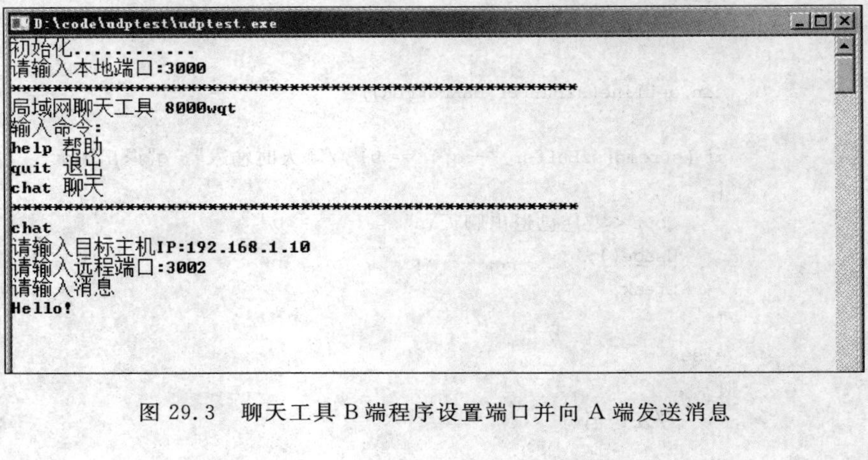

图 29.3 聊天工具 B 端程序设置端口并向 A 端发送消息

　　此时 A 端收到 B 发来的聊天信息,如图 29.4 所示。同样,如果 A 要向 B 发送信息,可以输入"chat"命令,向 B 发送信息。多人聊天时亦是如此,只要知道对方的 IP 及端口即可。

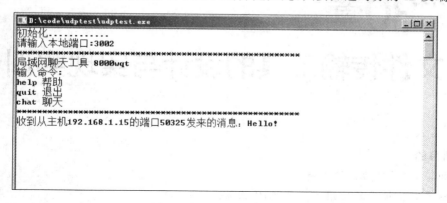

图 29.4　A 端收到聊天信息

29.3　思考与讨论

　　1. 在本程序当中,输入聊天信息时如果不用"cin. getline(szBuffer,MAXBUFFER);"语句而用"cin >> szBuffer;"替换,会导致什么结果?

　　2. 能否对该软件进行改进,让软件运行时自动显示本机的 IP,以方便告知聊天的对方。

　　3. 考虑采用 MFC 编程,实现带窗口的聊天程序,以使界面更加友好。

第30章
文件传输工具的设计与实现实训

实训目的

- 加深对 TCP 协议的理解。
- 熟悉流套接字的使用方法与 API 函数。
- 掌握文件传输工具的实现流程。

实训环境

- 运行 Windows XP/Windows Server 2003/Windows 7 操作系统的计算机一台。
- Visual C++ 6.0/Visual Studio 2005/Visual Studio 2010 开发环境。

30.1 实训原理

文件传输工具使用面向连接的 Winsock 流套接字发送或接收 TCP 报文来实现。

30.1.1 面向连接的流套接字的使用方法与 API 函数

在面向连接的 Winsock 流套接字的使用过程中,服务器端/客户端的编程分别按以下步骤进行。

服务器端:

(1) 创建套接字(Socket);

(2) 将套接字绑定(bind)到一个特定的 IP 和 PORT;

(3) 将套接字设为监听模式,准备接受客户的请求(listen);

(4) 准备客户请求到来,当请求到来后,接受连接请求,返回一个新的对应于此次连接的套接字(accept);

(5) 用返回的套接字和客户端进行通信(send/recv);

(6) 返回,等待另一客户请求;

(7) 关闭套接字。

客户端:

(1) 创建套接字(Socket);

(2) 向服务器发出连接请求(connnect);

(3) 和服务器端进行通信(send/recv);

(4) 关闭套接字。

面向连接的 Winsock 流套接字 API 函数主要如下：

1. bind

指定 Socket 的 Local 地址（Address），见第 29 章。

2. listen

设定 Socket 为监听状态，准备被连接。

1）格式

```
int listen(SOCKET s,int backlog);
```

2）参数

- s：Socket 的识别码。
- backlog：未真正完成连接前（尚未调用 accept 前）彼端的连接要求的最大个数。

3）传回值

- 成功：0。
- 失败：SOCKET_ERROR（调用 WSAGetLastError()可得知原因）。

4）说明

使用者可利用此函数设定 Socket 进入监听状态，并设定最多可有多少个在未真正完成连接前的彼端的连接要求（目前最大值限制为 5、最小值限制为 1）。

3. connect

要求连接某一 TCP Socket 到指定的对方。

1）格式

```
int connect(SOCKET s,const struct sockaddr FAR * name,int namelen);
```

2）参数

- s：Socket 的识别码。
- name：此 Socket 想要连接的对方地址。
- namelen：name 的长度。

3）传回值

- 成功：0。
- 失败：SOCKET_ERROR（调用 WSAGetLastError()可得知原因）。

4）说明

此函数用来向对方要求建立连接。若指定的对方地址为 0，会传回错误值。在连接建立完成后，使用者即可利用此 Socket 传送或接收资料。

4. accept

接受某一 Socket 的连接要求，以完成 Stream Socket 的连接。

1）格式

SOCKET accept(SCOKET s,SOCKADDR ＊addr,int FAR ＊addrlen)

2）参数
- s：Socket 的识别码。
- addr：存放用来连接的彼端的地址。
- addrlen：addr 的长度。

3）传回值
- 成功：新的 Socket 识别码。
- 失败：INVALID_SOCKET（调用 WSAGetLastError()可得知原因）。

4）说明

Server 端的应用程序调用此函数接受 Client 端要求的 Socket 连接动作请求。

5. send

使用连接式（connected）的 Socket 传送资料。

1）格式

int send(SOCKET s,const char FAR ＊buf,int len,int flags);

2）参数
- s：Socket 的识别码。
- buf：存放要传送的资料的暂存区。
- len：buf 的长度。
- flags：此函数被调用的方式。

3）传回值
- 成功：送出的资料长度。
- 失败：SOCKET_ERROR（调用 WSAGetLastError()可得知原因）。

4）说明

此函数用于将信息从本端通过 Socket 发送到远程端。

6. recv

从 Socket 接收资料，详见第 29 章。

30.1.2　文件传输工具的实现流程

采用 Winsock 实现文件传输，需要服务器端能够监听客户连接并保存上传的文件，而客户端需要知道文件服务器的 IP 及端口号，并与之连接，连接成功后方可开始上传文件。

文件传输工具的实现流程如图 30.1 和图 30.2 所示。

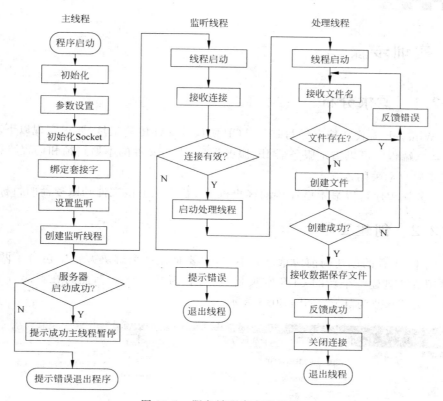

图 30.1 服务端程序实现流程

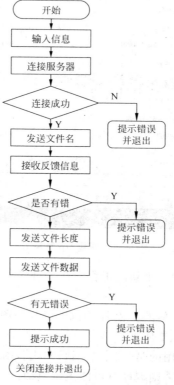

图 30.2 客户端程序实现流程

30.2　实训步骤

30.2.1　需求分析

使用 Winsock 流式套接字编写基于 TCP 协议的文件传输工具，要求实现以下功能：

（1）客户端程序可以指定服务器 IP、服务端口、上传文件的本地路径和远程路径名。文件上传完毕后自动关闭连接。

（2）服务端程序可以显示已连接的客户机 IP、客户机上传文件到服务器的目标路径。

30.2.2　创建工程

在此例中，工程的创建与前两章略有不同，主要是在一个解决方案中包含了两个项目。首先按常用方法创建一个新的 CLR 空项目，项目名为"ftpserver"，然后在解决方案名称栏中将"ftpserver"修改为"ftp"，如图 30.3 所示。

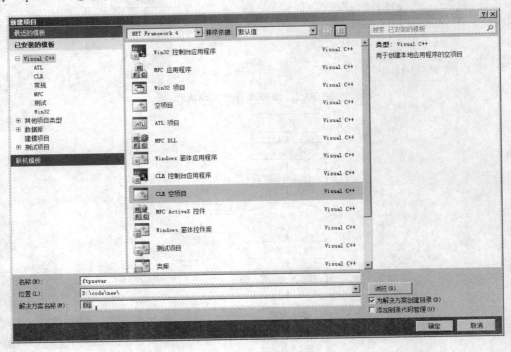

图 30.3　新建 ftp 解决方案

然后在该解决方案中添加一个新的工程。在"文件"菜单中选择"添加"→"新建项目"命令，如图 30.4 所示。

按照之前的方法输入一个新的工程名"ftpclient"，如图 30.5 所示。最后得到一个含有两个项目的解决方案，如图 30.6 所示。

对于本程序，由于代码采用的是"多字节编码方式"，因此在项目属性中需要分别对方案中的两个项目进行相应设置，否则编译有可能报错，设置方法如图 30.7 和图 30.8 所示。

图 30.4 在现有方案中添加新项目

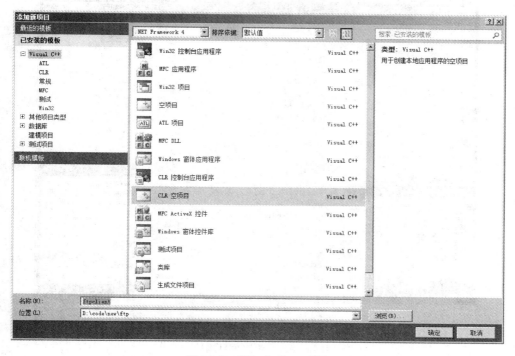

图 30.5 添加 ftplient 项目

图 30.6　完整的解决方案

图 30.7　修改项目属性

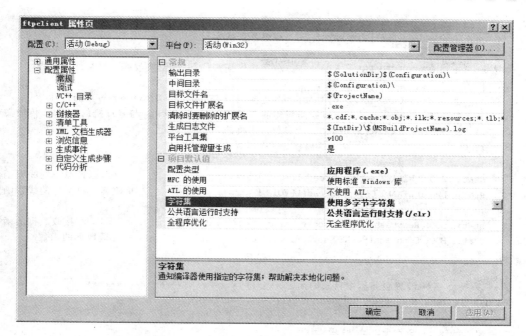

图 30.8 字符集选择"使用多字节字符集"

此后,再分别向两个工程中添加源程序代码,方法同第 27 章。

30.2.3 代码实现

阅读以下程序,按注释的要求在下划线的空白处填写代码。

(1) 文件传输工具服务器端的部分源代码: ftpserver.cpp。

```cpp
# pragma comment(lib,"wsock32.lib")
# pragma comment(lib,"shlwapi.lib")
# include "winsock.h"
# include "shlwapi.h"
# include < iostream >
# define BUFFSIZE 1024
# define PATH "./files"
# define PORT 2121
# define MAXSOCKECONNECT 1
using namespace std;

class CFileTransfersServer
{
public:
    BOOL SetServerPath(LPCSTR strPath);     //设置服务器主目录的函数
    BOOL SetServerPort(int dwPort);         //设置服务器监听端口的函数
    BOOL StartServer(void);                 //启动服务的函数,在函数中创建循环监听线程
private:
    SOCKET m_hSocketServer;                 //服务器的 Socket,通过此 Socket 监听连接请求
```

```
        int m_nServerPort;                  //服务器的监听端口
        char m_strServerPath[MAX_PATH];     //服务器的主目录

        struct CLIENTTHREADARG              //客户机连接信息,传给接收客户机文件的线程
        {
            CFileTransfersServer * pThis;   //指向当前 CFileTransferServer 对象的指针
            SOCKET newSocket;       //服务器新建的 Socket,通过此 Socket 与客户机的 Socket 传输文件
            SOCKADDR_IN clientAddr;         //客户机的 Socket 地址
        };

        static DWORD WINAPI ServerThread(LPVOID lParam);              //循环监听的线程函数
        static DWORD WINAPI ClientThread(LPVOID lParam);             //接收客户机文件的线程函数

        static BOOL RecvData(SOCKET socket,char * buff,int len);              //接收数据的函数
        static BOOL SendData(SOCKET socket,const char * buff,int len); //发送数据的函数
};

/************** 设置服务器主目录的函数 ******************************* /
BOOL CFileTransfersServer::SetServerPath(LPCSTR strPath)
{
    strcpy(m_strServerPath,strPath);
    if (!PathFileExists(strPath))
        if (!CreateDirectory(strPath,NULL))
            return FALSE;
    return TRUE;
}

/************** 设置服务器监听端口的函数 ******************************* /
BOOL CFileTransfersServer::SetServerPort(int dwPort)
{
    m_nServerPort = dwPort;
    return true;
}

/************** 启动服务的函数,创建循环监听线程 ******************** /
BOOL CFileTransfersServer::StartServer(void)
{
    //初始化 Socket
    WSADATA data;
    WSAStartup(MAKEWORD(1,1),&data);

    //创建 Socket
    m_hSocketServer = socket(AF_INET,    ①    ,0);
    if (m_hSocketServer == INVALID_SOCKET)
        return FALSE;

    //绑定 Socket
    SOCKADDR_IN serverAddr;
    serverAddr.sin_family = AF_INET;
    serverAddr.sin_addr.s_addr = INADDR_ANY;
```

```
        serverAddr.sin_port = htons(m_nServerPort);
        if (   ②   (m_hSocketServer,(sockaddr *)&serverAddr,sizeof(serverAddr)) != 0)
            return FALSE;


        //设置 Socket 为监听模式
        if (   ③   (m_hSocketServer,MAXSOCKECONNECT) != 0)
            return FALSE;


        //创建循环监听线程
        HANDLE hThread = CreateThread(NULL,0,ServerThread,this,0,NULL);
        if (!hThread)
            return FALSE;
        CloseHandle(hThread);
        return TRUE;
}


/ ************* 循环监听的线程函数 ******************************** /
DWORD CFileTransfersServer::ServerThread(LPVOID lParam)
{
        CFileTransfersServer * pThis = (CFileTransfersServer * )lParam;

        while (TRUE)
        {
            SOCKADDR_IN clientAddr;              //客户机 Socket 地址
            int len = sizeof(clientAddr);        //客户机 Socket 地址长度

            //服务器新建的 Socket,通过此 Socket 与客户机的 Socket 传输文件
            SOCKET newSocket = accept(pThis->   ④   ,(sockaddr * )&clientAddr,&len);
            if (newSocket == INVALID_SOCKET)
            {
                cout << "接收客户端连接出现错误!!!";
                break;
            }

            CLIENTTHREADARG threadArg;           //客户机连接信息,传给接收客户机文件的线程
            threadArg.pThis = pThis;
            threadArg.newSocket =    ⑤    ;
            threadArg.clientAddr = clientAddr;

            HANDLE hThread = CreateThread(NULL,NULL,ClientThread,(LPVOID)&threadArg,0,NULL);
            if (!hThread)
                return FALSE;
            CloseHandle(hThread);
        }
        closesocket(pThis->m_hSocketServer);
        WSACleanup();
        return 1;
}
```

```
/*************** 接收客户机文件的线程函数 ****************************** /
DWORD CFileTransfersServer::ClientThread(LPVOID lParam)
{
    CFileTransfersServer * pThis = ((CLIENTTHREADARG * )lParam) -> pThis;
                                            //指向当前 CFileTransferServer 对象的指针
    SOCKET newSocket = ((CLIENTTHREADARG * )lParam) -> newSocket;
                    //服务器新建的 Socket,通过此 Socket 与客户机的 Socket 传输文件
    sockaddr_in clientAddr = ((CLIENTTHREADARG * )lParam) -> clientAddr; //客户机的 socket 地址

    char filePath[ MAX_PATH ];             //文件的完整路径
    HANDLE hFile = NULL;                    //文件句柄
    BOOL bError = TRUE;                     //出错标记
    //输出客户机信息
    cout <<"\n 客户机"<< inet_ntoa(clientAddr.sin_addr)<<"已连接\n";

    __try
    {
        char buff[ BUFFSIZE ];              //接收数据的缓冲区

        //接收文件名称,按名称创建文件
        while (TRUE)
        {
            //若接收失败,返回 0
            if (!RecvData(newSocket,buff, - 1))
                return 0;

            //填充文件的完整路径,完整路径 = 服务器主目录 + 已接收的文件名称
            memset(filePath,'\0',sizeof(filePath)); //将文件的完整路径初始化为'\0'字符的串
            sprintf(filePath," % s\\ % s",pThis -> m_strServerPath,buff);

            //若文件已存在,发送错误信息给客户机
            if (PathFileExists(filePath))
            {
                SendData(newSocket,"0 文件已经存在!!!", - 1);
                continue;
            }

            //创建文件,若无法创建文件,发送错误信息给客户机;否则发送成功信息给客户机
            hFile = CreateFile(filePath,FILE_WRITE_DATA,0,NULL,
                                    CREATE_ALWAYS,FILE_ATTRIBUTE_NORMAL,NULL);
            if (hFile == NULL || hFile == INVALID_HANDLE_VALUE)
            {
                SendData(newSocket,"0 无法创建文件!!!", - 1);
                continue;
            }
            else
            {
                SendData(newSocket,"1", - 1);
                break;
            }
        }
```

```
        //接收文件长度,若接收失败,返回 0
        int fileLen = 0;
        if (!RecvData(newSocket,(char *)&fileLen,4))
            return 0;

        //接收文件数据
        int recvs = 0;                            //累计已经接收的字节
        while (recvs < fileLen)
        {
            int currRecv = fileLen - recvs;       //每一次希望接收的字节
            currRecv = (currRecv > BUFFSIZE) ? BUFFSIZE : currRecv;
            //若接收失败,返回 0
            if (!RecvData(newSocket,buff,currRecv))
                return 0;
            //把接收缓冲区中的数据写入新建的文件
            int writes = 0;                       //累计已经写入的字节
            while (writes < currRecv)
            {
                DWORD currWrite = 0;              //每一次实际写入的字节
                if (!WriteFile(hFile,(buff + writes),currRecv - writes,
                            &currWrite,NULL) || currWrite == -1)
                    return 0;
                writes += currWrite;
            }
            recvs += currRecv;
        }

        //输出客户机上传的文件信息
        cout <<"\n 客户端"<< inet_ntoa(clientAddr.sin_addr)<<"上传文件到路径"<< filePath <<"\n";
        bError = FALSE;
        SendData(newSocket,"1",-1);               //发送成功信息给客户机
    }
    __finally
    {
        closesocket(newSocket);                   //关闭数据 Socket
        if (hFile)
        {
            CloseHandle(hFile);                   //关闭文件句柄
            if (bError)                           //如果出错,删除文件
                DeleteFile(filePath);
        }
    }
    return 1;
}

/ ********************* 发送数据的函数 ********************* /
BOOL CFileTransfersServer::SendData(SOCKET socket,const char *buff,int len)
{
    if (len == -1)            //若将准备发送的数据大小设为-1,则表示发送 buff 中的所有数据
    {
```

```
            len = (int)strlen(buff) + 1;
        }
    int sends = 0; //累计发送的字节数
    while (sends < len)
    {
        int currSends = send(socket, ____⑥____, len - sends, 0);   //每一次实际发送的字节数
        if (currSends == SOCKET_ERROR)
            return FALSE;
        sends += currSends;
    }
    return TRUE;
}

/ *********************** 接收数据的函数 *********************** /
BOOL CFileTransfersServer::RecvData(SOCKET socket, char * buff, int len)
{

    if (len == -1)        //若将准备接收的数据大小设为 - 1,则表示使用缓冲区的最大长度接收
    {
        return recv(socket, buff, BUFFSIZE, 0) != SOCKET_ERROR;
    }
    int recvs = 0;                              //累计接收的字节数
    while (recvs < len)
    {
        int currRecvs = recv(socket, buff + recvs, len - recvs, 0);
                                        //每一次实际接收的字节数
        if (currRecvs == SOCKET_ERROR || currRecvs == 0)
            return FALSE;
        recvs += currRecvs;
    }
    return TRUE;
}

int main(int argc, CHAR * argv[ ])
{
    char filepath[MAX_PATH] = PATH;
    int serverport = PORT;

    CFileTransfersServer fts;
    if (!fts.SetServerPath(filepath))
    {
        cout << "设置路径失败!";
        return 0;
    }
    if (!fts.SetServerPort(serverport))
    {
        cout << "设置端口失败!";
        return 0;
    }
    if (fts.StartServer())
```

```
    {
        cout << "服务器创建成功!\n";
        Sleep( -1);
    }
    else
        cout << "服务启动失败!";

    return 0;
}
```

（2）文件传输工具客户端程序的部分源代码：ftpclient. cpp。

```
# pragma comment (lib, "wsock32.lib")
# include "winsock.h"
# include < iostream >
using namespace std;
# define BUFFSIZE 1024

class CFileTransfersClient
{
public:
    BOOL Connect(LPCSTR serverIP, int serverPort);         //连接服务器的函数
    BOOL Disconnect();                                     //断开连接的函数
    BOOL SendFile(LPCSTR localName, LPCSTR dstName);       //上传文件的函数
private:
    static BOOL RecvData(SOCKET socket, char * buff, int len);       //接收数据的函数
    static BOOL SendData(SOCKET socket, const char * buff, int len);   //发送数据的函数
    SOCKET m_hSocketServer;                                //本地 Socket,通过此连接与服务器
Socket 传输文件
};

/ ********************* 连接服务器的函数 ********************************* /
BOOL CFileTransfersClient::Connect(LPCSTR serverIP, int serverPort)
{
    //初始化 Socket
    WSADATA data;
    WSAStartup(MAKEWORD(1,1),&data);

    //创建 Socket
    m_hSocketServer = socket(AF_INET, SOCK_STREAM, 0);

    //向指定 serverIP 和 serverPort 的服务器发出连接请求
    SOCKADDR_IN serverAddr;                                //远程服务器 Socket 地址
    serverAddr.sin_family = AF_INET;
    serverAddr.sin_addr.s_addr = inet_addr( ⑦ );
    serverAddr.sin_port = htons(serverPort);
    if ( ⑧ (m_hSocketServer,(sockaddr * )&serverAddr,sizeof(serverAddr)) != 0)
        return FALSE;

    return TRUE;
}
```

```
/ ******************* 断开连接的函数 ******************************* /
BOOL CFileTransfersClient::Disconnect()
{
    closesocket(m_hSocketServer);
    WSACleanup();
    return true;
}
/ ******************* 发送数据的函数 ******************************* /
BOOL CFileTransfersClient::SendData(SOCKET socket,const char * buff,int len)
{
    if (len == -1)            //若将准备发送的数据大小设为-1,则表示发送 buff 中的所有数据
        len = (int)strlen(buff) + 1;

    int sends = 0;                              //累计发送的字节数
    while (sends < len)
    {
        int currSends = send(socket,buff + sends,len-sends,0); //每一次实际发送的字节数
        if (currSends == SOCKET_ERROR)
            return FALSE;
        sends += currSends;
    }
    return TRUE;
}


// ******************* 接收数据的函数 ******************************* /
BOOL CFileTransfersClient::RecvData(SOCKET socket,char * buff,int len)
{
    if (len == -1)        //若将准备接收的数据大小设为-1,则表示使用缓冲区的最大长度接收
        return recv(socket,buff,BUFFSIZE,0) != SOCKET_ERROR;

    int recvs = 0;                              //累计接收的字节数
    while (recvs < len)
    {
        int currRecvs = recv(socket,buff + recvs,len - recvs,0); //每一次实际接收的字
节数
        if (currRecvs == SOCKET_ERROR || currRecvs == 0)
            return FALSE;
        recvs += currRecvs;
    }
    return TRUE;
}

/ ******************* 上传文件的函数 ******************************* /
BOOL CFileTransfersClient::SendFile(LPCSTR localName,LPCSTR dstName)
{
    char buff[ BUFFSIZE ];                      //发送缓冲区

    //发送文件名称
    if (!SendData(m_hSocketServer,dstName,-1))
        return FALSE;
```

```
//接收服务器发来的信息,成功信息以 1 开头,错误信息以 0 开头
if (!RecvData(m_hSocketServer,buff,-1))
    return FALSE;
if (buff[ 0 ] == '0')
{
    cout << "错误:" << buff + 1 << endl;
    return FALSE;
}

//打开本地准备上传的文件
HANDLE hFile = CreateFile(localName,FILE_READ_DATA,0,
        NULL,OPEN_EXISTING,FILE_ATTRIBUTE_NORMAL,NULL);
if (hFile == NULL || hFile == INVALID_HANDLE_VALUE)
{
    cout << "错误:无法打开文件\'" << localName << "\'!!!" << endl;
    return FALSE;
}

__try
{
    //发送文件长度
    DWORD fileLen = GetFileSize(hFile,NULL);
    SendData(m_hSocketServer,(const char * )&fileLen,4);

    //发送文件数据
    DWORD sends = 0;                          //累计已经发送的字节
    while (sends < fileLen)
    {
        int currSends = fileLen - sends;      //每一次希望发送的字节
        currSends = (currSends > BUFFSIZE) ? BUFFSIZE : currSends;

        int reads = 0;                        //累计从文件读取的字节
        while (reads < currSends)
        {
            DWORD currRead = 0;               //每一次实际读取的字节
            if (!ReadFile(hFile,(buff + reads),currSends - reads,
                               &currRead,NULL) || currRead == -1)
                return FALSE;
            reads += currRead;
        }
        //发送 currSends 长度的文件数据
        if (!SendData(m_hSocketServer,buff,currSends))
            return FALSE;
        sends += currSends;
    }

    //接收服务器发来的信息,成功信息以 1 开头,错误信息以 0 开头
    if (RecvData(m_hSocketServer,buff,-1))
        if (buff[ 0 ] == '1')
            return TRUE;
```

```
        }
        __finally
        {
            CloseHandle(hFile);
        }
    return FALSE;
}

int main(int argc,CHAR * argv[ ])
{
    char serverIP[100] = {0};
    int serverPort = -1;
    char localFile[MAX_PATH] = { 0 };
    char dstFile[MAX_PATH] = { 0 };
    cout << "请输入服务器 IP:";
    cin >> serverIP;
    cout << "请输入服务器端口:";
    cin >> serverPort;

    CFileTransfersClient ftc;

    if (ftc.Connect(serverIP,serverPort))              //连接服务器
    {
        cout << "连接服务器"<< serverIP << ":" << serverPort <<"成功" << endl;
        cout << "请输入要上传的文件名: ";
        cin >> localFile;
        cout << "输入目标文件名: ";
        cin >> dstFile;
        if (ftc.SendFile(localFile,dstFile))
            cout << "文件上传成功!\n";
        else
            cout << "上传失败!\n";
        ftc.Disconnect();                              //断开连接
    }
    else
        cout << "无法连接到服务器 " << serverIP << ":" << serverPort << endl;
    return 0;
}
```

30.2.4　执行程序

检验程序功能的正确性,在两台计算机上分别运行服务器程序和客户端程序。服务器程序运行后,会显示"服务器创建成功!",如图 30.9 所示。

客户端程序运行后,需要输入服务器所在的 IP 地址。服务器的端口在此输入 2121,如图 30.10 所示。然后可以输入待上传的本地文件名,接着输入在目标服务器上保存时所使用的文件名,按回车键后系统将自动上传,上传结果如图 30.9 和图 30.10 所示。

图 30.9 文件传输服务器端程序

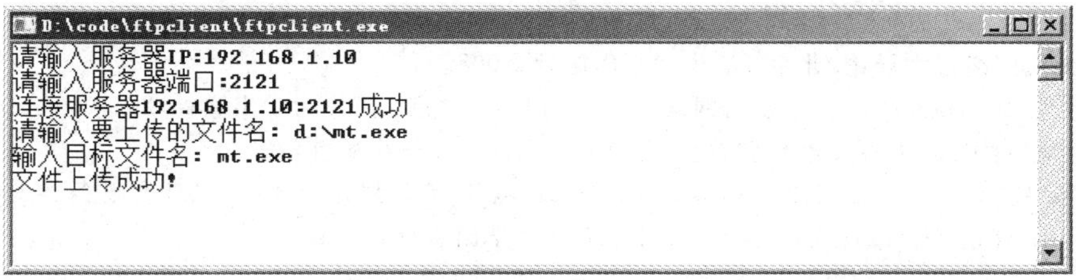

图 30.10 文件传输客户端程序

30.3 思考与讨论

1. 文件的传输涉及文件名、文件长度等相关信息的传递。此例中是如何实现文件名、文件长度以及出错信息的传递的?

2. 比较 UDP 和 TCP 连接过程中所用语句的区别。

3. SendData、RecvData 两个函数实现了字符以及二进制数据的收与发。在本例中,可以看到通过这两个函数既完成了文件的传输,同时又起到了传递必要信息的作用。那么,如何利用这些条件实现客户端读取服务器 ftp 根目录下所有文件和文件夹等信息的功能?

参 考 文 献

[1] Behrouz A. Forouzan. TCP/IP 协议族. 4 版. 王海,张娟,朱晓阳译. 北京：清华大学出版社,2011.

[2] 杨功元. Packet Tracer 使用指南及实验实训教程. 北京：电子工业出版社,2012.

[3] 张纯容. 计算机网络工程实训. 北京：人民邮电出版社,2005.

[4] Diane Teare. CCNP ROUTE(642-902)学习指南. 袁国忠译. 北京：人民邮电出版社,2011.

[5] Roger Abell,等. Windows 2000 DNS 技术指南. 陈海涛,岳虹,田艳芳,等译. 北京：机械工业出版社,2000.

[6] 汪涛. 无线网络技术导论. 北京：清华大学出版社,2008.

[7] 安永丽,张航,毕晓峰. 综合布线与网络设计案例教程. 北京：清华大学出版社,2013.

[8] 曾勍炜,盛鸿宇. 防火墙技术标准教程. 北京：北京理工大学出版社,2007.

[9] Douglas E. Comer,David L. Stevens. TCP/IP 网络互联技术（卷 3）：客户-服务器编程与应用（Windows 套接字版）. 张卫,王能译. 北京：清华大学出版社,2004.

[10] 梁伟,等. Visual C++网络编程案例实战. 北京：清华大学出版社,2013.

教 学 资 源 支 持

敬爱的教师：

感谢您一直以来对清华版计算机教材的支持和爱护。为了配合本课程的教学需要,本教材配有配套的电子教案(素材),有需求的教师请到清华大学出版社主页(http://www.tup.com.cn)上查询和下载,也可以拨打电话或发送电子邮件咨询。

如果您在使用本教材的过程中遇到了什么问题,或者有相关教材出版计划,也请您发邮件告诉我们,以便我们更好地为您服务。

我们的联系方式：

地　　址：北京海淀区双清路学研大厦 A 座 707

邮　　编：100084

电　　话：010－62770175－4604

课件下载：http://www.tup.com.cn

电子邮件：weijj@tup.tsinghua.edu.cn

教师交流 QQ 群：136490705

教师服务微信：itbook8

教师服务 QQ：883604

(申请加入时,请写明您的学校名称和姓名)

用微信扫一扫右边的二维码,即可关注计算机教材公众号。

扫一扫
课件下载、样书申请
教材推荐、技术交流